应用型本科系列规划教材

锻造工艺与模具设计

主　编　张金龙

副主编　王　琛

西北工业大学出版社

西安

【内容简介】 本书根据锻造工艺编制及模具设计的中级岗位和高级岗位对职业能力的要求选取内容，强调对知识技能的培养，注重知识与技能的结合，着重提高学生的学习能力及分析和解决问题的能力，充分体现应用型特色。本书引入大量案例，可开展项目式教学。全书共 10 章，主要内容包括绪论、锻前准备、自由锻、胎模锻、锤上模锻、热模锻压力机上模锻、螺旋压力机上模锻、平锻机上模锻、精密模锻和锻后工序等。

本书可作为高等学校本科材料成型及控制工程、模具设计与制造及机械类等专业的教材，也可供高等职业学校、成人教育同类专业、相关工程技术人员及自学者参考。

图书在版编目(CIP)数据

锻造工艺与模具设计/张金龙主编．—西安：西北工业大学出版社，2020.5
ISBN 978 - 7 - 5612 - 7237 - 4

Ⅰ．①锻…　Ⅱ．①张…　Ⅲ．①锻造-工艺学-高等学校-教材 ②锻模-设计-高等学校-教材　Ⅳ．①TG316 ②TG315.2

中国版本图书馆 CIP 数据核字(2020)第 148357 号

DUANZAO GONGYI YU MUJU SHEJI

锻 造 工 艺 与 模 具 设 计

责任编辑： 朱晓娟		**策划编辑：** 蒋民昌	
责任校对： 张 潼 曹 江		**装帧设计：** 董晓伟	

出版发行： 西北工业大学出版社
通信地址： 西安市友谊西路 127 号　　邮编：710072
电　　话： (029)88491757，88493844
网　　址： www.nwpup.com
印 刷 者： 兴平市博闻印务有限公司
开　　本： 787 mm×1 092 mm　　1/16
印　　张： 16.75
字　　数： 440 千字
版　　次： 2020 年 5 月第 1 版　　2020 年 5 月第 1 次印刷
定　　价： 55.00 元

前　言

　　为进一步提高应用型本科高等教育的教学水平,促进应用型人才的培养工作,提升学生的实践能力和创新能力,提高应用型本科教材的建设和管理水平,西安航空学院与国内其他高校、科研院所和企业进行深入探讨和研究,编写了"应用型本科系列规划教材"系列用书,包括《锻造工艺与模具设计》等30种。本系列教材的出版,将对基于生产实际、符合市场人才的培养工作起到积极的促进作用。

　　随着我国高等教育改革的发展,教育教学方式正在发生革命性的改变,各种教学方式层出不穷,本书正是在这种背景下应运而生的。本书以案例教学方式为蓝本,力图适应应用型本科学生的知识基础、理解能力和学习特点,聚焦知识的理解和应用,对接工程师岗位,突出工程应用性,融合项目式教学特色,构建以任务为驱动的易于实现课堂角色翻转的教学内容。

　　本书从应用型高校学生的学习能力和实际需求的角度出发,以锻造生产全过程为主线,广泛汲取各种教材、手册和论文等资料的精华,精选内容。编写时,本书对传统教材内容进行了系统性的调整和增删,内容体系上与以往的同类教材有所不同;基于设备类型设置章节,通过实例对锻造工艺及其模具设计做了全面、系统的介绍。

　　西安航空学院张金龙编写第1章、第4~8章,西安航空学院王琛编写了第2章、第3章、第9章和第10章。航空工业陕西宏远航空锻造有限责任公司邓瑞刚和西北有色金属研究院王晓为本书提供了部分素材,并参与了教材内容的规划及部分内容的编写工作。本书在编写过程中得到了全国高校、院所专家的大力支持和帮助,参考了大量文献,在此一并向各位专家及文献作者表示衷心的感谢。

　　由于水平有限,书中难免存在疏漏与不妥之处,恳请各位读者和同仁批评指正。

编　者

2019 年 12 月

目　　录

第1章　绪　　论

1.1　锻造加工金属零件的优势

锻造是一种借助工具或模具在冲击或压力作用下加工金属机械零件或零件毛坯的方法，其主要任务是控制锻件的成形及其内部组织性能，以获得所需几何形状、尺寸和质量的锻件。

金属材料通过锻造，可以消除其内部缺陷（如内部空洞、压实疏松等）；击碎第二相化合物、非金属夹杂物，并使之沿变形方向分布，改善或消除成分偏析等；使粗大的原始组织碎化、再结晶，最终获得细小、均匀的显微组织。通过铸造工艺得到的铸件，尽管能获得比锻件更为复杂的形状，但通常难以消除其工艺缺陷，如缩孔、疏松、成分偏析及非金属夹杂物等，而且铸件韧性不足，难以在受较大拉应力的条件下使用；用去除材料方法获得的零件，尺寸精度较高，表面光洁，但金属内部流线往往被切断，容易造成应力腐蚀，承载拉压交变应力的能力较差。因此，与其他加工方法相比，锻造加工生产率高，锻件的形状、尺寸稳定性好，并有较佳的综合力学性能。锻件的最大优势之一是所获得零件的韧性高、纤维组织合理。

随着科技的发展，锻造行业新工艺层出不穷，如冷镦、冷挤、冷精压、精密锻造、温挤、等温成形、精密辗压、错距旋压、超塑性成形等净形或近净形成形新工艺，其中，一些新工艺的加工精度和表面粗糙度已达到了车、铣加工，甚至磨削加工的水平。

1.2　锻造方法分类及锻件的应用范围

1. 锻造方法分类

根据使用工具和生产工艺的不同，可将锻造生产分为自由锻、模锻、胎模锻和特种锻造。

（1）自由锻

自由锻一般是指借助简单工具，如锤、砧、型砧、摔子、冲子和垫铁等，对铸锭或棒材进行镦粗、拔长、弯曲、冲孔、扩孔等方式生产零件毛坯的方法。其特点是加工余量大，生产效率低；锻件力学性能和表面质量受生产操作人员的影响大，不易保证尺寸精度及内部质量。这种锻造方法只适合单件或极小批量或大锻件的生产；模锻的制坯工步有时也采用自由锻。

自由锻设备依锻件质量大小而选用空气锤、蒸汽-空气锤或锻造水压机。

（2）模锻

模锻是指将坯料放入上、下模块的模腔，借助锻锤锤头、压力机滑块或液压机活动横梁向下的冲击或压力成形的方法。锻件模锻的生产过程一般包括备料、加热、模锻、切冲孔、热处理、酸洗、清理及校正。锻模的上、下模块分别紧固在锤头和底座上。模锻件余量小,只需要少量的机械加工(有的甚至不加工)。模锻生产效率高,内部组织均匀,件与件之间的性能变化小,零件的形状和尺寸主要是靠模具保证,受操作人员的影响较小。模锻需要借助模具,增加了成本,因此不适合单件和小批量的生产。模锻还常需要配置自由锻或辊锻设备制坯,尤其是在曲柄压力机和液压机上模锻。

模锻常用的设备主要是模锻锤、曲柄压力机、摩擦压力机、电动(或液压)螺旋锤和模锻液压机等。

(3)胎模锻

胎模锻是介于自由锻与模锻之间的一种锻造方法。它既有自由锻造工艺灵活、工具简单的特点,又有模锻利用模膛成形,锻件形状复杂、尺寸准确、生产效率高的特点。在模锻设备较少,大部分为自由锻锤的生产中,利用自由锻锤进行胎模锻造,对于改善自由锻件"肥头大耳"的现象是有好处的。胎模锻使用的胎模种类很多,生产中常用的有型摔、扣模、套模、垫模和合模等。根据锻造成形的工艺特点和胎模结构的不同,胎模锻一般可分为制坯、成形和精整锻造三大类。

(4)特种锻造

有些零件采用专用设备可以大幅度提高生产率,锻件的各种要求(如尺寸、形状及性能等)也可以得到很好的保证。如螺钉,采用镦头机和搓丝机,生产效率成倍增长。利用摆动辗压生产盘形件或杯形件,可以节省设备吨位,即用小设备干大活。利用旋转锻造生产棒材,其表面质量高,生产效率也较其他设备高,操作方便。特种锻造有一定的局限性,特种锻造机械只能生产某一类型产品,因此只适合于生产批量大的单一品种零配件。

锻造工艺在锻件生产中起着重要作用。工艺流程不同,得到的锻件质量(指形状、尺寸精度、力学性能及流线等)有很大的差别,使用的设备类型、吨位也相去甚远。有些锻件的特殊性能要求只能靠更换强度更高的材料或新的锻造工艺解决,如航空发动机压气机盘、涡轮盘,在使用过程中,盘缘和盘毂温度梯度较大(高达 300~400℃),为适应这种工作环境,出现了双性能盘,通过锻造工艺和热处理工艺的适当安排,生产出的双性能盘确实能同时满足高温和室温两种性能要求。工艺流程安排恰当与否,不仅影响质量,还影响锻件的生产成本;最合理的工艺流程应该是得到的锻件质量最好,成本最低,操作方便、简单,而且能充分发挥材料的潜力。

对工艺重要性的认识是随着生产的深入发展和科技的不断进步而逐步加深的。等温锻造工艺解决了锻造大型精密锻件和难变形合金需要特大吨位设备和成形性能差的困难。锻件所用材料和锻件形状千差万别,所用工艺不尽相同,如何正确处理这些问题正是锻造业工程师的任务。

2.锻造的应用范围

锻件应用的范围很广,几乎所有运动的重大受力构件都由锻造成形,不过推动锻造(特别是模锻)技术发展的最大动力来自交通工具制造业——汽车制造业和飞机制造业。锻件的尺寸、质量越来越大,形状越来越复杂、精细,锻造的材料日益丰富,锻造的难度就更大。这是由于现代重型工业、交通运输业对产品的需求是长的使用寿命、高的可靠性。如航空发动机的推重比越来越大。一些重要的受力构件,如涡轮盘、轴、压气机叶片和盘轴等,使用温度范围变得更宽,工作环境更苛刻,受力状态更复杂而且受力急剧增大。这就要求承力零件有更高的抗拉强度、抗疲劳强度、抗蠕变强度和断裂韧性等综合性能。

目前,全国有锻造骨干企业 450 多家。2017 年,全国锻件年总产量约为 1 152.76 万吨,其中模锻件约为 787.41 万吨,汽车锻件为 515.75 万吨。2017 年,自由锻件产量约为 365.35 万吨,其中,环锻件约为 74.7 万吨。

1.3 锻造生产的发展

目前,科学技术的高速发展对锻造技术本身的改善和发展有着显著的影响,主要表现在以下几个方面:

1)材料科学的发展。原材料的改变、新材料的研发对锻造技术提出新的挑战,如高温合金、金属间化合物、陶瓷材料及复合材料等难变形材料的成形问题。只有在不停处理由材料带来的挑战的情况下,锻造技术才得以发展。

2)新兴科学技术的出现。当前主要是计算机技术应用于锻造技术各个领域。如锻模计算机辅助设计与制造(CAD/CAM)技术、锻造过程的计算机有限元数值模拟技术,无疑会缩短锻件生产周期,提高锻件设计和生产水平。

3)机械零件性能的更高要求。现代交通的发展,如汽车、飞机的速度和负荷越来越高,开发和使用新的锻造技术,探索原始材料的潜力也是一种解决方案,如近年来出现的等温模锻及粉末锻造,以及适应不同温度-载荷的双性能零件的锻造工艺等。

锻造技术和锻造加工产品的发展总趋势正朝着优质、轻量化,大型整体化,精密净形化,高效低成本化及多学科复合化等方向发展。

(1)优质、轻量化

为了提高结构效益、降低能源消耗和减少污染,对锻造加工产品的优质、轻量化提出了迫切要求。例如,在汽车工业中为了使整车质量减轻 40%~50%,黑色金属的用量将大幅度减少,镁及铝合金的用量将显著增加。在航空工业中则迫切需要增加钛合金、复合材料等轻质、高强、高韧材料的用量,用高性能的铝合金、钛合金、高温合金(包括粉末合金)、超高强度钢、金属间化合物及各类复合材料来制造飞机的关键部件和发动机的旋转部件的数量日益增大,要求重要的航空锻件能够达到高强、高韧、抗蠕变、抗疲劳、耐腐蚀和高损伤容限等性能及工程上的"零缺陷"。对于高性能的难变形材料锻件,需要发展等温锻压、超塑性锻压、热等静压、粉末锻压以及功能梯度锻件(包括双性能、双合金锻件)成形等新的工艺技术,用这些新技术可使锻件获得均匀、优良的组织与性能,并具有较高的几何尺寸精度。

(2)大型整体化

大型整体结构锻件是实现飞机主承力结构整体化的必要条件。将传统的多件组合构件(如梁、框和轴等)改为整体构件,避免螺栓连接的薄弱面,进而设计出更合理的构件剖面,可大减轻飞机结构质量和提高飞机结构效益,并提高飞机零部件的安全可靠性。高推重比的发动机则需要整体叶盘之类的关键部件。因此,锻件的大型化和整体化是航空航天制造业的一个重要发展方向,对提高我国飞机的性能具有深远的意义。另外,大型发电设备制造业也急需开发大型锻件,以提高发电效率。

为了满足我国航空、航天及民用锻件大型整体化的需要,3.5 万吨离合器式螺旋压力机、3 万吨钢丝缠绕挤压机、4 万吨钢丝缠绕模锻液压机及 8 万吨模锻液压机相继建成投产。这必然会提升我国大规格锻件的质量,对重型和大型机械的发展产生深远的影响。因此,需要研究大型整体锻件的普通模锻技术。除在巨型模锻液压机上采用普通模锻工艺生产大型模锻件外，还可采用等温超塑性锻压技术生产较大型整体锻件（锻压力是普通模锻的 1/10～1/5）；对特大整体锻件，也可采用大锻件＋焊接的成形技术。

（3）精密净形化

任何新工艺、新技术都应在保证产品质量与数量的前提下，在材料、设备、工具、能源和劳动力总耗中求极小值，即追求工艺的经济性。我国生产的许多航空大锻件（指在 10 t 以上的锻锤和万吨水压机上生产的锻件）的材料利用率不到 10％，一些高筋薄腹板复杂结构件的锻件材料利用率仅为 2％～3％，锻件的"肥头大耳"问题是造成锻件成本昂贵、锻件冶金质量低下的重要原因。

随着钛合金、高温合金等耐高温、难切削贵重材料的大量应用，近乎无余量的精密成形技术将成为 21 世纪材料成形的主要技术。要实现锻件的精密化，须注重研究在重型水压机和锻锤上生产小余量大锻件的技术，发展径向精锻或多向模锻技术，推广等温精锻和热模锻压技术，研究并应用在电动螺旋压力机及机械压力机上精锻叶片的技术。

（4）高效低成本化

为了提高锻件的生产效率和降低成本，需要研究和发展省力成形、局部连续变形及短流程快速成形技术，包括异形精密环形件轧制技术、盘件的等温辗压技术、强力旋压技术、辊锻技术、液态模锻技术、激光成形技术及喷射成形技术等。

（5）多学科复合化

多学科复合化是锻造新技术发展的一个重要方向，包括热加工（锻、铸、焊、热处理）以及材料科学与物理、化学、数学之间的广泛交叉和复合，从而促进许多材料成形新工艺及新装置的出现。例如，超塑成形、扩散连接、热机械处理、半固态加工、激光成形、计算机模拟和物理模拟等。

1.4　本课程的性质及任务

"锻造工艺与模具设计"是利用塑性成形原理，研究如何利用各种锻造工艺有效生产锻件的一门技术。人们在长期的生产活动中，在锻造方面已积累了丰富的经验，"锻造工艺与模具设计"课程应反映这方面的实践知识，并予以必要的理论分析，即应将塑性变形的一些理论与锻造工艺的实践知识相结合。要掌握好这门课程，除了要学好"工程制图""材料科学基础""塑性成形原理"等有关理论课程外，还要重视实践性教学环节，如生产实习、工艺实验、课程设计及毕业设计等。

通过对本课程的学习，学生应达到以下目标：

1）基本掌握自由锻工艺设计，胎模锻、模锻工艺设计和锻模设计方法；

2）具有初步进行锻造工艺分析的能力；

3）具有初步分析和解决锻件质量问题的能力。

"锻造工艺与模具设计"课程实践性强，仅靠课堂教学是不够的，还必须结合其他教学环节，如专业生产实习、课程实验、课堂讨论、练习和课程设计等，才能有效地完成教学任务。

思考与练习

1. 简述锻造生产的特点。
2. 简述锻造方法分类及锻件的应用范围。
3. 科技发展对锻造技术本身的改善和发展有着怎样的显著影响？
4. 论述锻造生产技术的发展趋势。

第2章 锻前准备

2.1 锻造用材料准备

锻前材料准备主要包含两项内容:一是选择材料;二是按锻件计算的坯料大小切成一定长度的毛坯。

2.1.1 锻造用原材料

锻造用原材料主要包括碳素钢、合金钢、不锈钢、高温合金、有色金属及其合金等。按加工状态分为铸锭、轧材、挤压棒材和锻坯等。大型锻件和某些合金钢的锻造一般直接用铸锭锻制,中小型锻件一般用轧材、挤压棒材和锻坯生产。

锻件的质量除与原材料的冶炼有关外,还与锻造工艺有关。因此,为了便于对锻件进行质量分析,首先应对所加工的坯料有所了解。铸锭由于冶金方面物理化学的规律性,铸锭中存在的常见缺陷有偏析、夹杂、气体、气泡、缩孔、疏松和溅疤等。锻造的锻件越大,使用的原材料铸锭越大,其组织中的缺陷就越严重,这往往是大型锻件报废的主要原因。铸锭经过轧制、挤压或锻造加工后,组织结构得到显著改善,性能得到相应提高。通常,变形越充分,残存的铸造缺陷就越少,材料质量提高的幅度也越大。但在轧、挤、锻的过程中,材料有可能产生新的缺陷,主要包括划痕(划伤)、折叠、开裂、结疤、碳化物偏析、白点、非金属夹杂流线及粗晶环。以上所述中,划痕、折叠、开裂、结疤和粗晶环等均属于材料表面缺陷,锻前应去除,以免在锻造过程中继续扩展或残留在锻件表面,降低锻件质量或导致锻件报废。碳化物偏析、非金属夹杂流线、白点等属于材料内部缺陷,严重时将显著降低可锻性和锻件质量。因此,在锻造前应加强质量检验,不合格材料不应投入生产。

2.1.2 下料方法

下料是锻造准备前的第一道工序,不同的下料方式,直接影响着锻件的精度、材料的消耗、模具与设备的安全以及后续工序过程的稳定。同时,随着国内外加工工艺的不断发展,一些先进的净形(无切屑)或近似净形(少切屑)高效工艺,诸如冷热精锻、挤压成形、辊轧、高效六角车床以及自动机等,对下料工序提出了更为严格的要求,不但要有高的生产率和低的材料消耗,而且下料件应具有更高的质量精度。

下料方式多种多样,传统的下料方式如图 2.1.1 所示。这些传统的下料方法的下料品质均不太理想,断口不齐,坯料的长度与品质重复精度低。如气割切口宽的误差达 10 mm 以上,内部晶粒粗大,两端面斜度大、结疤、有台阶形状马蹄形以及端面歪曲,原材料浪费很严重。如冷弯 100 mm 棒料时,歪扭达 8～10 mm。

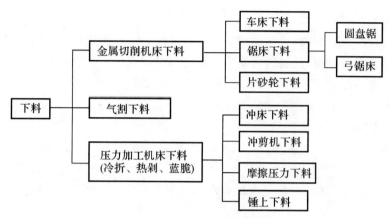

图 2.1.1　传统的下料方式

新型下料方法,如离子束切割、电火花线切割等,能切割高硬度的材料,剪切品质很好,但成本很高,不宜用于大批量生产。金属带锯床在下料时,既能得到高的下料精度,又能满足大批量生产的要求。

1. 剪切法

(1)一般棒料的剪切法

一般棒料的剪切法有剪床剪切和冲床剪切两种。在剪床上剪切的棒料截面尺寸在 $\Phi15\sim200$ mm 的范围内。剪床的大小一般由强度极限为 450 MPa 的钢材被剪切的最大直径表示。强度极限低于 600 MPa 的绝大多数碳钢和合金结构钢都在冷态下剪切。

在剪切前将棒料加热到 250～350℃ 的蓝脆区会提高材料的抗剪强度,还可以得到较为平整的切割断面。一般在剪切直径大于 80 mm 的坯料时,或在剪切合金钢时,采用这种剪切工艺过程。

冷切会在切割端面上产生裂纹,造成不可返修的废品,而且耗费的剪切功率大。在这种情况下可以将坯料加热至 450～550℃ 后再剪切。少数情况下可以加热到 700℃ 或更高的温度。

剪切后的坯料长度不应小于被剪材料的直径。实际上,在剪床上剪切的坯料长度与其直径之比一般不小于 1.2。

剪切加工坯料的材料利用率高,切断速度快,主要适合于开式模锻时的下料工序。但剪切加工的材料断口品质不佳,有坍陷、变形、结疤、台阶、端面歪扭和倾斜等缺陷,倘使再加热不均,剪切装备的精度低和成形工艺过程中受偏心受载等因素的影响,会使锻件品质下降,增加机加工工序。

(2)精密棒料的剪切法

精密棒料的剪切法的种类较多,这里只介绍一种径向夹紧剪切法。径向夹紧剪切的设备或模具结构通常又分为两类:一类是利用专用剪切机的径向夹紧剪切;另一类是在普通压力机上安装专用模具的径向夹紧剪切。精密下料方法与板料精密冲裁相似。为了增大径向夹紧力,常采用增加夹紧长度或加大单位夹紧力的方法来改变剪切区的应力状态,限制棒料的轴向位移，以实现精密剪切。

2. 锯切法

(1) 一般锯切

一般锯切采用弓形锯和圆盘锯锯切坯料。弓形锯的锯条往复运动，锯割效率低，而且锯断大直径圆钢时，锯条要加厚，使材料利用率降低。圆盘锯在锯断大直径圆钢时，必须使用大直径的圆锯片，机器也随之变大。锯缝越大，材料利用率越低。在锯割 $\Phi 100$ mm 的 45 钢时，弓形锯的锯缝为 2.5 mm，圆盘锯的锯缝为 3.0 mm，金属带锯锯缝宽仅为 1.6 mm，弓形锯、圆盘锯、带锯床锯切坯料时消耗锯缝的质量比为 1.56：1.87：1。

(2) 带锯锯切

带锯已实现数控，带锯切削绝大部分采用无级变速、带锯进给伺服控制，送料、夹紧、切割、测量、称重、计算及切屑传送等均已实现自动化。表 2.1.1 为国内某研究所锯切 $\Phi 100$ mm 棒料时各种下料方法的比较。

表 2.1.1 锯切 $\Phi 100$ mm 棒料时各种下料方法的比较

比较项目	金属带锯	G607 圆盘锯	4 MN 摩擦压力机	KS70 剪切机
锯口宽度/mm	0.65～1.5	6.5～10.0		
切口断面状态	粗糙度 $Ra = 3.2$ mm 垂直度 ± 0.2 mm	低于带锯	凹凸不平	凹凸不平
长度重复精度	$\pm(0.13～0.25)$	低于带锯	歪斜 8～10 mm/m	歪斜 8～10 mm/m
主电动机功率/kW	1～7.5	5.5	35	75(另外工频加热 2 000 kW)
平均电能消耗/(kW · P^{-1})	0.03	0.18	0.04	0.65
生产效率/(件 · min^{-1})	0.5～0.3	0.5	16	7
操作人员/人	1/3～1	1	16	9

金属带锯机床下料具有如下优点：

1) 下料切口损失小。锯口一般为 0.65～1.5 mm，仅为圆盘锯下料锯口的 1/8～1/5。

2) 下料精度高。切口断面的端部粗糙度低，垂直度好，弯曲小，长度偏差小，质量偏差仅为 $\pm 0.9\%$。金属带锯床的下料精度，特别是切口端部精度（包括粗糙度、垂直度及弯曲度等）均比其他下料方法高，长度重复精度一般为 $\pm(0.13～0.25)$ mm，粗糙度可达 $Ra = 3.2～12$ mm，端面垂直度不超过 0.2 mm（在切 $\Phi 95$ mm 的棒料时），端面平整，无弯曲、歪斜及压塌等疵病。

3) 电能消耗小。金属带锯机下料的电能损失少，与其他下料方法相比，电能损失仅为其他下料的 5%～6%。

4) 操作人员少。在完成同样锯切工作的情况下，需要的操作人员是其他下料方法人数的 1/5～1/3。

5) 生产效率高。切割效率为 45～260 cm²/min，与圆盘锯的切割速度相当或略有超过。

切割硬度低、强度低的材料时，可调高金属带锯锯条的锯割速度，而切割硬度高、强度高的材料时，则必须把带锯锯条调到较低的锯割速度。

6）对坯料弯曲度和直径公差要求不高。

7）成本低廉。英国某公司采用金属带锯取代圆盘锯后，每年节约 30％的锯切费用，仅占新的圆盘锯片和重磨圆盘锯片费用的 50％。常年下料（锯钢）时，使用一年可从节省的材料中收回带锯成本。

（3）其他下料方法

切断下料的方法多种多样，选用何种下料方法，视被切断材料性质、尺寸大小、批量和对下料品质的要求而定。

常用的材料切断方法还有砂轮切断。采用砂轮切断时，由于受砂轮高速旋转下的热影响，产生粉尘、噪声而污染环境。

此外，还有可燃气体熔断、等离子割断、放电切割及激光切割等熔断方法。熔断的缺点主要是在切断的过程中受到熔断热影响，材料的组织会发生变化，形成变质层，只有采用热处理工艺才能避免这种变化。

另外，放电切割的成本高，普及率低，不能广泛用于钢材的切断，只宜应用于经过热处理之后的模具以及高硬材料零件的切割。

激光切割在板料加工上用得较多，但在棒材、型材的切割上用得较少。

2.2　锻前加热

在锻造生产中，为了提高金属塑性，降低变形抗力，使坯料易于变形并获得良好的锻件，锻前需要加热，即提升金属的可锻性，从而使金属易于流动成形，并使锻件获得良好的组织和力学性能。随着新材料和锻造新工艺的不断出现，对金属加热技术的要求越来越高，锻前加热越来越成为锻造生产过程中一个极其重要的环节。

2.2.1　一般加热方法

金属锻前加热方法，按所采用的热源不同，可以分为火焰加热和电加热两大类。

1. 火焰加热

火焰加热是一种传统的加热方法，它是利用燃料（煤、油、煤气等）燃烧时所产生的热量，通过对流和辐射把热能传给坯料表面，再由表面向中心热传导，使整个坯料加热。其优点是燃料来源方便、加热炉修造容易、加热费用较低、适应性强。这类加热方法应用广泛，适用于各种大、中、小型坯料的加热。其缺点是劳动条件差、加热速度慢、加热质量差、热效率低等。

2. 电加热

电加热利用电能转换为热能来加热坯料，按其传热方式可分为电阻加热和感应加热。

（1）电阻加热

电阻加热的传热原理与火焰加热相同，根据发热元件的不同分为电阻炉加热、盐浴炉加热和接触电加热等。

1）电阻炉加热。电阻炉加热是利用电流通过炉内的电热体（材料为铁铬铝合金、镍铬合金或碳化硅元件及二硅化钼元件等)产生的热量,加热炉内的金属坯料。这种方法的加热温度受到电热体使用温度的限制,热效率比其他电加热低,但加热的适应范围较大,便于实现加热的机械化、自动化,也可用保护气体进行少无氧化加热。铁铬铝合金的电阻系数大,耐热性好,但高温强度低,冷却后有脆性;镍铬合金的高温强度较高,冷却后无脆性。

2)盐浴炉加热。盐浴炉加热是电流通过炉内电极产生的热量把导电介质——盐熔融,通过高温介质的对流与传导将埋入介质中的金属加热。

加热不同的金属工件需要不同的温度,而许多盐各有其不同的熔点,因此,对于在 250~1 300℃之间的任何温度都可以找到适当的盐或几种盐的混合物,使盐的溶液在这一温度时蒸发得很少,而同时又呈液体流动状态。热浴炉按热源位于盐槽的外部和内部分成外热式和内热式两种。内热式电极盐浴炉加热的工作原理如图 2.2.1 所示。

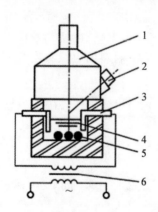

图 2.2.1　内热式电极盐浴炉的工作原理图
1—排烟罩;2—高温计;3—电极;4—熔盐;5—坯料;6—变压器

内热式盐浴炉用管状电热元件加热,也可用电极加热。盐浴炉加热升温快、加热均匀、可以实现金属坯料整体或局部的无氧化加热。但是,其热效率低、辅助材料消耗大,工作条件差。

3)接触电加热。接触电加热是以低电压(一般为 2~15 V)大电流直接通入金属坯料,由金属坯料自身电阻在通过电流时产生的热量加热坯料。这种加热方法加热速度快、金属烧损少、加热范围不受限制、热效率高、耗电少、成本低、设备简单以及操作方便。它更适用于长坯料的整体或局部加热,但对坯料的表面粗糙度和形状尺寸要求严格。下料时必须保证坯料的端部规整,不能有畸变。此外,这种加热方法难以测量和控制加热温度。

(2)感应加热

感应加热的优点是加热速度快,达 0.4~0.6 min/cm,总效率达 50%~60%。感应加热时,毛坯周围的气氛不强烈流动,氧化脱碳少,加热质量好,对环境没有污染,温度易于控制,金属烧损少,操作简单,工作稳定,便于实现机械化和自动化等。

感应加热装置的初期投资大。消耗电能比接触加热大(但比电阻炉加热小)。每吨钢材的耗电指标为 400~500 kW·h。

感应器的规格必须与毛坯尺寸匹配。每种规格感应器加热的坯料尺寸范围窄。当毛坯尺寸经常变化时,必须及时更换相应的感应器,否则效率会明显下降,加热时间会延长。一般情况下,感应加热不能加热形状复杂的异形件和变截面毛坯。

感应加热利用电磁感应发热直接加热金属坯料。将金属坯料放入通过交变电流的螺旋线圈(感应圈),线圈产生的感应电动势在坯料表面形成强大的涡流,使坯料内部的电能直接转换成热能加热坯料。感应加热原理如图 2.2.2 所示。若将毛坯放在感应圈内,并在其两端施加交变电压 u,在感应圈内通过电流 i_1 后,便有相应的交变磁场产生,根据电磁感应定律,在毛坯内产生感应电流 i_2,依靠毛坯的阻抗,使毛坯产生热量。

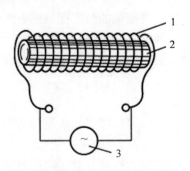

图 2.2.2　感应加热原理图

1—感应圈;2—毛坯;3—交变电源

感应加热时,沿圆形横截面坯料的电流密度分布不均匀,中心电流密度小,表层电流密度最大,这种现象称作趋肤效应。电流频率越高,则电流穿透深度越小,趋肤效应越明显。因毛坯表面的热量必须依靠热传导方式逐渐传到毛坯中心,故当加热时间给定时,为了保证毛坯表面和中心所需的温差,必须减小毛坯尺寸;当毛坯温差和尺寸给定时,就要延长加热时间,从而降低加热效率。

在感应加热时,对于大直径坯料,要注意保证坯料加热均匀,选用低电流频率,增大电流透入深度,可以提高加热速度。而对于小直径坯料,可采用较高的电流频率,从而提高电效率。

试验证明,感应加热时,氧化和脱碳在很大程度上取决于加热温度和加热时间。当温度从 1 050℃增加到 1 200℃,烧损几乎增加 0.5 倍,氧化皮增厚。随着加热温度升高和高温下停留时间延长,脱碳层也明显增厚。例如,对于 Φ80 mm 的 40Cr,用 5 min 加热到 1 100℃,脱碳层的厚度为 0.25 mm;而用 8 min 加热到 1 200℃,脱碳层的厚度为 0.5 mm。

因此,在感应加热时为了实现无氧化加热,要采用保护气体。保护气体的种类很多,选择时,不仅要注意效果,也要考虑其制备过程的难易程度和成本,要综合比较,因地制宜。常用的保护气体有以下几种。

1)工业惰性气体,如氢、氮气及氮-氢混合气等,它们与任何金属都不发生化学反应,经净化处理(去氧)后使用。工业惰性气体较贵,故适用于一些特殊和贵重金属的精密模锻,如钛及其合金、耐热钢和不锈钢等。

2)还原性气体,又称为可控气氛,如 CO 与 H_2 的混合气。

2.2.2　少无氧化加热

通常称烧损量在 0.5% 以下的锻造加热为少氧化加热,烧损量在 0.1% 以下的加热称为无氧化加热。少无氧化加热除可避免金属氧化、脱碳外,还可显著提高锻件表面质量和尺寸精度,减少模具磨损等,能延长模具约 16% 的使用寿命。少无氧化加热技术是实现精密锻造必不可少的配套技术。

实现少无氧化加热的方法很多,常用的和发展较快的方法有快速加热、介质保护加热和少无氧化火焰加热等。

1. 快速加热

快速加热包括火焰炉中的辐射快速加热和对流快速加热、感应电加热和接触电加热等。快速加热的理论依据是,采用技术上可能的加热速度加热金属坯料时,坯料内部产生的温度应力、留存的残余应力和组织应力叠加,不足以使坯料产生裂纹。小规格的碳素钢钢锭和简单形状的模锻用毛坯,均可采用这种方法。由于上述方法加热速度很快,加热时间很短,坯料表面形成的氧化层很薄,从而可以实现少氧化的目的。

感应加热时,钢材的烧损量约为 0.5%。为了达到无氧化加热的要求,可在感应加热炉内通入保护气体。保护气体有惰性气体(如氮气、氩气、氦气等),还有还原性气体(如 CO 和 H_2 的混合气),是用保护气体发生装置专门制备的。

由于快速加热大大缩短了加热时间,在减少氧化的同时,还可明显降低脱碳程度,这点不同于少无氧化火焰加热,是快速加热的最大优点之一。

2. 介质保护加热

用保护介质把金属坯料表面与氧化性炉气隔开进行加热,便可避免氧化,实现少无氧化加热。

(1)气体介质保护加热

常用的气体保护介质有惰性气体、不完全燃烧的煤气、天然气、石油液化气或分解氨等。可向电阻炉内通入保护气体,且使炉内呈正压,防止外界空气进入炉内,坯料便能实现少无氧化加热。

(2)液体介质保护加热

常见的液体保护介质有熔融玻璃和熔融盐等。盐浴炉加热便是液体介质保护加热的一种,这种方法加热快而均匀,防止氧化和脱碳效果好,且操作方便,是一种有前途的少无氧化加热方法。

(3)固体介质保护加热(涂层保护加热)

将特制的涂料涂在坯料表面,加热时涂料熔化,形成一层致密不透气的涂料薄膜,且牢固地黏结在坯料表面,把坯料和氧化性炉气隔离,从而防止氧化。坯料出炉后,涂层可防止二次氧化,并有绝热作用,可防止坯料表面温度降低;涂层在锻造时也可起到润滑剂的作用。

保护涂层按其构成不同分为玻璃涂层、玻璃陶瓷涂层、玻璃金属涂层、金属涂层和复合涂层等。目前应用最广的是玻璃涂层。

3. 少无氧化火焰加热

在燃料(火焰)炉内,可以通过控制高温炉气的成分和性质,即利用燃料不完全燃烧所产生的中性炉气或还原性炉气,实现金属的少无氧化加热。这种加热方法称为少无氧化火焰加热,少无氧化火焰加热时的保护性气体主要是 CO 和 H_2。

2.2.3 锻造温度范围及加热规范

金属坯料的正确加热方法,以材料在加热过程中不产生裂纹、过热和过烧,并且温度均匀,氧化脱碳少、加热时间短和节省燃料等为原则,来确定正确的温度范围,制定合理的加热规范。

1. 锻造温度范围的确定

锻造温度范围是指坯料开始锻造时的温度(即始锻温度)和结束锻造时的温度(即终锻温度)之间的温度区间。

经过长期生产实践和大量试验研究,现有大部分的锻造温度范围均已基本确定,可从手册中查得,表 2.2.1 列出了部分金属材料的锻造温度范围。但是随着金属材料的日益发展,今后不断会有新的材料需要锻造。因此,还必须掌握确定锻造温度范围的一些原则和方法。

表 2.2.1　部分金属材料的锻造温度范围

金属种类	牌号举例	始锻温度/℃	终锻温度/℃
普通碳素钢	Q195A,Q215A	1 300	700
	Q235A,Q255A	1 250	700
优质碳素钢	40,45,60,40Mn,45Mn,50Mn	1 200	800
碳素工具钢	T7,T7A,T8,T8A,	1 150	800
	T9,T9A,T10,T10A,	1 100	770
	T11,T11A,T12,T12A,T13,T13A	1 050	750
合金结构钢	40Cr,20CrMnTi,20CrMo,20CrNi,	1 200	800
	35CrMo,42CrMo,35CrMnSi,	1 150	850
	15CrMnMo,20CrMnMo,	1 200	900
	38CrMoAl,20CrNi3	1 180	850
合金工具钢	Cr12MoV,	1 100	840
	5CrNiMo,5CrMnMo,9Mn2V,9SiCr	1 100	800
高速工具钢	W18Cr4V,W9Cr4V2	1 150	900
不锈钢	1Cr13,2Cr13,	1 150	750
	1Cr18Ni9Ti,Cr9Mn18	1 180	850
铝合金	5A06	450	380
	2A01,2A11,2A12	470	380
	2A50,2B50	480	380
	2A70,2A90	470	380
	7A04	450	380
镁合金	MB5	380	330
	MB15	400	300
钛合金	TC4	950	800
	TC9	970	850
铜及其合金	T1,T2,T3,T4	950	800
	HPb59-1,HSn60-1	800	650
	H62	820	700
	QA110-3-1.5	830	700

(1)确定锻造温度范围的基本原则

1)必须使锻造金属的内部组织和力学性能满足技术要求;

2)要求坯料在锻造温度范围内锻造时,金属具有良好的塑性和较低的变形抗力;

3)锻造温度范围尽可能大些,以减少加热次数,提高锻造生产率,减少热损耗。

(2)确定锻造温度范围的基本方法

以合金平衡相图为基础,结合塑性图、抗力图和再结晶图等,从塑性、变形抗力和锻件的组织性能三个方面综合分析,确定合适的始锻温度和终锻温度,并在实践中进行验证和调整。

确定始锻温度时,应保证坯料在加热过程中不产生过烧现象,同时也要尽力避免发生过热。确定终锻温度时,既要保证金属在终锻前具有足够的塑性,又要保证锻件能够获得良好的组织性能。终锻温度不能过高,温度过高会使锻件的晶粒粗大,锻后冷却时出现非正常组织。相反,终锻温度过低,不仅会导致锻造后期加工硬化,可能引起断裂,而且会使锻件局部处于临界变形状态,形成粗大的晶粒。

2. 锻造加热规范的制定

所谓加热规范就是指坯料从装炉开始到加热结束整个过程对炉子温度和坯料温度随时间变化的规定。为了应用方便和清晰起见,加热规范采用温度时间的变化曲线表示,通常以炉温时间的变化曲线(又称加热曲线)表示加热规范。

制定加热规范的基本原则是要求坯料加热过程中不产生裂纹、过热与过烧,温度均匀,氧化和脱碳少、加热时间短、生产效率高和节省燃料等。加热规范的核心问题是确定金属在加热过程不同时期的加热温度、加热速度和加热时间。通常可将加热过程分为预热、加热和保温三个阶段。预热阶段,主要是合理规定装料时的炉温;加热阶段,关键是正确选择加热速度;保温阶段,则应保证钢料温度均匀,给定保温时间。

(1)装料炉温

开始加热的预热阶段,坯料的温度低而塑性差,为了避免温度应力过大引起裂纹,则规定坯料的装炉温度。装炉温度的高低取决于温度应力,与材料的导热性和坯料的大小有关。导热性好、尺寸小的普通坯料,装炉温度不受限制。导热性差、尺寸大的坯料则应规定装炉温度,并在该温度下保温一定时间。

(2)加热速度

坯料加热升温时的加热速度,一般采用单位时间内金属表面温度升高的度数(℃/h)或用单位时间内金属截面热透的数值(mm²/min)来表示。

坯料的导热性愈好,强度极限愈大,断面尺寸愈小,允许的加热速度愈大。反之,允许的加热速度愈小。因此,导热性好的坯料在加热时,不必考虑允许加热速度,可以采用最大的加热速度。而导热性差的坯料加热时,在低温阶段,则以坯料允许的加热速度加热,升到高温后方可按最大加热速度加热。

(3)保温时间

当坯料表面加热温度达到锻造温度时,因其心部温度仍较低,断面存在较大温差,如果这时出炉,必将引起变形不均,所以还需在此温度下保温一段时间。保温不但可以使坯料断面温度趋于均匀,还能借助高温扩散作用使其组织均匀化。

加热规范所规定的保温时间包括最小保温时间和最大保温时间。最小保温时间是指能够使坯料温差达到规定的均匀程度所需的最短保温时间。最大保温时间是不产生过热、过烧缺陷的最大允许保温时间。实际生产中,保温时间应大于最小保温时间,这样能保证产品的加热品质。但是,要防止出现缺陷,保温时间也不宜太长。

(4)加热时间

加热时间是指坯料在炉中均匀加热到规定温度所用的时间,它是加热各个阶段保温时间和升温时间的总和。加热时间可按传热学理论进行计算,但非常烦琐复杂,误差也很大,生产中很少采用。工厂常以经验公式、试验数据或图线等来决定加热时间,虽具有局限性,但应用简单方便。

1)有色金属的加热时间。有色金属多采用电阻加热,其加热时间从坯料入炉开始计算,铝合金和镁合金按 1.5～2 min/mm,铜合金按 0.75～1 min/mm,钛合金按 0.5～1 min/mm。当坯料直径小于 50 mm 时取下限,直径大于 100 mm 时取上限。钛合金的低温导热性差,故对于铸锭和直径大于 100 mm 的坯料,要求在 850℃ 以前进行预热,预热时间可按 1 min/mm 计算,在高温段的加热时间按 0.5 min/mm 计算。铝、镁及铜三类合金导热性都很好,故不需要分段加热。

2)钢材(或中小型钢坯)的加热时间。在连续炉或半连续炉中加热时间 t 为

$$t = aD$$

式中　t——加热时间,h;

　　　D——钢料直径或边长,cm;

　　　a——与钢料成分有关的系数(碳素结构钢 $a=0.1～0.15$ h/cm,合金结构钢 $a=0.15～0.2$ h/cm,工具钢和高合金钢 $a=0.3～0.4$ h/cm)。

采用室式炉加热时,加热时间的确定方法如下。

对于直径为 200～350 mm 的钢坯,其加热时间可参考表 2.2.2 确定。表中的数据为单个毛坯的加热时间,加热多件及短料时,要乘以相应的修正系数 k_1 和 k_2(见图 2.2.3)。

表 2.2.2　钢坯加热时间

钢种	加热时间(h/100 mm)
低碳钢、中碳钢、低合金钢	0.60～0.77
高碳钢、合金结构钢	1
碳素工具钢、合金工具钢、高合金钢、轴承钢	1.20～1.40

对于直径小于 200 mm 的钢材,其加热时间可按图 2.2.3 确定,图中 $t_碳$ 为碳钢圆材单个坯料的加热时间,考虑到装炉方式、坯料尺寸和钢种类型的影响,加热时间还应乘以相应的修正系数 k_1,k_2 和 k_3。

3)钢锭(或大型钢坯)的加热时间。冷钢锭(或钢坯)在室式炉中加热到 1 200℃ 所需要的加热时间为

$$t = ak_1 D^{0.5}$$

式中　t——加热时间,h;

　　　a——与成分有关的系数(碳钢与低合金钢 $a=10$,高碳钢和高合金钢 $a=20$);

　　　k_1——与坯料的断面形状和在炉内排放情况有关的系数,其值为 1～4,可参阅图 2.2.3;

　　　D——钢料直径,m(方形截面取边长、矩形截面取短边边长)。

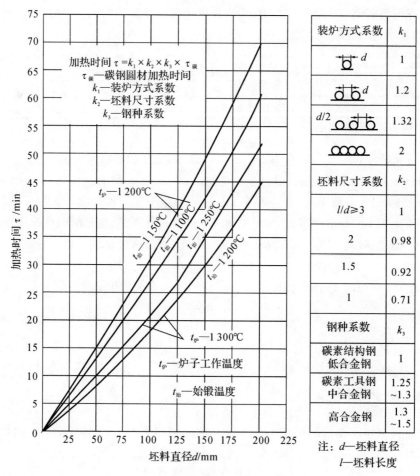

图 2.2.3 中、小钢坯在室式炉中的加热时间

思考与练习

1. 钢锭中常见缺陷有哪些？它们产生的原因和危害是什么？

2. 常用的下料方法有哪些？各自的适用范围及其优、缺点是什么？

3. 铸锭作为锻造坯料时如何下料？

4. 简要说明棒料精密剪切的方法及其在工程实际中的意义。

5. 试说明锻前加热的目的和方法。

6. 金属锻前加热的方法有哪几种？有色金属为什么一般采用电加热？

7. 金属锻前加热的主要缺陷有哪几种？产生的原因是什么？有哪些预防措施？

8. 何谓锻造加热规范？加热规范包括哪些内容？其核心问题是什么？

9. 如何确定装炉温度和加热速度？均热保温的目的是什么？

10. 少无氧化加热有哪些优点？实现少无氧化加热的主要方法有哪些？简述其适用范围。

11. 什么是感应加热？有什么优点？

12. 有哪些措施可以减少或消除加热时的金属氧化？

13. 何为锻造温度范围？锻造温度范围的制定有哪些基本原则？始锻温度和终锻温度应如何确定？

14. 什么是脱碳？什么是过热？什么是过烧？氧化、脱碳、过烧和过热可产生哪些危害？如何防止？

15. 选择加热速度的原则是什么？提高加热速度的措施有哪些？

第3章 自由锻

3.1 自由锻概述

自由锻造通常指手工自由锻和机器自由锻。手工自由锻主要依靠人力,利用简单的工具对坯料进行锻打,从而改变坯料的形状和尺寸,进而获得所需锻件,这种方法主要用于生产小型工具或用具。机器自由锻造(简称"自由锻")主要依靠专用的自由锻设备和专用工具对坯料进行锻打,改变坯料的形状和尺寸,从而获得所需锻件。

机器自由锻根据其所使用的设备类型不同,可分为锻锤自由锻和水压机自由锻两种。前者主要用于锻造中小自由锻件,后者主要用于锻造大型自由锻件。径向锻造机锻造是近些年才发展起来的,它主要用于阶梯轴和异形截面轴类锻件的成形。

自由锻工艺的实质是利用简单的工具,逐步改变原坯料的形状、尺寸和组织结构,获得所需锻件的加工过程。

自由锻所用原材料为初锻坯、热轧坯、冷轧坯和铸锭坯等。对于碳钢和低合金钢的中小锻件,原材料大多采用经过锻轧的坯料。这类坯料内部质量较好,在锻造时主要解决成形问题,要求利用金属流动规律,选择合适工具,安排好变形工步,以便有效而准确地获得所需形状和尺寸;而对大型锻件和高合金钢锻件,多数是利用初锻坯或铸锭坯,因其内部组织疏松,存在偏析、缩孔、气泡和夹杂等缺陷,在锻造时主要解决质量问题。

3.1.1 自由锻工序分类

根据变形性质和变形程度,自由锻工序分为以下 3 类。

1)基本工序,指能够较大幅度地改变坯料形状和尺寸的工序,也是自由锻造过程中的主要变形工序。如镦粗、拔长、冲孔、心轴扩孔、心轴拔长、弯曲、切割、错移、扭转和锻接等。

2)辅助工序,是在坯料进行基本工序前采用的变形工序。如钢锭倒棱、预压夹钳把和阶梯轴分段压痕等。

3)修整工序,指用来修整锻件尺寸和形状使其完全达到锻件图要求的工序。一般是在某一基本工序完成后进行,如镦粗后的鼓形滚圆和截面滚圆、端面平整、拔长后校正和弯曲校直等。

各种自由锻工序简图见表 3.1.1。

表 3.1.1 自由锻工序简图

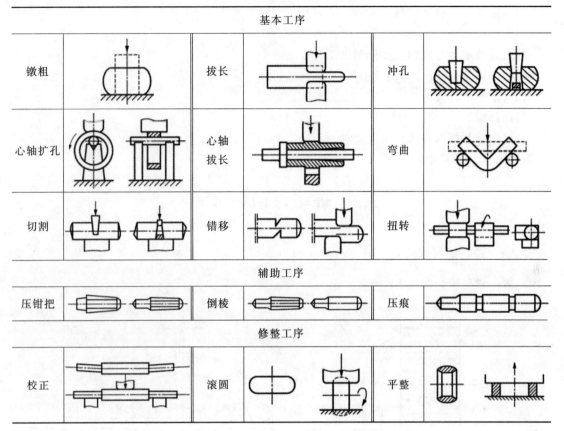

基本工序					
镦粗		拔长		冲孔	
心轴扩孔		心轴拔长		弯曲	
切割		错移		扭转	
辅助工序					
压钳把		倒棱		压痕	
修整工序					
校正		滚圆		平整	

3.1.2 自由锻特点

(1)自由锻的优点

所用工具简单、通用性强、灵活性大,因此适合单件和小批锻件,特别是特大型锻件的生产,这为新产品的试制、非标准的工装夹具和模具的制造提供了经济快捷的方法。为了减轻模锻设备的负担或充分利用现有模锻设备,简化锻模结构,有些模锻件的制坯工步也在自由锻设备上完成。

(2)自由锻的缺点

锻件精度低、加工余量大、生产率低以及劳动需求量大等。

(3)自由锻件的成形特点

坯料在平砧上面或工具之间经逐步的局部变形而完成。由于工具与坯料部分接触,所需设备功率比生产同尺寸锻件的模锻设备要小得多,所以自由锻适用于锻造大型锻件。如万吨模锻水压机只能模锻几百千克的锻件,而万吨自由锻水压机则可锻造质量达百吨以上的大型锻件。

3.1.3 自由锻工艺过程的制定内容

1)根据零件图设计自由锻件图。

2)计算坯料的质量及尺寸。

3)确定变形工序及锻打火次。

4)设计工步图。

5)选择或设计各成形工步用辅助工具。

6)确定锻造温度范围,制定加热、冷却规范。

7)制定热处理规范。

8)选择设备,安排生产人员。

9)提出锻件技术要求和检验要求。

10)填写工艺卡片。

3.2 齿轮自由锻工艺

3.2.1 工艺编制依据

1)齿轮零件图如图 3.2.1 所示。

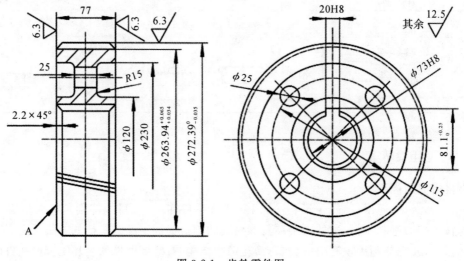

图 3.2.1 齿轮零件图

2)技术条件:调质硬度 HB235~248,齿轮外圆径向圆跳动允许 0.015 mm。

3)生产两件。

4)锻件材料为 42SiMn。

3.2.2 绘制锻件图

根据锻件材质与技术要求,锻后应进行粗加工调质处理。

(1)工艺分析

零件没有力学性能要求,所以不留试棒。4×Φ25 mm 小孔很难锻出,全部加放余量。两端凹槽深 26 mm、宽 55 mm,因生产数量少,不锻出加放余量。因零件高度与孔径之比小于 3,

且该中心孔径大于 30 mm，因此应冲孔锻出。

（2）确定机加工余量、锻造公差、画锻件图

根据零件的直径（$D = 272.39$ mm）、高度（$H = 77$ mm）和孔径（$d = 73$ mm），由 GB/T 21470 — 2008 得，径向余量公差为 10 ± 4，轴向余量公差为 9 ± 3，内孔余量公差为 15 ± 6，绘出锻件图（见图 3.2.2）。

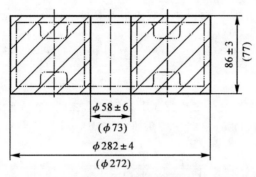

图 3.2.2　齿轮锻件图

（3）确定坯料质量与尺寸

毛坯质量 $m_{坯}$ 为锻件质量与锻造时各种金属损耗质量之和。

$$m_{坯} = m_{锻} + m_{损}$$

式中　　$m_{锻}$ —— 锻件质量，kg，锻件质量按锻件的公称尺寸计算；

　　　　$m_{损}$ —— 各种金属损耗质量，kg，包括钢料加热烧损 $m_{烧}$、冲孔芯料损失 $m_{芯}$、端部切头损失 $m_{切}$。

钢料加热烧损 $m_{烧}$ 为烧损率，一般以坯料质量的百分比表示。其数值与所选用的加热设备类型有关，可参见有关资料。

1）计算锻件质量 $m_{锻}$。

$$m_{锻} = \frac{\pi}{4}(D^2 - d^2)H\rho = \frac{\pi}{4} \times (2.82^2 - 0.58^2) \times 0.86 \times 7.85 = 40.3 \ (\text{kg})$$

2）计算坯料质量 $m_{坯}$。

$$m_{坯} = m_{锻} + m_{芯} + m_{烧}$$

芯料质量 $m_{芯}$ 按冲孔高度的 1/3 计算，则

$$m_{芯} = \frac{\pi}{4}d^2\rho\frac{H}{3} = \frac{\pi}{4} \times 0.58^2 \times 7.85 \times \frac{0.86}{3} = 0.6 \ (\text{kg})$$

$m_{烧}$ 按一火次完成，烧损取 3%，则坯料质量为

$$m_{坯} = m_{锻} + m_{芯} + m_{坯} \times 3\%$$

$$m_{坯}(1 - 3\%) = m_{锻} + m_{芯}$$

$$m_{坯} = \frac{m_{锻} + m_{芯}}{1 - 3\%}$$

$$m_{坯} = \frac{40.3 + 0.6}{0.97} = 42.2 \ (\text{kg})$$

取 42.5 kg。

3) 选择坯料规格。坯料高度一般应满足镦粗比为 2 以上的要求,于是 $H_0 = 86\ \text{mm} \times 2 = 172\ \text{mm}$,按规格取 180 mm,则坯料直径为

$$D_0 = \sqrt{\frac{4m}{\pi \rho H_0}} = \sqrt{\frac{4 \times 42.5}{\pi \times 7.8 \times 1.8}} = 196\ (\text{mm})$$

按标准取 195 mm。

再按此直径,由公式 $m_{\text{坯}} = \frac{\pi}{4} D_0^2 \rho H_0$ 算出下料长度为

$$42.5 = \frac{\pi}{4} \times 1.95^2 \times 7.85 \times H_0$$

$$H_0 = 181\ \text{mm}$$

按规定,下料尺寸高度与直径之比应在 1.25 ~ 2.5 之间,而当前下料尺寸高度与直径之比只有 181/195 = 0.93,小于 1.25,下料比较困难。考虑下料的便利性,将坯料长度增加至 250 mm,重新计算坯料尺寸为

$$D_0 = \sqrt{\frac{4m}{\pi \rho H_0}} = \sqrt{\frac{42.5 \times 10^6}{6.16 \times 250}} = 1.66\ (\text{mm})$$

按轧材规格取 D_0 为 165 mm,再按此直径及毛坯质量,算出下料长度 $H_0 = 259\ \text{mm}$,取 $H_0 = 260\ \text{mm}$。

因此,实用坯料规格为 $\Phi165\ \text{mm} \times 260\ \text{mm}$。

(4)确定变形工序

1)工序顺序。该类锻件一般采用镦粗→冲孔→修整。

2)工序尺寸。为了保证修整后锻件的高度,坯料应该加高。考虑冲孔毛坯尺寸比 D_0/d 在 2.5~5 之间,冲孔毛坯高度为锻件高度的 1.1~1.2 倍。于是,坯料高度应为 86 mm×1.1 = 94.6 mm,取 95 mm。据此计算的坯料直径为 $\Phi268\ \text{mm}$。因此,确定坯料尺寸为 $\Phi268\ \text{mm} \times 95\ \text{mm}$,冲孔直径为 $\Phi58\ \text{mm}$,然后修整到锻件要求的尺寸。

(5)选择设备与工具

按坯料规格与锻件尺寸,查表后选择 750 kg 锻锤。所用工具除冲头、漏盘、钳子外,不需要其他专用工具。

(6)确定加热、冷却和热处理工艺

1)42SiMn 钢,$\Phi165\ \text{mm} \times 260\ \text{mm}$ 的坯料,可采用高温装炉,以实现快速加热。查表 2.2.2,确定升温速度为 0.66~0.77 h/100 mm,取 0.75 h/100 mm,则加热时间按坯料直径计算为 1.65×0.75 = 1.23 h,取 1.5 h 即可。

2)锻后冷却,按 42SiMn 钢,锻件传热截面尺寸为 86 mm,可采用空冷。

3)锻后热处理,再退火处理工艺为:400℃入炉,840~860℃保温,随炉冷至 400℃后出炉空冷。

(7)填写工艺卡片

齿轮锻造工艺卡片见表 3.2.1。

表 3.2.1 齿轮锻造工艺卡片

名称	齿轮
类别	Ⅶ
钢号	42SiMn
坯料质量/kg	42.5
锻件质量/kg	40.3
锻件占总质量/kg	94.8
每坯锻件数	1

火次	温度/℃	操作说明	变形过程	设备	工具
1	750~1 240	坯料		750 kg 锤	
		镦粗			
		冲孔修正			冲子漏盘

3.3 法兰圈的自由锻工艺

3.3.1 绘制锻件图

法兰圈零件图如图 3.3.1 所示,材料为 20 钢。

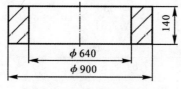

图 3.3.1 法兰圈零件图

根据零件尺寸由 GB/T 21470 — 2008 查得

$$a = 27^{+7}_{-10}; b = 24^{+6}_{-9}$$

在零件尺寸上加上余量和公差便可算得锻件的公称尺寸和公差

$$D = \Phi900 + 27^{+7}_{-10} = \Phi927^{+7}_{-10} \text{ mm}$$

取 $D = \Phi925^{+7}_{-10}$ mm；

$$d = \Phi640 - 1.2 \times 27^{+7}_{-10} = \Phi608^{+8}_{12}$$

取 $d = \Phi610^{+8}_{12}$ mm；

$$H = 140 + 24^{+6}_{-9} = 164^{+6}_{-9}$$

取 $H = 165^{+6}_{-9}$ mm；

绘制法兰圈锻件图，如图 3.3.2 所示。

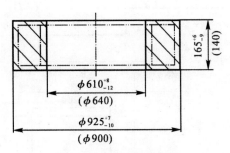

图 3.3.2   法兰圈锻件图

3.3.2   确定毛坯的质量和尺寸

$$m_{毛坯} = m_{锻件} + m_{芯} + m_{烧损}$$

$$m_{锻件} = \beta V = \beta \times \frac{\pi}{4}(D^2 - d^2)H \approx 7.85 \times \frac{\pi}{4}(9.25^2 - 6.10^2) \times 1.65 = 490 \text{ (kg)}$$

$$m_{芯} = (1.18 \sim 1.57)d^2 H$$

预冲孔为 $\Phi250$ mm，并取系数为 1.5，代入得

$$m_{芯} = 15 \text{ (kg)}$$

$$m_{烧损} = 0.07 m_{锻件} = 0.07 \times 490 = 34 \text{ (kg)}$$

故

$$m_{毛坯} = 490 + 15 + 34 = 539 \text{ (kg)}$$

$$D_{毛坯} = (0.8 \sim 1)\sqrt[3]{V_{毛坯}} = (0.8 \sim 1)\sqrt[3]{\frac{m}{\rho}} =$$

$$(0.8 \sim 1) \times \sqrt[3]{\frac{539}{7.81}} \times 10^2 = 340 \text{ (mm)}$$

$$H_{毛坯} = \frac{V_{毛坯}}{F_{毛坯}} = \frac{4m_{毛坯}}{7.81 \times \pi \times 340 \times 10^{-6}} = 760 \text{ (mm)}$$

故取料为 $\Phi340$ mm $\times 760$ mm。

3.3.3   确定变形工艺

根据锻件公称尺寸，计算得

$$\frac{D}{d} = \frac{925}{610} = 1.516$$

$$\frac{H}{d} = \frac{165}{610} = 0.27$$

由图 3.3.3 中查得,需冲孔-马杠扩孔。

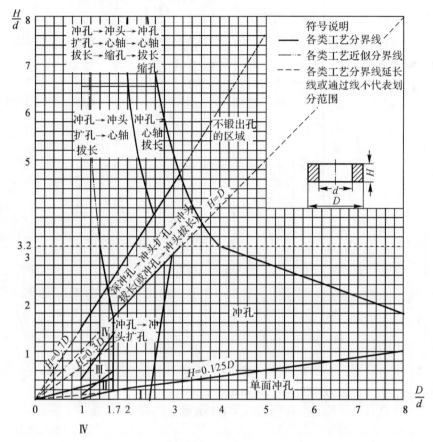

图 3.3.3　锤上锻造空心锻件的工艺过程方案选择

故该件的锻造工序应是:镦粗 → 冲孔 → 马杠扩孔。

工序尺寸的确定如下:

1) 扩孔前的毛坯高度 H_1。考虑到扩孔时高度略有增加,故 $H_1 = 1.05KH$,由图 3.3.4 知:K 的数值与 $\frac{d}{d_1}$ 有关(d_1 为冲头直径,d 为锻件内径)。由于冲头尺寸的确定与毛坯镦粗后(冲孔前)的直径有关,因此,需先经过估算并参考车间现有冲头规格定出冲头尺寸。在本例中,根据毛坯体积和毛坯高度,初步算出镦粗后的直径,并根据冲孔时 $\frac{D_{\text{坯料}}}{d_{\text{冲头}}} \approx 3$ 的要求和车间冲头规格确定冲头直径为 $\Phi 250$ mm。

由图 3.3.4 查得 $K = 0.91$。

代入得

$$H_1 = 1.05 \times 0.91 \times 165 = 157 \text{(mm)}$$

2) 冲孔前毛坯高度 H_0。考虑到冲孔时毛坯高度略有减小,取 $H_0 = 1.1H_1$,代入得

$$H_0 = 1.1 \times 157 = 173 \text{(mm)}$$

取 $H_0 = 175$ mm。

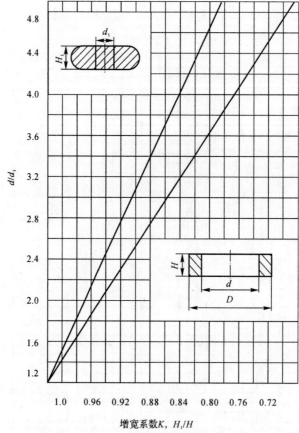

图 3.3.4　马杠扩孔增宽系数

3.3.4　选择设备

根据锻件尺寸,由图 3.3.5 查得,该件需在 3 t 锤上锻造。

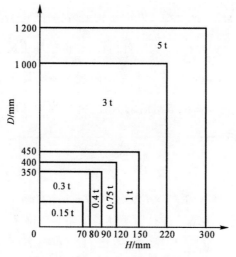

图 3.3.5　锤上允许扩孔的锻件尺寸

锻造工艺及变形过程见表 3.3.1。

表 3.3.1 锻造工艺及变形过程

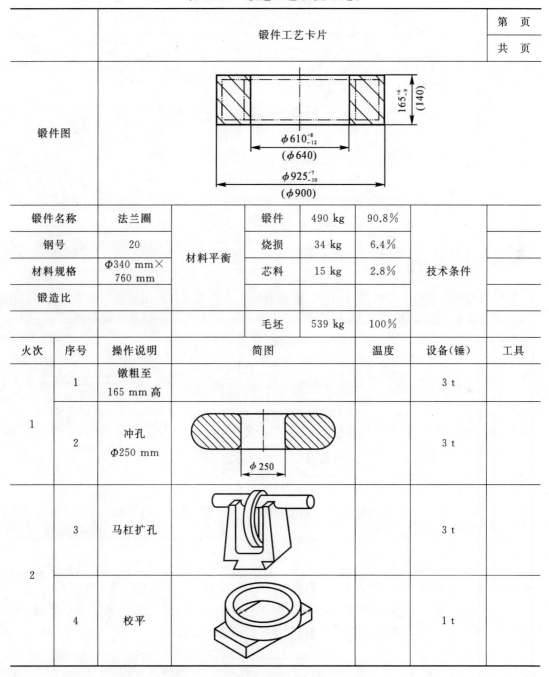

		锻件工艺卡片				第 页
						共 页

锻件名称	法兰圈		锻件	490 kg	90.8%	
钢号	20	材料平衡	烧损	34 kg	6.4%	技术条件
材料规格	Φ340 mm×760 mm		芯料	15 kg	2.8%	
锻造比						
			毛坯	539 kg	100%	

火次	序号	操作说明	简图	温度	设备(锤)	工具
1	1	镦粗至 165 mm 高			3 t	
	2	冲孔 Φ250 mm			3 t	
2	3	马杠扩孔			3 t	
	4	校平			1 t	

3.4 齿轮的自由锻工艺

现以齿轮零件为例,如图 3.4.1 所示,制定自由锻工艺过程规程。该零件材料为 45 钢,生产批量小,采取自由锻锻造齿轮坯。其工艺过程设计过程如下。

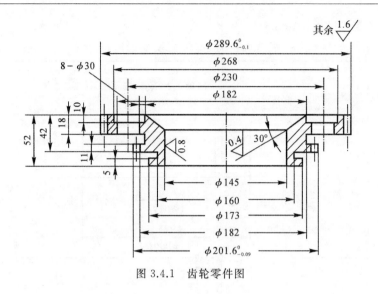

图 3.4.1　齿轮零件图

3.4.1　设计、绘制锻件图

锻件图是编制锻造工艺过程、设计工具、指导生产和验收锻件的主要依据。它是在零件图的基础上考虑加工余量、锻件公差、锻造余块、检验试样及操作用夹头等因素绘制而成。锻件的各种尺寸和余量公差关系,如图 3.4.2 所示。

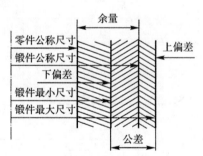

图 3.4.2　锻件的各种尺寸和余量公差

（1）加工余量

一般锻件的尺寸精度和表面粗糙度达不到零件图的要求,锻件表面应留有供机械加工用的金属层,该金属层称为机械加工余量(简称"余量")。余量大小的确定与零件的形状尺寸、加工精度、表面品质要求、锻造加热品质、设备工具精度和操作技术水平等有关。对于非加工面则不需要加余量。零件公称尺寸加上余量,即为锻件公称尺寸。

（2）锻件公差

在锻造生产中,由于各种因素的影响,如终锻温度的差异,锻压设备、工具的精度和工人操作水平的差异,锻件实际尺寸不可能达到公称尺寸,允许有一定的偏差,这种偏差称为锻造公差。锻件尺寸大于其公称尺寸的部分称为上偏差(正偏差),小于其公称尺寸的部分称为下偏差(负偏差)。锻件上各部位不论是否经机械加工,都应注明锻造公差。通常锻造公差为余量的 1/4～1/3。

锻件的余量和公差的具体数值可查阅有关手册,或按工厂标准确定。在特殊情况下也可与机加工技术人员商定。

(3)锻造余块

自由锻工艺过程不可能锻出零件的齿形和圆周上的狭窄凹槽,应加上余块,简化锻件外形。为了简化锻件外形以符合锻造工艺过程需要,零件上较小的孔、狭窄的凹槽、直径差较小而长度不大的台阶等难以锻造的地方,通常填满金属,这部分附加的金属叫作锻造余块,如图3.4.3 所示。

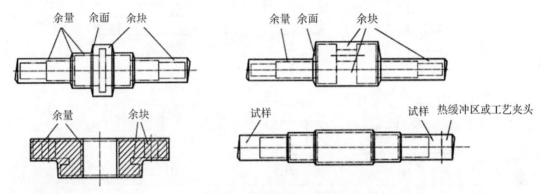

图 3.4.3　锻件的各种余块

(4)绘制锻件图

在余量、公差和各种余块确定后,便可绘制锻件图。在锻件图中,用粗实线描绘锻件形状。为了便于了解零件的形状和检验锻后的实际余量,在锻件图内,用假想线(双点画线)画出零件形状。锻件尺寸和公差标注在尺寸线上面,零件的公称尺寸要加上括号,标注在相应尺寸线下面。如锻件带有检验试样、热处理夹头时,在锻件图上应注明其尺寸和位置。

在图形上无法表示的某些技术要求,以技术条件的方式加以说明。

根据 GB/T 21470 — 2008《锤上钢质自由锻件机械加工余量与公差盘、柱、环、筒类》查得:锻件水平方向的双边余量和公差为 $a = (12\pm5)$ mm,锻件高度方向双边余量和公差为 $b = (10\pm4)$ mm,内孔双边余量和公差为 (14 ± 6) mm。绘制齿轮的锻件图,如图 3.4.4 所示。

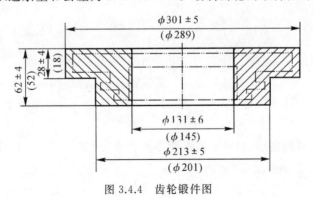

图 3.4.4　齿轮锻件图

3.4.2　确定变形工序及工序尺寸

由锻件图 3.4.4 知 $D = 301$ mm,凸肩部分 $D_肩 = 213$ mm,$d = 131$ mm,$H = 62$ mm,凸肩

部分高度 $H_{肩}=31$ mm,得到 $D_{肩}/d=1.63$,$H/d=0.47$,参照图 3.3.3,变形工序选为镦粗→冲孔→冲子扩孔。根据锻件形状特点,各工序坯料尺寸确定如下。

(1)镦粗

由于锻件带有单面凸肩,需采用垫环镦粗,如图 3.4.5 所示,需确定垫环尺寸。

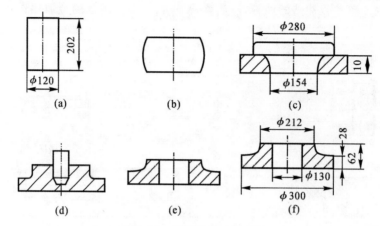

图 3.4.5　齿轮锻造工艺过程

(a)下料;(b)镦粗;(c)垫环局部镦粗;(d)冲孔;(e)冲子扩孔;(f)修整

垫环孔腔体积 $V_{垫}$ 应比锻件凸肩体积 $V_{肩}$ 大 10%～15%(厚壁取小值,薄壁取大值),本例取 12%,经计算 $V_{肩}=753\,253$ mm³,则

$$V_{垫}=1.12V_{肩}=1.12\times753\,253=843\,643\ (mm^3)$$

考虑到冲孔时会产生拉缩,垫环高度 $H_{垫}$ 应比锻件凸肩高度 $H_{肩}$ 增大 15%～35%(厚壁取小值,薄壁取大值),本例取 20%。

$$H_{垫}=1.2H_{肩}=1.2\times34=40.8\ (mm)$$

取 40 mm。

垫环内径 $d_{垫}$ 可根据体积不变条件求得,即

$$d_{垫}=1.13\sqrt{\frac{V_{垫}}{H_{垫}}}=1.13\times\sqrt{\frac{843\,643}{40}}\approx164\ (mm)$$

垫环内壁应有斜度 7°,上端孔径定为 163 mm,下端孔径为 154 mm。

为了去除氧化皮,在垫环镦粗之前应进行平砧镦粗,工艺过程如图 3.4.5 所示。平砧镦粗后坯料的直径应略小于垫环内径,经垫环镦粗后上端法兰部分直径应小于锻件最大直径。

(2)冲孔

冲孔应使冲孔芯料损失小,同时扩孔次数不能太多,冲孔直径 $d_{冲}$ 应小于或等于 $D/3$,即 $d_{冲}\leqslant D/3=213/3=71$ mm,实际选用 $d=60$ mm。

(3)扩孔

总扩孔量为锻件孔径减去冲孔直径,即 $(131-60)=71$ mm。一般每次扩孔量为 25～30 mm,分配各次扩孔量。现分三次扩孔,各次扩扩孔量为 21 mm,25 mm 和 25 mm。

(4)修整锻件

按锻件图进行最后修整。

3.4.3　计算坯料尺寸

坯料体积 V_0 包括锻件体积 $V_{锻}$ 和冲孔芯料体积 $V_{芯}$，并加上烧损体积，即

$$V_0 = (V_{锻} + V_{芯})(1+\delta)$$

锻件体积按锻件图公称尺寸计算：

$$V_{锻} = 2\ 368\ 283\ \text{mm}^3$$

冲孔芯料体积：冲孔芯料厚度与毛坯高度有关。因为冲孔毛坯高度 $H_{孔} = 1.05 H_{锻} = 1.05 \times 62 = 65\ \text{mm}$，$H_{心} = (0.2 \sim 0.3) H_{孔}$，取 0.2，则 $H_{心} = 0.2 \times 65 = 13\ \text{mm}$。于是 $V_{心} = \pi/4 d_{冲}^2 H_{心} = \pi/4 \times 60^2 \times 13 \approx 36\ 757\ \text{mm}^3$。

烧损率 δ 取 3.5%。

代入 V_0 的计算公式，得

$$V_0 = 2\ 489\ 216\ (\text{mm}^3)$$

由于第一道工序是镦粗，坯料直径按以下公式计算：

$$D_0 = (0.8 \sim 1.0)\sqrt{V_0} = 108 \sim 135.8\ (\text{mm})$$

取 $D_0 = 120\ \text{mm}$。

$$H_0 = \frac{V_0}{\frac{\pi}{4}D_0^2} \approx 220\ (\text{mm})$$

3.4.4　选择设备吨位

根据锻件形状尺寸查阅有关手册，选用 750 kg 自由锻锤。

3.4.5　确定锻造温度范围

45 钢的始锻温度为 1 200℃，终锻温度为 800℃。

3.4.6　填写工艺过程卡片（见表 3.4.1）

表 3.4.1　工艺过程卡片

	精度	订货长度	锻造工艺卡	
	普通			
材料	断面尺寸	下料长度		
45 钢	Φ120 mm	220 mm		
毛坯质量	锻件质量	下料制造件数	零件号	型号
19.54 kg	18.59 kg	1	零件名称　齿轮　每件台数　1	

工序号	工步数	工序内容	设备		温度	
			名称	设备号	不高于	不低于
1		下料	剪床	100 t		
2		加热（温度范围：1 200～1 220℃）	半连续煤气炉			

续 表

		自由锻(一次一件)	自由锻锤	5 kN	1 200℃	800℃
3	(1)	镦粗				
	(2)	垫环局部镦粗				
	(3)	冲孔				
	(4)	冲子扩孔				
	(5)	修整				
绘图		编制		校对		审核

3.5　阶梯轴的自由锻工艺

3.5.1　阶梯轴分析

阶梯轴是工程中常用的一种零件,如图 3.5.1 所示。其工作环境比较复杂,受到各种力的的作用,这些力可以使其产生拉伸、压缩、扭转和弯曲变形。这些因素使钢材在作轴时必须有更高的强度和刚度。锻造件在锻造的时候可以使其产生纤维组织强化,同时锻造也可以打碎铸态组织,获得较高的综合力学性能。对于要求更高的轴类,可以通过锻造再加上淬火、调质处理,使钢获得更好的力学性能。同时,用锻件作零件毛坯可以减少用材、节约成本,比较经济实惠。

(1)已知技术参数

阶梯轴的技术参数如图 3.5.1 所示,图中参数单位为 mm。

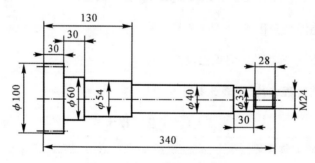

图 3.5.1　阶梯轴的技术参数

(2)阶梯轴工艺分析

根据阶梯轴的使用要求和条件进行分析、研究,总结出设计方案。由于阶梯轴的结构简单,在综合考虑其经济性、工艺性和使用性后,将其设计分为四部分:$\Phi100$ mm 部分、$\Phi60$ mm 和 $\Phi54$ mm 部分、$\Phi40$ mm 部分和剩余部分,选用自由锻。通过查表和计算确定其锻造公差、锻造比及烧损率,锻造设备选用 0.4 t 自由锻锤。

3.5.2　具体设计方案步骤

(1)绘制锻件图

锻件图是拟定锻造工艺规程、选择工具、指导生产和验收锻件的主要依据。它以机械零件图为基础,结合自由锻工艺特点,考虑到机械加工余量、锻造公差、工艺余块、检验试样及工艺卡头等绘制而成。

根据零件图上阶梯轴长为 340 mm,最大直径为 100 mm,按照表 3.5.1 所列的零件总长为 315~630 mm,最大直径为 120~160 mm,可查得锻造精度等级为 F 级的锻件余量及公差为 (10±4) mm。

由于锻件形状比较简单,所以可不必增设工艺余块。锻件图如图 3.5.2 所示。

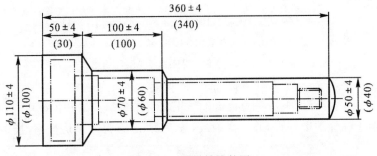

图 3.5.2 阶梯轴锻件图

表 3.5.1 台阶轴类锻件机械加工余量与公差

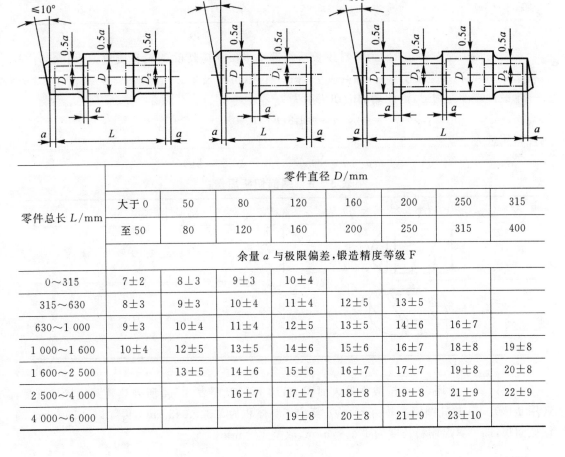

零件总长 L/mm	零件直径 D/mm							
	大于 0	50	80	120	160	200	250	315
	至 50	80	120	160	200	250	315	400
	余量 a 与极限偏差,锻造精度等级 F							
0~315	7±2	8±3	9±3	10±4				
315~630	8±3	9±3	10±4	11±4	12±5	13±5		
630~1 000	9±3	10±4	11±4	12±5	13±5	14±6	16±7	
1 000~1 600	10±4	12±5	13±5	14±6	15±6	16±7	18±8	19±8
1 600~2 500		13±5	14±6	15±6	16±7	17±7	19±8	20±8
2 500~4 000		16±7	17±7	18±8	19±8	21±9	22±9	
4 000~6 000			19±8	20±8	21±9	23±10		

（2）制定变形工艺

由于阶梯轴是形状比较简单的轴杆类锻件，变形工艺简单，且材料为常用 45 钢，塑性较好，容易变形，故其变形工艺可选为镦粗、压肩及台阶拔长等。

3.5.3 计算坯料质量与尺寸

根据阶梯轴锻造件图，自左向右分为 3 个圆柱体，分别算其质量 m_1，m_2 和 m_3，单位为 kg，即

$$m_1 = \pi/4 \times 1.10 \times 1.10 \times 0.5 \times 7.85 \approx 3.73 \ (\text{kg})$$
$$m_2 = \pi/4 \times 0.70 \times 0.70 \times 1.00 \times 7.85 \approx 3.02 \ (\text{kg})$$
$$m_3 = \pi/4 \times 0.5 \times 0.5 \times 2.1 \times 7.85 \approx 3.24 \ (\text{kg})$$

锻件质量为

$$m_{锻} = m_1 + m_2 + m_3 = 3.73 + 3.02 + 3.24 = 9.99 \ (\text{kg})$$

若将锻件置于煤气炉中加热，并一次锻成，按表 3.5.2 查得加热烧损率，按锻件质量的 2% 计算，即

$$m_{烧} = m_{锻} \times 2\% = 0.199\ 8 \ (\text{kg})$$

表 3.5.2　采用不同加热方法时钢的一次烧损率

炉型	室式煤炉	油炉	煤气炉	电阻炉	接触电加热和感应电加热
烧损率/（%）	2.5~4	2~3	1.5~2.5	1~1.5	<0.5

端部的切头损失 $m_{切}$（kg）为坯料拔长后端部不平整而应切除的料头质量，与切除部位的直径 D（dm）或截面宽度 B（dm）和高度 H（dm）有关，可按表 3.5.3 计算。

本锻件端部为圆形，因此端部的切头损失为

$$m_{切} = 1.8D^3 = 0.405$$

则坯料质量为

$$m_{坯} = m_{锻} + m_{烧} + m_{头} = 10.59 \ (\text{kg})$$

表 3.5.3　端部切头质量

毛坯形状	端部料头质量/kg
	$m_{切} = 1.8D^3$
	$m_{切} = 2.36HB^2$

锻件以钢材为坯料，可按锻件最大面积 $\Phi110$ mm 对照表 3.5.4 所列热轧圆钢标准直径，选用 $\Phi100$ mm 热轧圆钢。并由 $m = V\rho$ 算出坯料体积为 1 349.045 cm³，再除以 $\Phi100$ mm 圆钢截面积，即可算出坯料长度为 171.85 mm，取整 172 mm。

表 3.5.4　热轧圆钢直径　　　　　　单位：mm

5	5.5	6	6.5	7	8	9	10	11	12	13	14	15	16	17
18	19	20	21	22	23	24	25	26	27	28	29	30	31	32
33	34	35	36	38	40	42	45	48	50	52	55	56	58	60
63	65	68	70	75	80	85	90	95	100	105	110	115	120	125
130	140	150	160	170	180	190	200	210	220	240	250			

3.5.4　确定锻造设备

锻造设备的选择有查表法与经验类比法，但若能查得表格数据则应优先选择查表法。此锻件属于圆轴类，参照表 3.5.5 拔长所需锻锤吨位，按毛坯直径选用 0.4 t 自由锻锤。

表 3.5.5　　拔长所需锻锤吨位

锻锤吨位/kg		65	150	250	400	560	750	1 000	2 000	3 000	5 000
坯料直径/mm	最小		40	60	75	90	100	110	140	165	200
	最大	60	110	130	160	190	210	230	280	330	440

3.5.5　确定锻造温度及规范

（1）确定锻造温度范围

锻造温度范围是指锻件由始锻温度到终锻温度的间隔。确定锻造温度的基本原则是保证金属材料在锻造温度范围内具有良好的塑形和较低的变形抗力，能锻出优质的锻件。由于此轴用的是 45 钢，根据工程材料知识可知，45 钢在不同的温度下有不同的相，而它在 1 000℃左右时呈现奥氏体相，奥氏体相具有较好的塑性和韧性，在高温下易于变形。再从表 2.2.1 中查得始锻温度为 1 200℃，终锻温度为 800℃。

（2）确定加热规范及火次

根据 45 钢的塑性、强度、导热及热膨胀系数、组织特点、加热变化、断面尺寸、导热性能和直径等因素，可以确定采用火焰炉一段式加热。

（3）确定冷却方法及规范

锻件在锻后冷却时，按冷却速度分为空冷、坑冷和炉冷。由于此锻件属于中小型锻件，材料塑性较好，因此采用堆放空冷即可。

（4）确定热处理规范

锻件常规热处理是将锻件冷却到室温，再将锻件加热进行热处理，也可将锻造与热处理连在一起进行，即锻造过后直接进行淬火或正火热处理。这样可以起到形变强化和热处理的双重作用，使锻件获得高强度和高塑性综合力学性能。

根据工程材料所学知识，该坯料锻造成形后，在粗加工前必须先经去应力退火处理，并在加工后再进行调质处理。若对质量要求不高，可用正火代替调质，以降低成本。若对表面要求较高,则还需要在精加工前进行淬火和回火处理。

3.5.6 工艺过程流程(见表 3.5.6)

表 3.5.6 工艺过程卡片

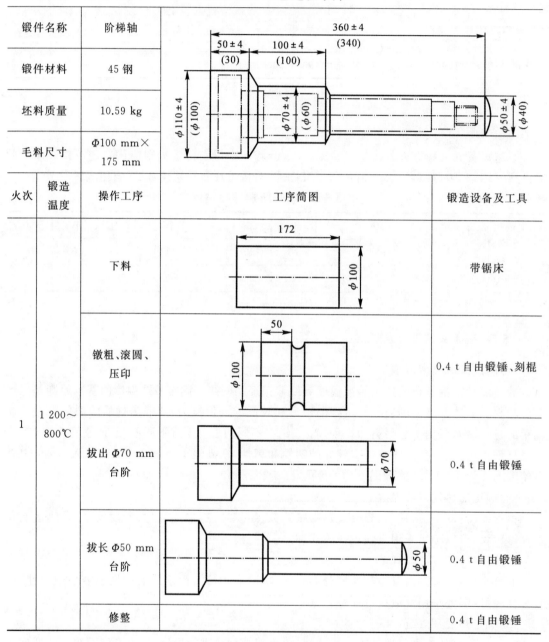

锻件名称	阶梯轴
锻件材料	45 钢
坯料质量	10.59 kg
毛料尺寸	Φ100 mm×175 mm

火次	锻造温度	操作工序	工序简图	锻造设备及工具
1	1 200～800℃	下料	172 Φ100	带锯床
		镦粗、滚圆、压印	50 Φ100	0.4 t 自由锻锤、刻棍
		拔出 Φ70 mm 台阶	Φ70	0.4 t 自由锻锤
		拔长 Φ50 mm 台阶	Φ50	0.4 t 自由锻锤
		修整		0.4 t 自由锻锤

3.6　600 MW 汽轮机转子的自由锻工艺

3.6.1　技术要求

汽轮机低压转子是电站设备中最重要的锻件之一。600 MW 汽轮机低压转子系形体尺寸较大的锻件,长期处于交变、复杂载荷条件下运转,因此要求强度高、韧性好、组织性能均匀以及残余内应力最小。为了确保汽轮机能长期安全运行,对转子质量要进行严格检查。

600 MW 汽轮机低压转子用钢为 33Cr2Ni4MoV。气体含量: $\varphi_{H_2} \leqslant 2.00 \times 10^{-6}$、$\varphi_{O_2} \leqslant 40 \times 10^{-6}$、$\varphi_{N_2} \leqslant 70 \times 10^{-6}$。力学性能: $\sigma_{0.2} = 760$ MPa, $\sigma_b = 860 \sim 970$ MPa, $\delta = 16\%$, $\psi = 45\%$, $A_k = 42$ J/cm², 脆性转变温度为 13℃, 超声波探伤当量缺陷直径小于 $\Phi 1.6$ mm。内孔潜望镜和磁粉检查,不允许有任何长度大于 3 mm 的缺陷。金相检验,晶粒度不大于 ASTM No.2(美国标准),夹杂物不大于 ASTM No.3 级。此外,对粗加工精度、残余应力和硬度均匀性等亦有严格要求。

3.6.2　生产流程及其要点

(1)转子钢的冶炼与浇铸。先在电炉、平炉内初炼钢水,要求低磷、高温,倒入钢包精炼炉,经过还原渣精炼,吹氩搅拌,真空脱氧、氢,以净化钢液质量,再用 24 棱短粗型锭模铸锭。凝固前加发热剂与稻壳,保证充分补缩。最后热运至加热炉升温。

(2)锻造。为保证充分锻合、压实钢锭中的孔洞性缺陷,以便组织结构均匀,采用 WHF 与 JTS 联合锻压成形方案。实践证明,该方案保证了锻造的质量。具体锻压工艺可参考表 3.6.1。

表 3.6.1　大型转子 CAD 锻造工艺卡片

零件名称	600 MW 汽轮机低压转子	钢号	33Cr2Ni4MoV	
锻件单重	116 550 kg	锻件级别	特	
钢锭质量	230 t	设备	12 000 t 水压机	
钢锭利用率	0.506	锻造比	镦粗 4.4	拔长 7.3
每钢锭制锻件	1	每锻件制零件	1	

锻件图

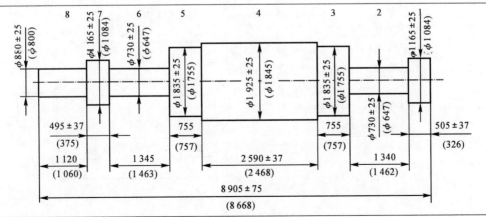

续 表

技术要求：

　　按照转子技术条件生产验收；

　　钢锭必须真空，采用单锥度冒口，钢锭热送至水压机车间；

　　钢锭第一热处理按专用工艺进行；

　　各工序必须严格执行工艺，精心操作；

　　生产路线：加热—锻造—热处理—发机加工车间；

　　印记内容：生产编号、图号及熔炼炉号。

编制		校对		批准	

火次	温度/℃	操作说明及变形过程简图
1	1 260～750	拔冒口端到图示尺寸，压 Φ1 280 mm×1 200 mm 钳口 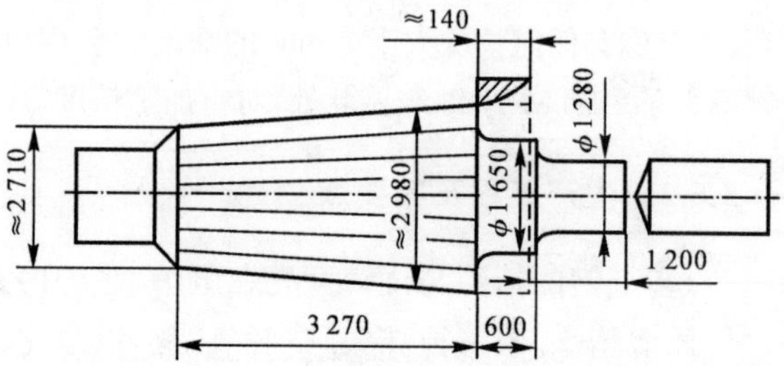
2	1 260～750	用 B＝1 700 mm 宽平砧压方至□2 160 mm，按 WHF 法操作要领操作，倒八方至 2 310 mm，略滚圆 Φ2 310 mm，剁切，严格控制 4 320 mm 尺寸，重压 Φ1 280 mm×1 200 mm 钳口 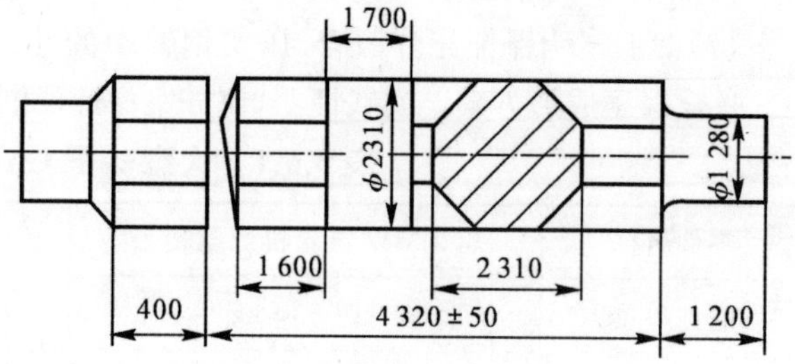
3	1 260～750	立料，镦粗，先用平板镦至 3 900 mm，再换球面板镦至图示尺寸，压方至□2 160 mm，其余要求同二火，倒八方至 2 310 mm，严格控制锭身及钳口长度，略滚圆 Φ2 310 mm 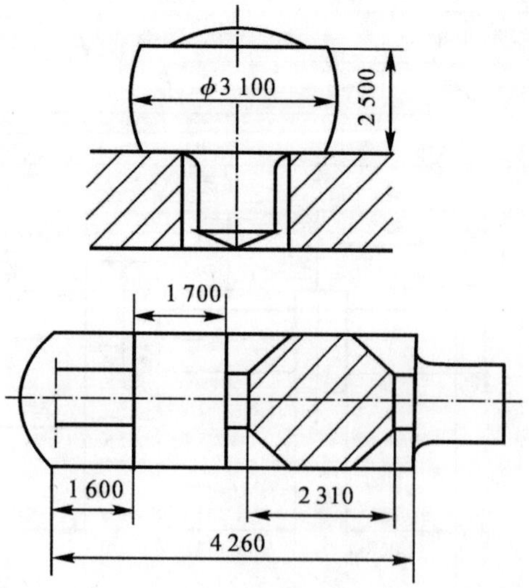

续 表

火次	温度/℃	操作说明及变形过程简图		
4	1 260～750	立料,镦粗,压方至□2 160 mm,倒八方2 310 mm(操作要求同第三火)		
5	1 260～750	立料,镦粗,要求同第三火,压方至□2 160 mm,中心压实,每面有效压下量190 mm,锤与锤之间搭接100 mm		
6	1 260～750	倒八方2 125 mm(注意防止产生折伤),滚圆Φ2 125 mm(若温度好,接着干下火)		
7	1 260～750	滚圆Φ1 965 mm,分料,滚两头至图示尺寸,如图示分料		
8	1 260～750	锻出各部,精锻各部至成品尺寸,剁切修整出成品		

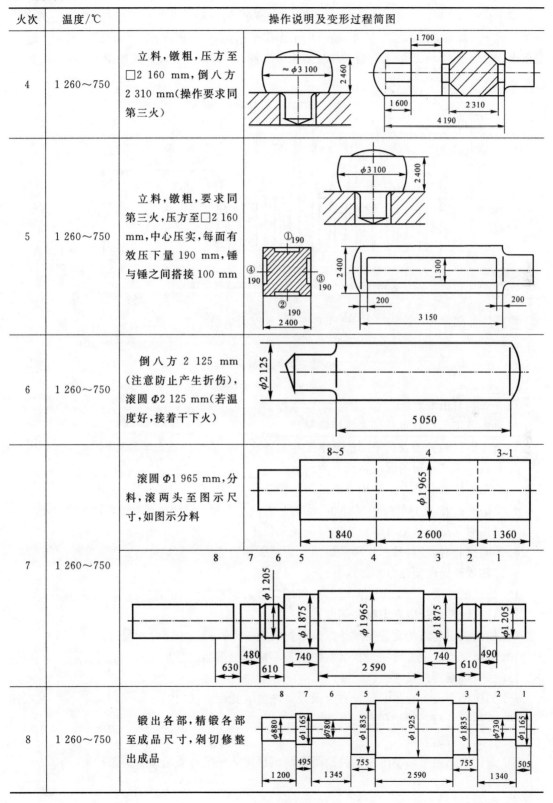

（3）热处理

由于 33Cr2Ni4MoV 钢淬透性好,高温奥氏体稳定,但有粗晶与组织遗传倾向,因此,除严格控制最后一火加热温度和压下量外,还采用了多次重结晶处理,即在 930℃,900℃,870℃ 三次高温正火。过冷至 180～250℃,有利于晶粒细化与扩氢。其锻后热处理曲线如图 3.6.1 所示。

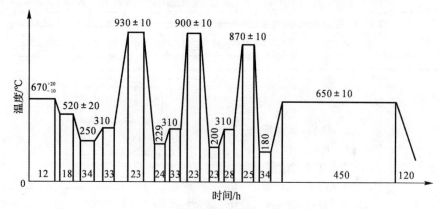

图 3.6.1   600MW 低压转子锻后热处理工艺

调质热处理,840℃淬火,570～590℃回火,可以满足技术条件要求。

思考与练习

1. 什么叫自由锻?
2. 自由锻工艺的特点及其主要用途是什么?
3. 自由锻件的分类及其采用的基本工序是什么? 各工序变形有何特征?
4. 自由锻工艺过程的制定包括哪些内容?
5. 镦粗方法有哪几种? 适用于锻造怎样的锻件?
6. 平砧镦粗时,坯料的变形与应力分布有何特点? 不同高径比的坯料镦粗结果有何不同?
7. 镦粗时常见的缺陷有哪些? 如何防止及校正?
8. 平砧拔长时,坯料易产生哪些缺陷? 是什么原因造成的? 如何防止?
9. 芯轴拔长操作要注意哪些问题?
10. 绘制锻件图要考虑哪些问题? 如何绘制自由锻件图?
11. 计算锻件质量应考虑哪些问题?
12. 如何确定坯料的质量和尺寸? 试举例说明。
13. 镦粗变形的主要特征是什么? 如何减小镦粗变形后的鼓形度?
14. 如何确定锻件尺寸?
15. 如何确定设备吨位? 确定自由锻设备吨位有几种方法?
16. 芯轴拔长与芯轴扩孔有何区别?
17. 什么是锻造余块?
18. 为什么采用平砧小压缩量拔长圆截面坯料时效率低且质量差? 应怎样解决?

第4章 胎 模 锻

胎模锻是在自由锻设备上,采用活动的胎模进行锻造生产的一种方法。胎模锻是从自由锻工艺过程发展起来的,是介于自由锻和模锻之间的一种工艺形式。一般胎模锻先用自由锻方法把坯料预锻成接近锻件的形状,然后在胎模中最终锻制成形,故它兼有自由锻和模锻的特点。

1. 胎模锻特点

(1)优点

1)胎模锻模具结构简单,工艺灵活多样,几乎可以锻出所有类别的锻件。

2)由于锻件形状和尺寸精度最终由模具保证,因此胎模锻生产的锻件具有较自由锻锻件形状复杂、尺寸精度高、表面粗糙度好、变形均匀、流线清晰、品质较高、材料利用率和生产率高以及劳动强度较低等优点。

3)胎模锻精度要求低,容易制造,因此,生产成本低,生产准备周期短。

4)胎模部件可以灵活组合更换,容易实现两向分模,可锻出带侧凹的复杂锻件。采用闭式套模时还可以获得无飞边、无斜度的模锻件。

(2)缺点

1)胎模活动、分散以及加热次数多,因此劳动强度大,生产效率也不高。

2)胎模锻润滑条件差,操作时氧化皮难清除,所以锻件精度低且表面质量不高,机械加工余量和公差都比模锻件大。

3)加热金属长期闷模操作,不仅易冷、增大了变形抗力,而且模温升高后浸水冷却,使模具工作条件变差而导致寿命短。此外,砧面也易被打凹或磨损,降低了锤杆使用寿命。

胎模锻主要应用于小批量锻件生产以及为其他模锻设备制坯或修整。

2. 胎模分类

胎模工艺变化较多,结构灵活,因此胎模的种类也很多。用于制坯的有摔模、扣模和弯曲模;用于成形的有套模、垫模和合模;用于修整的有校正模、切边模、冲孔模和压印模等。

(1)摔模

如图 4.0.1 所示。坯料在摔模中不断旋转受到锤击,按需要重新分配金属的变形工序为摔形,它用于圆轴类锻件合模终锻前的制坯、整形或摔光,所用的模具称为摔模。如用于压痕的摔模称为卡摔;用于制坯的摔模称为型摔;用于整径的摔模称为光摔;用于校正外形的摔模称为校正摔。对摔模品质的基本要求是,在使用过程中不"夹肉"、不卡模、坯料旋转方便、摔制表面光洁。

(2)扣模

如图 4.0.2 所示。毛坯在扣模中不进行翻转而重新分配金属体积的变形工序为扣形,所用的模具称为扣模。扣模常用于非圆形件合模前的制坯或成形,能获得较准确的毛坯形状和较大的变形量,也可局部扣形。常用的扣模有单扇扣模、双扇扣模和压板扣模。

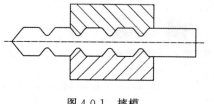

图 4.0.1　摔模

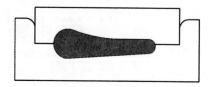

图 4.0.2　扣模

（3）套模

套模有两种,一种是开式套模,另一种是闭式套模。闭式套模在锻造过程中不产生横向飞边。从形式上还可将开式套模分带垫套模和无垫套模两种,如图 4.0.3 所示。主要用于法兰件、齿轮及杯形件成形。若生产双面法兰,则可采用拼分套模。

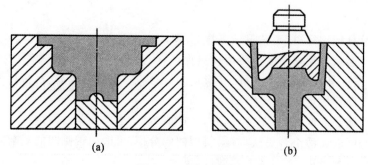

图 4.0.3　开式套模
（a）带垫套模；（b）无垫套模

（4）垫模

如图 4.0.4 所示。垫模是一种开式胎模,垫模也叫垫环或漏盘。垫模是小飞边锻模,结构形式较多。

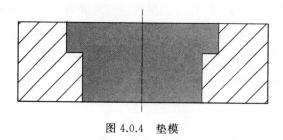

图 4.0.4　垫模

（5）合模

如图 4.0.5 所示。合模与单模腔锻模相似,有飞边槽,利用飞边槽形成的阻力,使金属充满模腔,得到锻件的最终形状。为了保证胎模锻件具有一定的精度,在结构上有带导销、带导锁、导销-导锁及导框等形式。

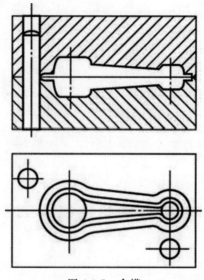

图 4.0.5 合模

4.1 采用双模膛结构提高有效部位的利用率

由于模具材料比较昂贵,因此如何有效地延长胎模使用寿命,综合提高模具材料的利用率,降低锻件成本,成为胎模设计中的重要内容。

在套模锻造中,模套的消耗比较大,是胎模的主要易损件。为了提高模套的寿命,生产中采用双模膛对称结构模套,可使模套寿命成倍提高。

如图 4.1.1 所示的锥齿轮锻件采用如图 4.1.2 所示的胎模。双面模膛在生产中可交替使用,充分利用模具的有效部位,提高模具的有效使用寿命。

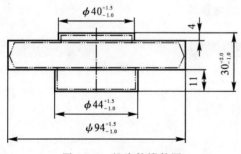

图 4.1.1 锥齿轮锻件图

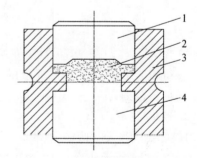

图 4.1.2 锥齿轮锻件用胎模图
1—冲头;2—锻件;3—模套;4—下垫

如图 4.1.3 所示的链轮锻件采用如图 4.1.4 所示的模具结构,模具因上下对称,故操作方便,上、下模膛都能使用,模具的有效寿命增加了近一倍,节省了价格高昂的模具钢。

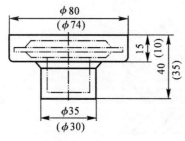

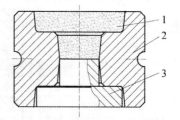

图 4.1.3　链轮锻件图

图 4.1.4　链轮锻件用胎模图
1—锻件；2—模套；3—模垫

4.2　镶块结构在胎模锻工艺中的应用

4.2.1　法兰类

图 4.2.1(a)所示法兰，当 $D<100$ mm 时，为了节约模具材料，可采用图 4.2.2 所示胎模结构来锻造。该结构的内、外模套热压装配，改善了内套的受力状态，使之处于压应力状态[见图 4.2.2(c)]，模具寿命是原来的 2 倍。

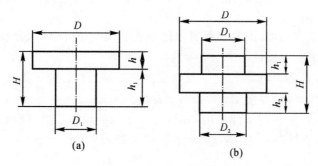

图 4.2.1　法兰锻件图

(1)当 $0.6D \leqslant D_1 \leqslant 0.75D$，$0.5h \leqslant h_1 \leqslant h$ 时，该类法兰的"脚"短而粗，宜采用图 4.2.2(b)结构。α 角的选用是关键，一般要根据垫模受力及 D_1 的大小而定，D_1 大时 α 取大值，反之取小值。α 角取值范围为 $8° \sim 30°$。

(2)当 $0.4D \leqslant D_1 \leqslant 0.6D$，$h \leqslant h_1 \leqslant 2H$ 时，采用图 4.2.2(d)结构。考虑便于出模，垫模孔的内斜度要适当大一些，一般取 $3° \sim 5°$。

图 4.2.2(b)所示凸肩法兰，也可采用镶块模锻造。当 $h_1 = h_2 > h/4$，$D \geqslant 1.3D_1$ 时，可采用图 4.2.3(b)的锻模。图 4.2.3(a)主动齿轮锻件，就是在该锻模中一次镦挤成形的。

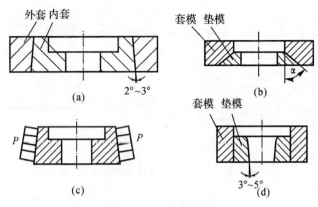

图 4.2.2　法兰锻件用胎模图

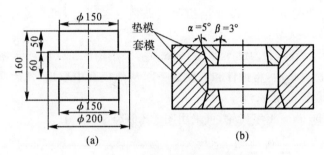

图 4.2.3　凸肩法兰锻件图和胎模图

4.2.2　二台阶支承法兰

图 4.2.4(a)为二台阶支承法兰锻件,采用图 4.2.4(b)所示锻模锻造,可减少因 A 部圆角磨损变形造成的整套锻模报废,从而可以提高模体的利用率。

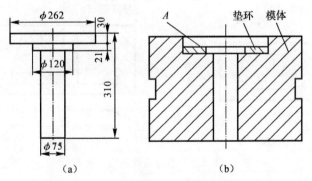

图 4.2.4　二台阶支承法兰锻件图和胎模图

4.2.3　长杆圆销

该类锻件杆部较长,一般 $H=(6\sim10)h$。若采用图 4.2.5(b)胎模锻成形,会浪费大量的模具材料。采用图 4.2.5(c)胎模,上模仍用模具钢制作,下模用 45 钢或铸钢件,可节省大批模具钢材。

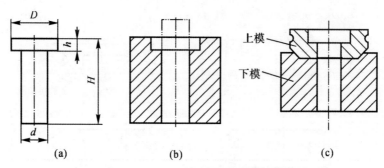

图 4.2.5　长杆圆销锻件图和胎模图

4.2.4　工字齿轮类

在无平锻设备的情况下,采用镶块结构胎模锻造这类零件,可满足生产需要,降低模具成本。

1)图 4.2.6(a)所示齿轮,D_1,$D_2 \leqslant \Phi 100$ mm 时,采用图 4.2.6(b)所示结构。该锻模的内模套是拼分结构,锻造完毕后,将锻件和内模套一起从外模套中取出,然后再取内模套。为便于内模套出模,使模套拔模角 $\alpha > 5°$。

2)对 D_1,$D_2 > 100$ mm 工字齿轮,可采用图 4.2.6(c)(d)结构。

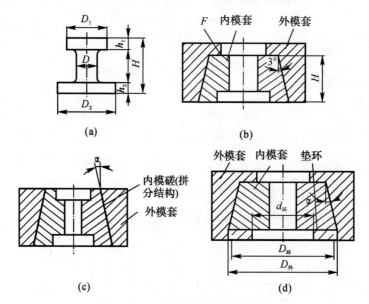

图 4.2.6　工字齿轮锻件图和胎模图

图 4.2.6(c)适合小件锻造。制作时内模套高度 H 按下偏差制造,外模套型腔高度按 H 的上偏差制造,以减少对 F 面的冲击,并且便于外套将内模套(拼分结构)抱紧。

图 4.2.6(d)比较适合大件锻造。根据变形特点,在放入图 4.2.6(d)成形之前,D_2 部位一般已被预先做出,考虑出模方便,垫环设计时需遵循下述原则:

$$d_环 = D_2 + \Delta$$
$$D_环 = D_外 - \Delta$$

Δ 一般取 2～3 mm。

制作时垫环外圆不留斜度,内模套(拼分结构)斜度 α 取 3°左右。

4.3　凸肩法兰的冲挤成形

冲挤工艺是一种先进的胎模成形工艺,它将反挤压成形的原理与开式胎模锻造结合在一起,尤其适合生产有中心孔的凸肩法兰类锻件。

4.3.1　冲挤件的成形过程分析

冲挤成形过程示意图如图 4.3.1 所示,详细分析如下。

1)制坯:加热的坯料在带下垫的模套中镦粗,如图 4.3.1(a)所示,为下一步的冲挤成形做准备。

2)冲挤:置于模具中央的冲挤冲头在锤击作用下挤入坯料,同时坯料被反挤成环状向上流动(与外头运动方向相反),如图 4.3.1(b)所示,这是冲挤件的主要成形过程,上部金属被反挤为带孔圆盘,下部金属被反挤为环状。

3)整形:当冲头挤入坯料的深度约为其高度的 85%时,去掉下垫(抬起模具或将模具拉到锤砧的一侧,下垫靠自重从模腔中落下),然后继续打击。这一过程的作用是利用模具的型腔对锻件进行整形,使锻件上下端面平整,成形饱满,如图 4.3.1(c)所示。过早或过迟去掉下垫均会影响锻件的成形。

4)冲除连皮:翻转模具置于漏盘上,冲挤孔冲头在锤击作用下冲除锻件下端面的连皮,同时顶出冲挤冲头,这一过程相当于以锻件本体为冲孔凹模的剪切过程。至此,锻件成形完毕。

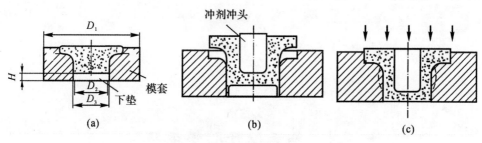

图 4.3.1　冲挤成形过程示意图

4.3.2　冲挤锻件图的制定特点

图 4.3.2 所示为冲挤锻件示意图。

1)α:一般取 30′～1°,但实践表明,对于 $\dfrac{d_1-d_2}{h} > 3$ 的情况,α 取较大值,有利于角 A 处充满,所以应酌情将 α 增大 1°～4°。

2)β:一方面,由于锻件是在锤击作用下脱模,为减少敷料,β 宜小;另一方面,β 太小,会加剧反挤上升的金属和模具间的摩擦,造成模具的磨损和变形,从而降低模具的寿命。因此,β 取值一般在 30′～3°之间比较合适。

3)γ:不宜大于 30′,当冲头高径比在 0.8～1 之间时,可以无斜度。

4)内孔加工余量:冲挤工艺和闭式套模锻工艺相比,不足之处在于冲挤冲头没有精确的定位和导向。为了防止目测定位造成的冲头放偏及冲挤过程中冲头的倾斜导致的内孔加工余量不足,冲挤件内孔加工余量应在闭式套模锻件内孔加工余量的基础上增大修正值 Δ。

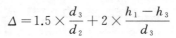

$$\Delta = 1.5 \times \frac{d_3}{d_2} + 2 \times \frac{h_1 - h_3}{d_3}$$

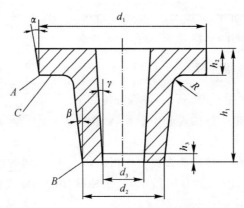

图 4.3.2 冲挤锻件示意图

4.3.3 模具设计要点

模具的结构尺寸参照图 4.3.1(a)。

1)模套外径 D_1。D_1 可参照闭式套模的设计,尺寸略小或直接套用。

2)下垫直径 D_2。下垫和模腔之间应保证单面 $1.5 \sim 2.5$ 的间隙,即

$$D_2 = D_3 - (3 \sim 5) \text{ mm}$$

3)下垫厚度为

$$H = (\frac{d_3}{d_2})^2 + 2 \times \frac{h_1 - h_3}{d_3}$$

除上述几点外,模具的设计和一般套模设计原则相同。

4.4 细长栓杆胎模锻造

在自由锻设备上,利用胎模生产锻造细长栓杆的模锻件是相对困难的。细长栓杆杆部直径偏细,端部直径大,锻件整体长度超出了自由锻的锻造范围,属于锻造生产中的顶镦件,通常应在顶镦设备如模锻机、平锻机上锻造生产,但受限于设备因素,故在空气锤上采用胎模锻造方法生产细长栓杆模锻件。

4.4.1 细长栓杆锻件

细长栓杆锻件产品图如图 4.4.1 所示,其特点为:总体长度超长,总长度 L 为 520 mm,杆颈部直径为 $\Phi30$ mm,端部($\Phi70$ mm×20 mm,90°沉头)为埋头形状,材质为 A3 钢,产品技术要求为:锻造后不加工、表面粗糙度为 $Ra25$。

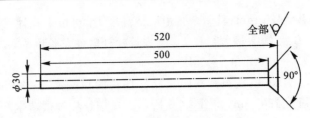

图 4.4.1 细长栓杆产品图

4.4.2 胎模锻设计方案理论分析

根据图 4.4.1 所示锻件特点及其杆部直径尺寸,选择 $\Phi 30$ mm 圆钢作为锻件坯料,以保证栓杆锻造后的杆部直径尺寸及产品的技术要求,同时选用 400 kg 空气锤作为自由锻设备。

现场对 $\Phi 30$ mm 圆钢锻造坯料局部加热至 1 250℃ 左右,使坯料呈红热状态,在自由锻设备上,采用胎模锻造方法,进行坯料的端部镦粗成形,完成细长栓杆的锻制过程。

根据锻件局部镦粗法则,细长杆类锻件的一次镦粗成形条件为:变形长度与杆部直径比值应小于 3.2,否则必须经过多次镦粗才能成形。将细长栓杆的变形长度 $L_0 = 72$ mm(可由端部尺寸 $\Phi 70$ mm × 20 mm,90° 沉头计算得出,并略大于端部直径,以利于栓杆埋头的材料堆积成形)及栓杆杆部直径 $d_0 = \Phi 30$ mm,代入公式得

$$\psi_{允许镦粗} = \frac{L_0}{d_0} = \frac{72}{30} = 2.4$$

其比值小于次镦粗极限值 3.2,因此该细长栓杆满足一次镦粗条件,不会产生杆部纵向锻造弯曲,即坯料端部的变形区,经过空气锤锤击后,可以全部充满胎模的型腔,而无坯料堆积歪斜现象发生,如图 4.4.2 所示。

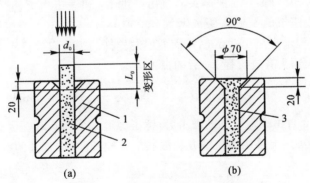

图 4.4.2 细长栓杆头部镦粗变形示意图
1—上胎模;2—坯料;3—细长栓杆

400 kg 空气锤相关技术参数见表 4.4.1。

表 4.4.1 400 kg 空气锤技术参数

锤头最大行程 $L_行$/mm	700
锤击能量/(kg·m)	950
上下砧面尺寸(长×宽)/(mm×mm)	265×100

细长栓杆总长度 $L = 520$ mm,其剩余自由锻造高度 L_1 可由下式计算得出:

$$L_1 = 锤头最大行程 L_行 - 细长栓杆锻件总长度 L$$

代入数值计算得 $L_1 = 180$ mm。

由计算结果可知,400 kg 空气锤锤头距离栓杆坯料的顶端面为 180 mm,即 400 kg 空气锤锤头的有效锤击行程为 180 mm,如图 4.4.3 所示。在细长栓杆锻造生产中,不仅上、下料困难,起模不便,而且锤击力不够,因此很难达到栓杆锻件顶部镦粗成形的预期结果。

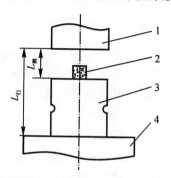

图 4.4.3 空气锤锤头行程示意图

1—空气锤锤头;2—坯料;3—胎模;4—下砧

$L_剩$—锤头剩余自由高度=空气锤锤头有效行程;$L_行$—空气锤锤头最大行程

在 180 mm 自由锻行程下,400 kg 空气锤的锤击力由下式计算得出:

$$F_{锤击} = 额定锤击能量 \times L_1 = 950 \times \frac{180}{1\ 000} = 171\ (kg)$$

为了使细长栓杆胎模锻造过程中上下坯料方便、起模容易,且坯料经局部加热后,顶部能够镦粗成形,必须增大 400 kg 空气锤锤头的自由高度 L_1 和锤击力 $F_{锤击}$。为此,撤除空气锤原有下砧,使空气锤底座滑轨至锤头距离增加到 980 mm,人为增大空气锤的剩余自由高度 L_1,即:空气锤有效行程增大至 460 mm,从而使锻制栓杆的锤头有效行程 L_1 达到胎模锻所需的范围值。此时,扩大锤头有效行程 L_1 后的锤击力为

$$F_{锤击} = 额定锤击能量 \times L_1 = 950 \times \frac{460}{1\ 000} = 437\ (kg)$$

相比于原 180 mm 自由锻行程下的锤击力,锤击力增大了 266 kg。因此,可有效解决在空气锤(400 kg 额定锤击力)上采用胎模锻方法锻制细长栓杆时,空气锤的有效行程不够以及锤击力不足的问题。

4.4.3 胎模设计及胎模锻工艺过程

为了减小锻造过程中胎模的质量,降低劳动强度,采用上、下胎模,自由镦头成形的设计方式,如图 4.4.4 和图 4.4.5 所示。上、下胎模均设计有 $R15$ mm 的装柄孔,以便安装抬柄,便于上、下模脱模出件。同时,为了确保细长栓杆杆部锻造尺寸公差符合产品技术要求,防止锻造过程中因杆部过长弯曲变形而导致栓杆锻件脱模困难,在进行栓杆坯料端部镦粗时(在 L_0 尺寸范围内),坯料直径应与胎模模孔尺寸相等,并采用杆部底端面支撑定位的设计方式,将坯料杆部底端面固定、顶靠在 400 kg 空气锤下底座平面上,在坯料 L_0 范围内局部加热,水冷栓杆的其余杆部区域,以使栓杆快速镦粗成形,确保杆部无弯曲变形现象发生。

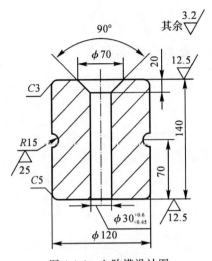

图 4.4.4　上胎模设计图

（单位：mm；材质：5CrNiMo；淬火硬度：HRC42～46）

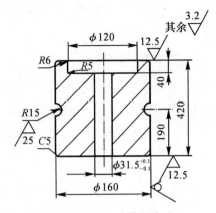

图 4.4.5　下胎模设计图

（单位：mm；材质：45 钢；淬火硬度：HRC42～46）

(1)上、下胎模的尺寸设计要点

1)上、下胎模采用直通孔模孔设计形式，坯料为 Φ30 mm 的 A3 冷拔钢，采用局部加热镦粗成形。

2)考虑到坯料局部镦粗时，细长栓杆杆部直径不变，即：L_0 尺寸范围之外部分基本上不参与镦粗成形，因此，上胎模内孔尺寸设计为 $\Phi 30^{+0.6}_{+0.45}$ mm，设计下胎模内孔直径为 $\Phi 30^{+0.1}_{-0.1}$ mm。上模孔直径公差为正值，且略大于下模孔的直径公差带范围，以利于胎模锻造后的工件取出及坯料的支承定位。

3)为便于细长栓杆端部的镦粗成形，上胎模高度尺寸应略大于坯料的局部加热镦粗尺寸 L_0；同时，考虑胎模的易加工性，将该高度尺寸设计为 140 mm。

(2)胎模锻的工艺过程

1)坯料制备。选择 Φ30 mm×572^{+1}_0 mm 的 A3 冷拔圆钢作为坯料，采用锯床切割下料的方式。其中，由毛坯总长和热变形系数，经计算得出坯料长度为 572 mm。

2)坯料局部加热。如图 4.4.6 所示，局部加热坯料，使坯料的始锻温度为 1 250℃，终锻温度为 700℃（可放至加热炉或自制的简易焦炭加热炉内进行局部加热），坯料其余杆部区域水冷 2～3 min。

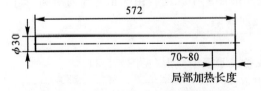

图 4.4.6　细长栓杆坯料局部加热尺寸图

3)空气锤下砧拆除及胎模锻造成形。移出 400 kg 空气锤下砧的固定锲铁片，拆除空气锤下砧。在其底座滑轨上，放置上、下胎模，启动 400 kg 空气锤，开锤镦粗成形细长栓杆锻件的头端部。抬起上胎模，移出锻造成形的工件，进行下一个细长栓杆锻件的胎模锻造。至此，完成基于自由锻的细长栓杆胎模锻造过程。

4.5 带腹板及凸缘的传动齿轮胎模锻造

4.5.1 传动齿轮锻件

传动齿轮胎模锻造锻件如图 4.5.1 所示,用 20CrMoTi 材料制成,锻件用料为 26 kg,规格为 $\Phi160$ mm×(165±1) mm,产量在千件以上。图中,未注明的圆角半径均为 $R3$ mm;表面缺陷深度至机加工余量的 2/3;硬度≤HB229。

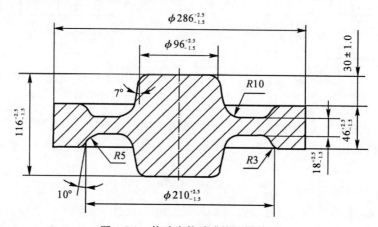

图 4.5.1 传动齿轮胎膜锻造锻件图

该锻件的特点是:有 18 mm 的薄腹板;周边有较深的凸缘;中间有 $\Phi96$ mm×116mm 的高凸台。根据实践经验,最好在 3 t 模锻锤上进行开式模锻或者在 2 t 自由锻模上作闭式胎模锻造。而现场仅有 1 t 自由锻锤,在该设备上采用局部成形法在胎模中多次成形,试制出合格的胎模锻件,并进行批量生产。通过这种方法,两火就可完全成形。

4.5.2 工艺过程

1)备料:锯床,$\Phi160$ mm×(165±1) mm。

2)加热:1 150℃,油炉。

3)用 1 t 自由锤锻,在初锻胎膜中纵向自由镦粗并径向滚圆(见图 4.5.2)。

4)清理:酸洗并打磨表面缺陷。

5)加热:油炉,1 150℃。

6)用 1 t 自由锻锤,在终锻胎模中整形(见图 4.5.3)。

7)热处理:消除应力退火。

8)清理:抛丸。

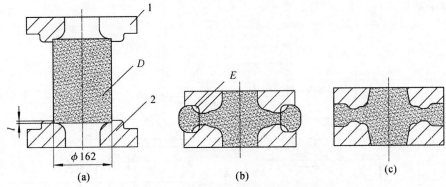

图 4.5.2　初锻胎膜锻造金属成形过程图

(a)成形前；(b)成形中；(c)成形后

1—上模；2—下模

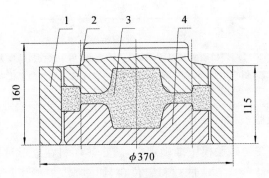

图 4.5.3　终锻胎模结构图

1—套圈；2—上模；3—热锻件；4—底芯

4.5.3　胎模设计

1)初锻胎模设计。如图 4.5.4 所示，分上、下模，材料为 5CrNiMo，硬度为 HRC40～44。

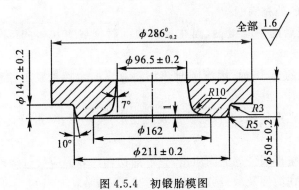

图 4.5.4　初锻胎模图

2)终锻胎模设计。如图 4.5.5 所示。

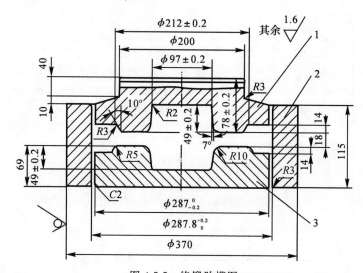

图 4.5.5　终锻胎模图

1—上模(用 5CrNiMo 材料,硬度 HRC40～44);2—套圈(用 45 材料,硬度为 HRC30～40);

3—底芯(用 5CrNiMo 材料,硬度 HRC40～44);未注明圆角半径 R3 mm

4.5.4　锻造工艺及胎模设计要点

1)为了确保热坯料在初锻胎模中准确定中,防止热坯料在成形过程中径向镦偏,因而在初锻胎模中设计有 Φ162 mm×1 mm 的放料定位台,如图 4.5.2(a)所示,同时在镦粗中应经常使初锻胎模沿锤面转动,防止锤砧不平造成热坯料镦粗过程中径向镦偏。一旦镦偏,很难纠正。

2)初锻胎模中自由镦粗的目的,是减小金属变形时的径向阻力,实现以小设备干大活。如图 4.5.2(a)(b)所示。

3)在初锻胎模中自由镦粗的目的如下:

a. 使 E 处空腔能充满型槽,如图 4.5.2(b)(c)所示,因为在径向滚圆时,齿轮凸缘是局部镦粗,所以很容易使 E 处充满型槽。

b. 纠正自由镦粗后的中心微偏,因在径向滚圆时金属有从多的部分向少的部分流动的趋势。

c. 卸掉初锻胎模的上、下模,因滚圆时热坯料有纵向金属流动的趋势,故迫使上、下模与热坯料分离。

4)终锻胎模只起整形作用,也可以说是表面变形,变形量小,最终达到锻件图的尺寸及表面质量的要求。

5)为了提高终锻整形锻件的表面质量,整形前初坯件表面应经过清理工序。

6)为了使工人操作简便及减轻劳动强度,应尽量做到:

a. 胎模及热坯料的质量不应超过 110 kg。

b. 终锻胎模的套圈上应焊有手柄。

c. 终锻胎模卸件时(包括上冲头、底芯及热锻),只需在套圈下面垫上垫环,锤轻击上冲头即可完成卸件工作。

d. 为了便于将初坯件放入套圈中,初锻胎模的外径(Φ286 mm)应比终锻胎模的套圈内径 (Φ287.8 mm)要小,如图 4.5.4 和图 4.5.5 所示。

e. 为了确保卸件方便,终锻胎模的上冲头及底芯的外径与套圈的内径应保证有单面间隙 0.4~0.6 mm,如图 4.5.5 所示。

7)为了提高胎模的寿命,应做到:

a. 终锻胎模可以上下翻转,两边均可使用。

b. 初锻与终锻胎模每生产一个锻件应冷却及润滑一次型槽。

4.6　深盲孔锻件的胎模锻造

胎模锻造,对于形状简单、内孔孔径尺寸和内孔孔深尺寸之比在 3 以上的锻件,其成形比 较容易。将合适的坯料直接置于胎膜型腔内,即可压印冲出盲孔,胎膜与锻件的分离也比较方 便。如图 4.6.1 所示的锻件,其内孔孔径尺寸与内孔孔深之比为 125.5 mm/143 mm≈0.878, 属于深盲孔锻件,材质为 T2 铜,若采用常规胎模锻造方法,余量太大。本例采用一种组合式 胎膜,可以生产出合格锻件,并达到节省材料的目的。

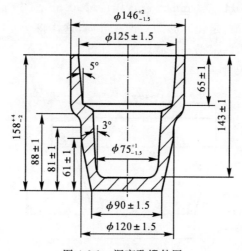

图 4.6.1　深盲孔锻件图

4.6.1　胎膜结构设计

用于深盲孔锻件成形的胎膜,不仅应考虑锻件怎样成形,同时应考虑成形后的锻件怎样才 能与胎模分离。采用如图 4.6.2 所示的模具结构将预成形的荒形放入模腔后,马上加定位套 4 和冲头 3,锤击成形,待锻件在型腔中成形后,抬起整个模具,使模具悬空 20 mm 左右,用一块 高度相同的方铁支承在冲头伸出胎模外形的两底面,同时用两块高度大于冲头上部方形高度 20 mm 左右的铁块,放在定位套上方,用锻锤轻击方铁,使冲头与锻件分离,再反转整个胎模, 使锻件从外套中分离出来。

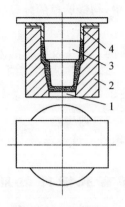

图 4.6.2　模具结构

1—垫板；2—外套；3—冲头；4—定位套

4.6.2　工艺计算及荒形设计

根据图 4.6.1 所示形状尺寸,经计算锻件用料为 6.2 kg,用 Φ90 mm 的棒料,长度为 109 mm,实际定为 Φ90 mm $\times$ 110$^{-0.5}$ mm。若直接将 Φ90 mm $\times$ 110 mm 毛坯料放入胎模,从图 4.6.2 可以看出,在成形前,定位套必须对冲头导向,这样将会使胎模的高度增加,锻造时难以操作,故必须制坯打荒形。根据一般制坯的设计方法,为便于二次放入胎模内,故将荒形设计成图 4.6.3 所示的形状尺寸。

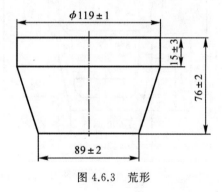

图 4.6.3　荒形

4.6.3　胎模尺寸设计

根据图 4.6.2 所示的结构及图 4.6.1 和图 4.6.3 的尺寸进行设计。

1)垫板。为了避免出模时使锻件变形及压伤,选用 45 钢,HRC38～42,尺寸为 Φ(90.9 $\pm$ 0.1) mm $\times$ (20 $\pm$ 0.1) mm。

2)外套。考虑强度要求,选用 50CrNiMo 或 5CrMnMo,HRC42～46,外形 Φ230 mm,其余尺寸型腔按 1‰热膨胀系数设计,如图 4.6.4 所示。$d = 147.5_0^{+0.2}$(mm);$H = h + (1 + 1‰) \times 158 - 40 = 219.6$ mm,实际选用 $H = (220 \pm 0.5)$ mm。

3)定位套。考虑其强度要素,选用 5CrNiMo 或 5CrMnMo,HRC42～46,具体尺寸如图 4.6.5 所示。$H - h = 45$ mm,必须保证在锻件成形后定位套外端面底部与外套有不小于 2 mm 的间隙。

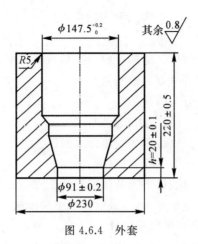

图 4.6.4　外套

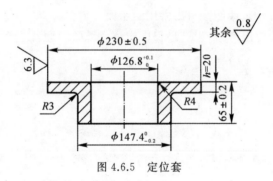

图 4.6.5　定位套

4)冲头。由于受力,材料采用 5CrNiMo 或 5CrMnMo,HRC42～46,其作用于锻件的部分按锻件图加 1%膨胀系数设计,如图 4.6.6 所示。

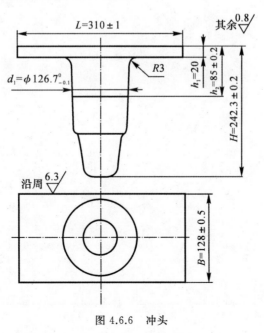

图 4.6.6　冲头

思考与练习

1. 胎模锻造有什么特点？为什么适用于中小批量的锻件生产？
2. 制定胎模锻件图应考虑哪些方面的问题？
3. 胎膜按模具主要用途可分为哪几类？
4. 摔子分为哪两种？适用于锻造什么锻件？
5. 使用扣模时如何操作？扣模适用于锻造什么锻件？
6. 套模分为哪两种？适用于锻造什么锻件？
7. 确定胎模锻件加工余量及锻件公差的依据是什么？
8. 为了减小胎模锻造时的变形抗力，应采取什么工艺措施？
9. 如何确定扣模、套模和合模的模膛尺寸？
10. 在决定套模和合模的外形尺寸时，应主要考虑什么原则？
11. 胎模材料应具备什么性能？写出常用的胎模材料。
12. 为了提高胎模的使用寿命，生产过程中应注意哪些问题？

第5章 锤上模锻

锤上模锻是最早在自由锻、胎模锻基础上发展起来的一种模锻生产方法,主要应用于成批或大批量锻件生产。它是将上、下模块分别固紧在锤头与砧座上,将加热透的金属坯料放入下模型腔中,借助于上模向下的冲击作用,迫使金属在锻模型槽中塑性流动和充填,从而获得与型腔形状一致的锻件。锤上模锻以锻锤作为驱动,主要设备包括蒸汽-空气模锻锤(相当大部分已改造为电液驱动)、液压模锻锤、对击模锻锤、机械锤和模锻空气锤等。

1. 锤上模锻的工艺特点

1)工艺灵活,适应性广,可用于生产各类形状复杂的锻件,如盘形件、轴类件等;可单型槽模锻,也可以多型槽模锻;可单件模锻,还可以多件模锻或一料多件连续模锻。

2)锤头的行程、打击速度或打击能量均可调节,能实现不同轻重缓急的打击,因而可以实现镦粗、拔长、滚挤、弯曲、卡压、成形、预锻和终锻等各类工步。

3)锤上模锻是靠锤头多次冲击坯料使之变形,因为锤头速度快,金属流动有惯性,所以充填型槽能力强。锻件上难以充满的部分应尽量放在上模。

4)模锻件的纤维组织是按锻件轮廓分布的,机械加工后仍保持完整,从而提高了锻制零件的使用寿命。

5)单位时间内的打击次数多,对 1~10 t 热模锤为 40~100 次/min,故生产效率高。

6)模锻件机械加工余量小,材料利用率高,锻件生产成本较低。

2. 锤上模锻的不利因素

1)由于靠冲击力使金属变形,所以模具一般采用整体结构,锻模使用寿命较短,模具费用较高。

2)由于打击速度快,所以变形速率敏感的低塑性材料不宜在锤上模锻。

3)模锻锤的导向较差,工作时的冲击和行程不固定等因素,使锤上模锻件精度不高。

4)无顶出装置,锻件起模较困难,模锻斜度也较大。

5)锤模锻震动大,对厂房、设备以及工人的劳动条件都有不利影响;锻锤底座质量大,搬运安装不便,因此近年来 16 t 以上的模锻锤逐步由其他锻压设备替代。

6)由于靠冲击力使金属变形和锤头行程速度加快,所以通常采用锁扣装置导向,较少采用导柱导套。

3. 锤锻模设计的一般步骤

1)根据零件图制定锻件图(冷锻件图)。

2)计算锻件的主要参数,包括锻件的投影面积、周边长度、体积和质量。

3）确定设备吨位，为了能分析比较，一般需用两个以上的不同公式进行计算。

4）设计热锻件图。

5）决定飞边槽的形式和尺寸。

6）作毛坯图。

7）选择制坯工步。

8）确定坯料尺寸（应按标准规格选择），计算下料长度。

9）设计预锻模膛。

10）设计制坯模膛。

11）设计模具结构。考虑是否采用锁扣、模膛布置和模块尺寸，模具的安装与调整，模具的起重运输，模具材料加工及热处理等。

12）绘制锻模图、切边模图等。

5.1　锤上模锻件图设计及变形工步选择

5.1.1　锤上模锻件图设计

根据产品图制定锻件图，确定锻件的几何形状、尺寸，锻件公差和机械加工余量，锻件的材质及热处理要求，锻件的清理方式以及其他技术条件等内容。

1. 分模面位置的选择

确定分模面位置最基本的原则是锻件出模容易，其位置处在最大轮廓线的位置，且锻件形状尽可能与零件形状相同，以镦粗成形为主，保证锻件工作最大载荷方向与金属纤维方向一致。此外，还应考虑下列要求。

1）尽可能采用直线分模，如图 5.1.1 所示，使锻模结构简单，防止上下模错移。

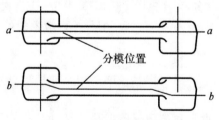

图 5.1.1　直线分模防错移

2）尽可能将分模位置选在锻件侧面中部，如图 5.1.2 所示，这样易于在生产过程中发现上下模错移。

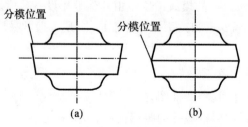

图 5.1.2　分模位置居中便于发现错移

3)对头部尺寸较大的长轴类锻件可以折线分模,使上下模腔深度大致相等,使尖角处易于充满,如图 5.1.3 所示。

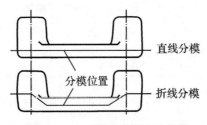

图 5.1.3 上下模腔深度大致相等

4)当圆饼类锻件 $H \leqslant D$ 时,应采取径向分模,不宜采用轴向分模,如图 5.1.4 所示。圆形模腔易于加工,切边模的刃口形状简单、制造方便,还可以加工出内孔,提高材料利用率。

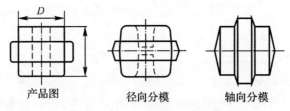

图 5.1.4 圆饼类锻件分模位置

5)锻件形状较复杂部分,应该尽量安排在上模,因为在冲击力的作用下,上模的充填性较好。

2. 加工余量和公差的确定

锻件上凡是尺寸精度和表面品质达不到产品零件图要求的部位,需要在锻后进行机械加工,这些部位应根据加工方法的要求预留加工余量。模锻件的加工余量要大小恰当;余量过大,既浪费材料又增加机加工工时;余量不足,容易增加锻件的废品率。

模锻件的精度受坯料精度、模腔磨损、终锻温度以及表面缺陷等因素影响,难以精确控制,会出现一定的偏差。锻件图上的公称尺寸所允许的偏差范围称为尺寸公差,简称"公差"。

模锻件的主要公差项目有尺寸公差(包括长度、宽度、厚度、中心距、角度、模锻斜度、圆弧半径和圆角半径等)、形状位置公差(包括直线度、平面度、深孔轴的同轴度、错移量、剪切端变形量和杆部变形量等)、表面技术要素公差(包括表面粗糙度、直线度和平面度、中心距、毛刺尺寸、残留飞边、顶杆压痕深度及其他表面缺陷等)等。

可估算锻件形状、材质、尺寸、质量和加工精度,按国家标准确定钢质模锻件的公差及加工余量。但各项公差值不应互相叠加。

对于不便模锻成形的部位,如带有小孔和某些凹槽等,可加上敷料,简化成可以将其锻出的锻件。

(1)锻件的形状

锻件形状的复杂程度由形状复杂系数 S 表示。S 是锻件质量或体积(m_d,V_d)与其外廓包容体的质量或体积(m_b,V_b)的比值,即

$$S = m_d/m_b = V_d/V_b$$

在余量公差标准中,将锻件形状复杂程度等级分为四级,见表 5.1.1。

表 5.1.1　锻件形状复杂程度等级

代号	组别	形状复杂系数值	形状复杂程度
S_1	Ⅰ	>0.63~1.0	简单
S_2	Ⅱ	>0.32~0.63	一般
S_3	Ⅲ	>0.16~0.32	较复杂
S_4	Ⅳ	≤0.16	复杂

(2)锻件材质

锻件材质由锻件材质系数按锻压的难易程度划分等级,材质系数不同,公差不同。航空模锻件的材质系数分为以下 4 类:

M_0——铝、镁合金;

M_1——低碳低合金钢(<0.65%C,且 Mn,Cr,Ni,Mo,V,W 总含量在 5% 以下);

M_2——高碳高合金钢(≥0.65%C,或 Mn,Cr,Ni,Mo,V,W 总含量在 5% 以上);

M_3——不锈钢、高温耐热合金和钛合金。

(3)锻件的公称尺寸和质量

根据锻件图的公称尺寸计算锻件的质量,再按质量和尺寸查表确定锻件余量和公差,在锻件图未完成设计前,可根据锻件大小初步定余量进行计算。

(4)模锻件的精度

模锻件的公差一般可根据模锻件的技术要求,本厂设备、技术水平、批量大小及经济合理性等因素分为以下 3 级:

1)普通级公差,指用一般模锻方法能达到的精度公差;

2)精密级公差,指用于精锻工艺过程能达到的精度公差,精密级锻件公差可根据需要自行确定;

3)半精密级公差,指处于普通级公差和精密级公差之间的公差。

可以以零件尺寸形状和大小为依据(尺寸法),查阅有关手册确定锻件加工余量、高度尺寸公差和水平尺寸公差。

在查表确定锻件加工余量和公差时,应注意如下几个问题。

1)一般表中的余量适用于表面粗糙度 $Ra = 3.2 \sim 12.5~\mu m$。当表面粗糙度 Ra 大于或等于 25 μm 时,应将该处余量减少 0.25~0.5 mm;当表面粗糙度 Ra 小于或等于 1.6 μm 时,应将该处余量增加 0.25~0.5 mm。

2)对于台阶轴类模锻件,当其端部的台阶直径与中间的台阶直径差别较大时,可将端部台阶直径的单边余量增大 0.5~1.0 mm。

3)如果已经确定机械加工的基准面,可将基准面的余量适当减少。

3. 模锻斜度的选择

为了便于将成形后的锻件从模膛中取出,在锻件上与分模面相垂直的平面或曲面上必须加上一定斜度的余料,这个斜度就是模锻斜度。锻件外壁的斜度称为外模锻斜度 α,锻件内壁的斜度称为内模锻斜度 β,如图 5.1.5 所示。锻件成形后,随着温度的降低,外模锻斜度上的金属由于收缩而有助于锻件出模,内模锻斜度的金属由于收缩反而将模膛的突起部分夹得更紧。因此,在同一锻件上内模锻斜度比外模锻斜度大。

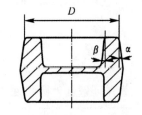

图 5.1.5 模锻斜度示意图

很明显,加上模锻斜度后会增加金属损耗和机加工工时。因此应尽量选用较小的模锻斜度,同时要注意充分利用锻件的固有斜度。

生产上常用的各种金属锻件的模锻斜度见表 5.1.2。

表 5.1.2 各种金属锻件的模锻斜度

锻件材料	外模锻斜度	内模锻斜度
铝、镁合金	3°,5°(精锻时为 1°,3°)	5°,7°(精锻时为 3°,5°)
钢、钛、耐热合金	5°,7°(精锻时为 3°,5°)	7°,10°,12°(精锻时为 5°,7°,9°)

模锻斜度与模膛内壁斜度相对应。模膛内壁斜度是用指状标准铣刀加工而成,所以模锻斜度应该选用 3°,5°,7°,10°,12°标准度数,以便与铣刀规格一致。为了减少铣削加工的换刀次数,可选内外模锻斜度为同一数值。

还有一种模锻斜度叫作匹配斜度。从图 5.1.6 可看出,匹配斜度主要为了使在模锻件分模线两侧的模锻斜度相互衔接,匹配斜度的大小与具体锻件有关。

模锻斜度的公差值为 $\pm30'$ 和 $\pm1°$。

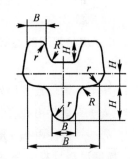

图 5.1.6 圆角半径的相关尺寸

4. 圆角半径的确定

锻件上凸起和凹下的部位均应带有适当的圆角,不允许出现锐角。如图 5.1.6 所示。

凸圆角的作用是避免锻模在热处理时和模锻过程中因应力集中导致开裂,并使金属易于充满相应的部位。凹圆角的作用是使金属易于流动,防止模锻件产生折叠,防止模膛过早被磨损和被压塌。

生产上把模锻件的凸圆角半径称为外圆角半径 r,把凹圆角半径称为内圆角半径 R。适当加大圆角半径,对防止锻件转角处的流线被切断、提高模锻件品质和延长模具使用寿命有利。然而,增加外圆角半径 r 将会减少相应部位的机加工余量,从而增加内圆角半径 R 将会加大相应部位的机加工余量,从而增加材料损耗。对某些复杂锻件,内圆角半径 R 过大,也会使金属过早流失,造成局部充不满现象。

圆角半径的大小与模锻件各部分高度 H 以及高度 H 与宽度 B 的比值 H/B 有关,可按照下列公式计算：

当 $H/B \leqslant 2$ 时：

$$r = 0.05H + 0.5, R = 2.5r + 0.5$$

当 $4 > H/B > 2$ 时：

$$r = 0.05H + 0.5, R = 3.0r + 0.5$$

当 $H/B > 4$ 时：

$$r = 0.05H + 0.5, R = 3.5r + 0.5$$

为保证锻件外圆角处的最小机加工余量，可按下式对外圆角半径 r 进行校核，即在按照上面三式的计算值和下式的计算值中取大值：

$$r = 余量 + \alpha$$

式中　α——零件相应处的圆角半径或倒角值。

为了适应制造模具所用刀具的标准化，可按照下列序列值设计圆角半径（mm）：1.0,1.5, 2.0,2.5,3.0,4.0,5.0,6.0,8.0,10.0,12.0,15.0。当圆角半径大于 15 mm 时，以 5 mm 为递增值生成序列选取。在同一锻件上选定的圆角半径规格应该尽量一致，不宜过多。

5. 冲孔连皮

具有通孔的零件，在模锻时不能直接锻出通孔。所锻成的盲孔内留一层具有一定厚度的金属层，称为冲孔连皮。冲孔连皮可利用切边压力机切除。

连皮的厚度要适当，过薄易发生锻不足，而且容易导致模膛凸起部分打塌；过厚切除连皮困难，浪费金属。当锻件内孔直径小于 30mm 时，可不锻出孔。

各种连皮的形式及其使用条件如下。

（1）平底连皮

平底连皮是常用的连皮形式，其厚度可根据图 5.1.7 确定，也可按照下述经验公式计算：

$$S = 0.45\sqrt{d - 0.25h - 5} + 0.6\sqrt{h}$$

式中　S——锻件连皮厚度，mm；

　　　d——锻件内孔直径，mm；

　　　h——锻件内孔深度，mm。

因模锻成形过程中金属流动激烈，连皮上的圆角半径 R_1 应比内圆角半径 R 大，可按下式确定：

$$R_1 = R + 0.1h + 2$$

（2）斜底连皮

当锻件内孔较大时（$d > 60$ mm），若采用平底连皮锻造，锻件内孔处的多余金属不易向四周排除，容易在连皮周边产生折叠，冲头部分也容易过早磨损或压塌，此时应采用斜底连皮，如图 5.1.8 所示。斜底连皮的有关尺寸如下：

$$S_大 = 1.35S, \quad S_小 = 0.65S, \quad d_1 = (0.25 \sim 0.35)d$$

式中　d_1——中心部位直径，mm。

斜底连皮的正确设计能保证冲头边缘有一定的斜度，使坯料在模膛中放置准确及便于模锻时金属流动,斜底连皮的主要缺点是在冲切连皮时容易引起锻件形状走样。

(3)带仓连皮

如果锻件要经过预锻成形和终锻成形,在预锻模膛中可采用斜底连皮,在终锻模膛中可采用带仓连皮,如图 5.1.9 所示。

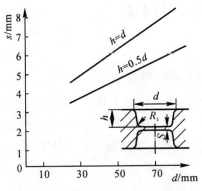

图 5.1.7　平底连皮的选择线图

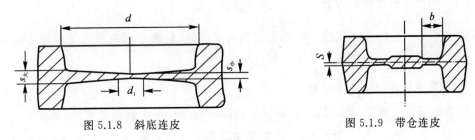

图 5.1.8　斜底连皮

图 5.1.9　带仓连皮

带仓连皮的厚度 S 和宽度 b 可由飞边槽桥部高度 h 和桥部宽度 b 确定。仓部体积应能够容纳预锻厚斜底连皮上多余的金属。带仓连皮的优点是周边较薄,可避免冲切时产生形状走样。

(4)压凹

当锻件内孔直径较小时,例如,连杆小头的内孔,不易锻出连皮,因此应改为压凹形式,如图 5.1.10 所示。其目的不是节省金属用量,而是通过压凹变形使小头部分饱满成形。

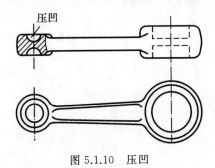

图 5.1.10　压凹

6. 技术条件

有关锻件质量的其他检验要求,凡是在图上无法表示的技术要求,均应在技术条件中加以说明。钢质模锻件通用技术条件可按国标确定。技术要求的一般内容如下：

1）锻件热处理工艺过程及硬度要求,锻件测硬度的位置。

2）未注明的模锻斜度和圆角半径。

3）允许的表面缺陷深度(包括加工表面和非加工表面)。

4）允许的模具错移量和残余飞边宽度。

5）表面清理方法。

6）特殊标记内容、部位。

7）其他特殊要求,如锻件同心度、弯曲度等。

绘制模锻件图应遵循国家标准。视图尽量与锻造方位一致,以直接体现锻造打击方向。尺寸按交点注。已增加余量的锻件公称尺寸与公差写在尺寸线上方,零件公称尺寸与公差写在尺寸线下方。带连皮的模锻件,不需要绘出连皮的形状和尺寸,因为检验模锻件时连皮已经被冲除。用双点画线将零件图的主要轮廓线在锻件图上表示出来,便于了解各部分的加工余量是否满足要求。

5.1.2　模锻变形工步的设计

模锻变形工步是模锻工艺过程中最关键的组成部分,它决定采取什么工步来完成所需的锻件。制定模锻工艺过程的主要任务是制定制坯工步。

1. 短轴类模锻件制坯工步选择

短轴类模锻件一般使用镦粗制坯,形状复杂的模锻件宜用成形镦粗制坯,见表 5.1.3。

表 5.1.3　短轴类锻件制坯工步示例

序号	锻件简图	变形工步	说明
1		自由镦粗　终锻	一般齿轮锻件
2		自由镦粗　成形镦粗　终锻	轮毂较高的法兰锻件
3		拔长　终锻	轮毂特高的法兰锻件

续表

序号	锻件简图	变形工步	说明
4	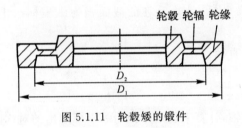	自由镦粗　打扁　终锻	平面接近圆形的锻件

圆饼类模锻件的坯料采用镦粗制坯,目的是避免终锻时产生折叠,兼有除去氧化皮的作用。坯料镦粗后的尺寸可按以下三种情况确定。

1) 轮毂矮的锻件(见图 5.1.11),为了防止轮毂和轮缘间产生折叠,镦粗后直径 $D_镦$ 应满足 $D_1 > D_镦 > D_2$。

2) 轮毂高的锻件(见图 5.1.12),为了防止轮毂和轮缘间产生折叠,镦粗后直径 $D_镦$ 应满足 $(D_1 + D_2)/2 > D_镦 > D_2$。

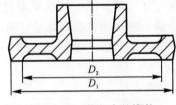

图 5.1.11　轮毂矮的锻件　　　　　　　图 5.1.12　轮毂高的锻件

3) 轮毂高且有内孔和凸缘的锻件(见图 5.1.13),为保证锻件充满并便于坯料在终锻模膛中放稳,宜采用成形镦粗。镦粗后的坯料尺寸应符合下列条件:

$$H'_1 > H_1, D' \leqslant D_1, d' \leqslant d$$

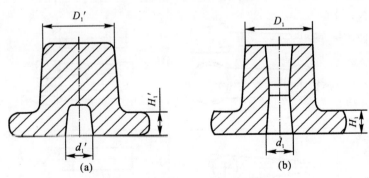

图 5.1.13　轮毂高且有内孔和凸缘的锻件

(a)坯料;　(b)锻件

2. 长轴类模锻件制坯工步选择

长轴类模锻件有直长轴件、弯曲轴件、带枝芽长轴件和带叉长轴件等。由于形状的需要,长轴类模锻件的模锻工序有拔长、滚挤、弯曲以及成形等制坯工步,见表 5.1.4。

长轴类模锻件制坯工步可根据模锻件轴向横截面积变化特点确定,要使坯料在终锻前的分布与模锻件的要求一致。按金属流动效率,制坯工步的优先次序是拔长、滚挤和卡压。为了得到弯曲轴模锻件或带枝芽、带叉长轴件,还要应用弯曲和成形工步。

拔长、滚挤和卡压 3 种制坯工步,以"计算毛坯"为基础,参照经验图表资料,结合具体生产情况确定。对于有一定生产实践经验的技术人员,也可用经验类比法选定制坯工步。

计算毛坯一般计算步骤如下:

(1)绘制计算毛坯截面图和直径图

以模锻件图为依据,沿模锻件轴线作若干个横截面,计算出每个横截面的面积,同时加上飞边处的金属面积。

$$F_{计} = F_{锻} + 2\eta F_{毛}$$

式中　　$F_{计}$ —— 计算毛坯的断面面积;

　　　　$F_{锻}$ —— 模锻件的断面面积;

　　　　η —— 飞边充满系数,形状简单的模锻件取 0.3 ~ 0.5,形状复杂的模锻件取 0.5 ~ 0.8;

　　　　$F_{毛}$ —— 飞边槽的断面面积。

计算毛坯的截面图就是以模锻件轴线为横坐标,计算毛坯的截面积为纵坐标绘出的曲线。该曲线下的面积就是计算毛坯的体积。

根据计算毛坯的截面积可以得到计算毛坯直径:

$$d_{计} = \sqrt{\frac{4}{\pi}F_{计}}$$

计算毛坯的直径图是以模锻件轴线为对称轴,计算毛坯的半径为纵坐标绘出的对称曲线。一张完整的计算毛坯图包括 3 个部分,即模锻件的主视图、截面图和直径图(见图 5.1.14)。

表 5.1.4　长轴类模锻件制坯工步示例

序号	模锻件类	模锻件简图	制坯工步简图	制坯工步说明
1	直长轴锻件	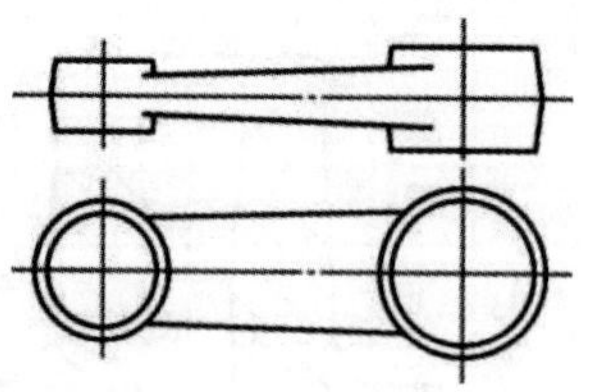	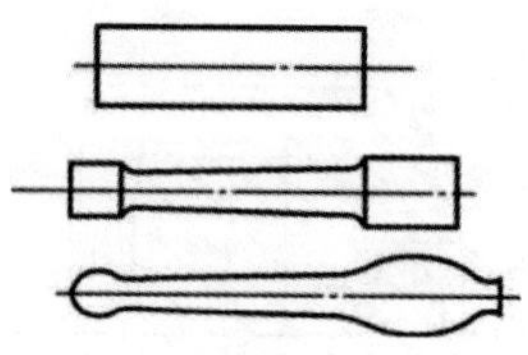	拔长 滚挤
2	弯曲轴锻件	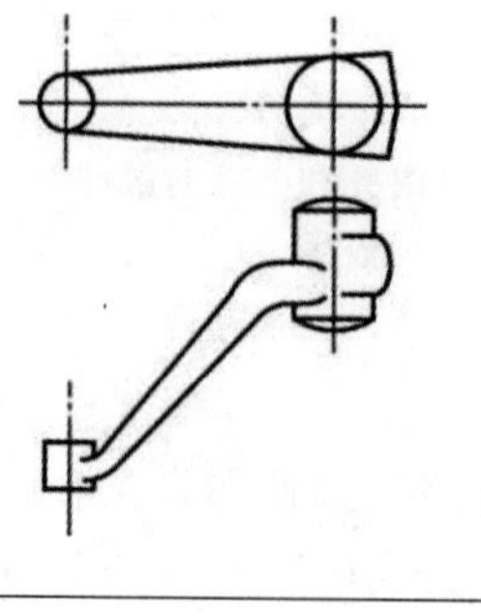	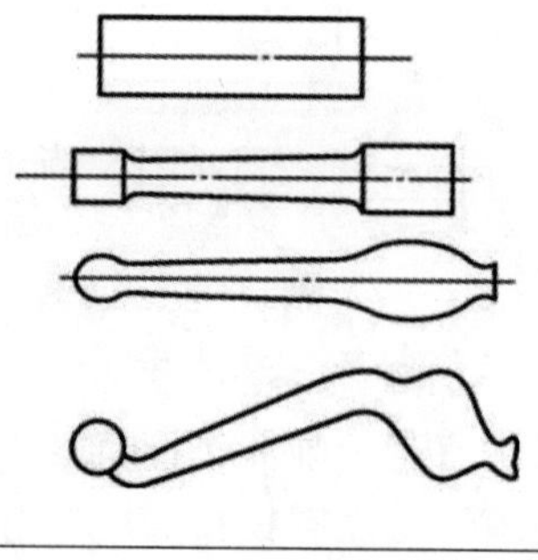	拔长 滚挤 弯曲

续 表

序号	模锻件类	模锻件简图	制坯工步简图	制坯工步说明
3	带枝芽长轴件			拔长 成形 预锻
4	带叉长轴件			拔长 滚挤 预锻

(2)计算平均直径

将计算毛坯的体积 $V_{计}$ 除以模锻件长度 $L_{锻}$ 或模锻件计算毛坯长度 $L_{计}$,可得到平均截面积 $F_{均}$。

$$F_{均} = \frac{V_{计}}{L_{计}}, \quad d_{均} = \sqrt{\frac{4}{\pi}F_{均}}$$

(3)确定计算毛坯的头部及杆部

将平均截面积 $F_{均}$ 在截面图上用虚线绘出,将平均直径 $d_{均}$ 在图上用虚线绘出(见图 5.1.14)。将大于平均直径的部分称为头部,反之称为杆部。

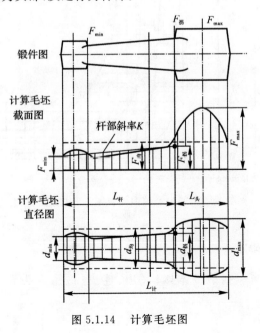

图 5.1.14　计算毛坯图

（4）计算工艺过程的繁重系数

制坯工步的基本任务是完成金属的轴向分配，该任务的难易程度可用金属变形工艺过程的繁重系数描述：

$$\alpha = \frac{d_{max}}{d_{均}}, \quad \beta = \frac{L_{计}}{d_{均}}, \quad K = \frac{d_{拐} - d_{min}}{L_{杆}}$$

式中 α——金属流入头部的繁重系数；

d_{max}——计算毛坯的最大直径；

$d_{均}$——计算毛坯的平均直径；

β——金属沿轴向变形的繁重系数；

d_{min}——计算毛坯的最小直径；

K——计算毛坯的杆部斜率；

$d_{拐}$——计算毛坯拐点处直径，可由拐点处截面积来换算。

α 值越大，表明往头部流动的金属越多；β 值越大，表明金属轴向流动的距离越长；K 值越大，表明杆部锥度越大，杆部金属越过剩。此外，锻件质量越大，表明金属的变形量越大，制坯越困难。

（5）查表确定制坯工步

图 5.1.15 为根据生产经验绘制的长轴类模锻制坯工步方案选择图。可将上述系数 α,β,K 分别在图中，查找出制坯工步的初步方案。图中"开滚"指开式滚挤制坯，"闭滚"指闭式滚挤制坯。

必须指出的是，制坯工步的选择并非易事，需要在工作中不断完善制坯工步并注意积累经验。

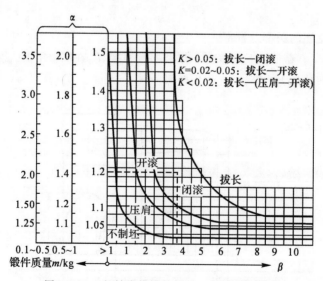

图 5.1.15   长轴类模锻件制坯工步方案选择图

5.1.3   坯料尺寸的确定

锻造坯料的体积应当包括锻件本体、飞边、连皮、锻钳夹头和坯料加热氧化引起的烧损等。

（1）短轴类模锻件

这类模锻件一般用镦粗制坯。计算毛坯尺寸时，以镦粗变形为依据。坯料体积为

$$V_坯 = (1+k)V_锻$$

坯料直径为

$$d_坯 = 1.13\sqrt[3]{\frac{V_坯}{m}}$$

式中　k——宽裕系数，它综合了模锻件复杂程度、飞边体积和火耗量的影响；对圆形模锻件，
$k = 0.12 \sim 0.25$；对非圆形模锻件，$k = 0.2 \sim 0.35$；

　　$V_锻$——模锻件本体体积；

　　m——毛坯高度与直径的比值，一般取 $1.8 \sim 2.2$。

毛坯下料长度为

$$L_坯 = \frac{4V_坯}{\pi d_坯^2}$$

式中　$d_坯$——所选用的坯料直径。

（2）长轴类模锻件

计算这类模锻件的坯料尺寸，应以计算毛坯截面图上的平均截面积为依据，并考虑不同制坯工步所需飞边的断面积。具体计算方法如下：

1）不用制坯工步时

$$F_坯 = (1.02 \sim 1.05)F_均$$

2）卡压或成型制坯时

$$F_坯 = (1.05 \sim 1.3)F_均$$

3）滚挤制坯时

$$F_坯 = (1.05 \sim 1.2)F_均$$

式中　$F_坯$——毛坯断面积，mm^2；

　　$F_均$——计算毛坯图上的平均断面面积，mm^2。

当模锻件只有一头一杆时，应选大的系数；当模锻件为两头一杆时，则应选小的系数。

4）拔长制坯时

$$F_坯 = F_拔 = \frac{V_头}{L_头}$$

式中　$V_头$——包括氧化皮在内的模锻件头部体积，mm^3；

　　$L_头$——模锻件头部长度，mm。

5）拔长和滚挤联合制坯时

$$F_坯 = (0.75 \sim 0.9)F_{max}$$

式中　F_{max}——计算毛坯头部最大尺寸处截面积，mm^2。当最大截面区长度较短时，系数取
小值。反之，取大值。

拔长与滚挤联合制坯时，一般是先拔长后滚挤，拔长过程中金属沿轴向流动而使长度增加；滚挤时头部获得一定程度的聚料作用，所以确定毛坯截面积须考虑滚挤作用。

对上述各种情况,求出毛坯断面面积后,按照材料规格选取标准直径或边长,然后确定毛坯下料长度 $L_坯$:

$$L_坯 = \frac{V_坯}{F'_坯} + l_钳$$

式中　　$V_坯$ —— 毛坯体积,$V_坯 = (V_锻 + V_飞)(1 + \delta)$,其中 δ 为火耗率,可查表选取;

　　　　$F'_坯$ —— 选定规格的断面面积;

　　　　$l_钳$ —— 锻钳夹头长度。

5.2　锤上锻模设计

5.2.1　锤上模膛设计

模锻模膛设计包括终锻模膛、预锻模膛及制坯模膛设计。模锻件的几何形状和尺寸靠终锻模膛保证,预锻模膛要根据具体情况决定是否采用,制坯模膛根据选用的制坯工步确定。

1.终锻模膛设计

终锻模膛是锻模上各种型槽中最重要的模膛,用来完成锻件最终成形。终锻模膛通常由模膛本体、飞边槽和钳口等 3 部分组成,终锻模膛本体按照热锻件图加工、制造和检验,所以设计终锻模膛时,首先要制定热锻件图。

(1)热锻件图

热锻件图是将冷锻件图的所有尺寸加上收缩量绘制而成的。钢锻件的收缩率一般取 1.2%～1.5%;钛合金锻件取 0.5%～0.7%;铝合金锻件取 0.8%～1.0%;铜合金锻件取 1.0%～1.3%;镁合金锻件取 0.8%左右。

确定加放收缩率时,对无坐标中心的圆角半径不加放收缩率;对于细长的杆类锻件、薄的锻件、冷却快或打击次数较多而终锻温度较低的锻件,收缩率取小值;带大头的长杆类锻件,可根据具体情况对较大的头部和较细的杆部取不同的收缩率。

热锻件图形状与锻件图形状一般相同,有时为了保证能锻出合格的锻件,需对热锻件图尺寸作适当的改变以适应锻造工艺过程的要求。

1)对于终锻模膛易磨损处,应在锻件负公差范围内预留磨损量,以在保证锻件合格率的情况下延长锻模寿命。如图 5.2.1 所示的齿轮锻件,其模膛中的轮辐部分容易磨损,使锻件的轮辐厚度增加。因此,应将热锻件图上的尺寸 A 比锻件图上的相应尺寸减小 0.5～0.8 mm。

2)锻件上形状复杂且较高的部位应尽量放在上模。在特殊情况下要将复杂且较高的部位放在下模时,锻件在该处表面易"缺肉"。这是由于下模局部较深处易积聚氧化皮。如图 5.2.2 所示的曲轴,可在其热锻件图相应部位加深约 2 mm。

3)当设备的吨位偏小,上下模有可能打不靠时,应使热锻件图高度尺寸比锻件图上相应高度小(接近负偏差或更小一些),以抵消模锻不足的影响。相反,当设备吨位偏大或锻模承击面偏小时,可能造成承击面塌陷,应适当增加热锻件图高度尺寸,其值应接近正公差,保证在承击面下陷时仍可锻出合格锻件。

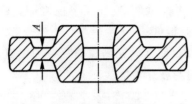

图 5.2.1　齿轮锻件

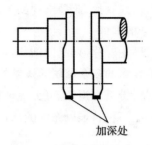

加深处

图 5.2.2　曲轴锻件局部加厚

4) 锻件的某些部位在切边或冲孔时易产生变形而影响加工余量,因此应在热锻件图的相应部位增加一定的弥补量,以提高锻件合格率,如图 5.2.3 所示。

5) 如图 5.2.4 所示的一些形状特别的锻件,不能保证坯料在下模膛内或切边模内准确定位。在锤击过程中,可能因转动而导致锻件报废。热锻件图上需增加定位余块,以保证多次锻击过程中的定位以及切飞边时的定位。

此外,在绘制热锻件图时还需将分模面和冲孔连皮的位置、尺寸全部注明,标明未注圆角半径、模锻斜度与收缩率。高度方向尺寸以分模面为基准,以便锻模机械加工和准备检验样板,但在热锻件图中不需注明锻件公差和零件的轮廓线。

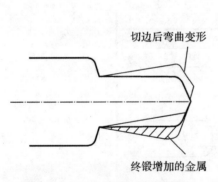

切边后弯曲变形

终锻增加的金属

图 5.2.3　切边或冲孔易变形锻件

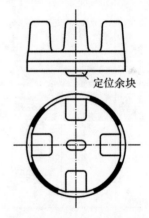

定位余块

图 5.2.4　需增设定位余块的锻件

(2) 飞边槽及其设计

锤上模锻为开式模锻,一般终锻模膛周边必须有飞边槽,其主要作用是增加金属流出模膛的阻力,迫使金属充满模膛。飞边还可容纳多余金属。锻造时飞边起缓冲作用,以减弱上模对下模的打击,使模具不易压塌和开裂。

1) 飞边槽的结构形式。飞边槽一般由桥口与仓部组成,其结构形式如图 5.2.5 所示。

形式 Ⅰ:标准形,一般都采用此种形式。其优点是桥口在上模,模锻时受热时间短,温升较低,桥口不易压坍和磨损。

形式 Ⅱ:倒置形,当锻件的上模部分形状较复杂,为了简化切边冲头形状,切边需翻转时,采用此形式。当上模无模膛,整个模膛完全位于下模时,采用此种飞边形式可以简化锻模的制造。

形式Ⅲ:双仓形,此种结构的飞边槽特点是仓部较大,能容纳较多的多余金属,适用于大型和形状复杂的锻件。

形式Ⅳ:不对称形,此种结构的飞边槽加宽了下模桥部,提高了下模寿命。此外,仓部较大,可容纳较多的多余金属。该结构用于大型、复杂锻件。

形式Ⅴ:带阻力沟形,更大地增加金属外流阻力,使金属充满深而复杂的模膛。该结构多用于锻件形状复杂、难以充满的部位,如高肋、叉口与枝芽等处。

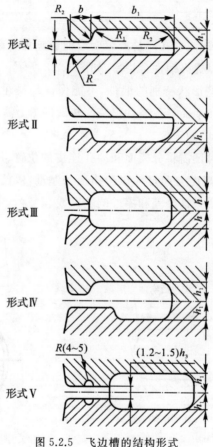

图 5.2.5　飞边槽的结构形式

2)飞边槽尺寸的确定。飞边槽的主要尺寸包括桥口高度 $h_飞$ 和桥口宽度 b。

设计锤上飞边槽尺寸有以下两种方法:

a.吨位法。锻件的尺寸既是选择设备吨位的依据,也是选择飞边槽尺寸的主要依据。生产中通常按设备吨位来确定飞边槽尺寸,见表 5.2.1。

b.计算法。根据锻件在分模面上的投影面积,利用经验公式计算求出桥口高度 $h_飞$,然后根据 $h_飞$ 查表 5.2.1 以确定其他有关尺寸,其中

$$h_飞 = 0.015\sqrt{S}$$

式中　S——锻件在分模面上的投影面积,mm^2。

表 5.2.1 飞边槽尺寸与锻锤吨位的关系

锻锤吨位/kN	h/mm	h_1/mm	b/mm	b_1/mm	R/mm	备注
10	1～1.6	4	8	22～25	1.5	齿轮锁扣 $b_1=30$
20	1.8～2.2	4	10	>25～30	2.5	齿轮锁扣 $b_1=40$
30	2.5～3.0	5	12	>30～40	3	齿轮锁扣 $b_1=45$
50	>3.0～4.0	6	12～14	>40～50	3	齿轮锁扣 $b_1=55$
100	>4.0～6.0	8	>14～16	>50～60	3	
160	>6.0～9.0	10	>16～18	>60～80	4	

(3)钳口及其尺寸

钳口是指在锻模的模锻模膛前面加工的空腔,它一般由夹钳口与钳口颈两部分组成,如图 5.2.6 所示。钳口的主要用途是在模锻时放置棒料及钳夹头。在锻模制造时,钳口还可作为浇铸金属盐溶液(如 30% KNO_3 和 70% $NaNO_3$ 或铅熔液)的浇口,浇铸件用作检验模膛加工品质和合模状况。

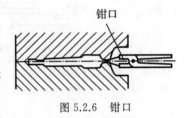

图 5.2.6 钳口

齿轮类锻件在模锻时无夹钳料头。钳口作为锻件起模之用。钳口颈用于加强夹钳料头与锻件之间的连接强度。

钳口的尺寸如图 5.2.7 所示,主要依据夹钳料头的直径及模膛壁厚等尺寸确定。应保证夹料钳子可自由操作,在调头锻造时能放置下锻件的相邻端部(包括飞边)。

图 5.2.8 所示特殊钳口用于模锻齿轮等短轴类锻件,图 5.2.9 所示圆形钳口用于模锻质量大于 10 kg 的锻件。如果有预锻模膛,当且预锻与终锻两模膛的钳口间壁小于 15 mm 时,为了便于模具加工,可将两相邻模膛的钳口开通,如图 5.2.10 所示。

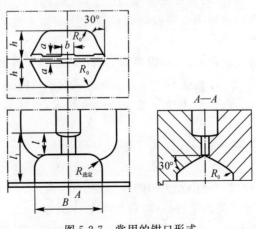

图 5.2.7 常用的钳口形式

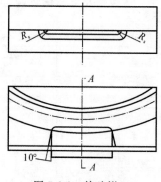

图 5.2.8　特殊钳口

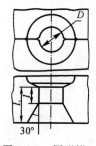

图 5.2.9　圆形钳口

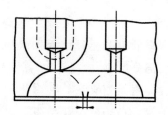

图 5.2.10　公用钳口

2. 预锻模膛设计

预锻模膛是用来对制坯后的坯料进一步变形,合理地分配坯料各部位的金属体积,使其接近锻件外形,改善金属在终锻模膛内的流动条件,保证终锻时成形饱满,避免折叠、裂纹或其他缺陷,减少终锻模膛的磨损,延长模具寿命。

(1)预锻模膛与终锻模膛的主要区别

1)预锻模膛的宽和高。预锻模膛与终锻模膛的差别不大,为了尽可能使预锻后的坯料容易放入终锻模膛并在终锻过程中以镦粗成形为主,预锻模膛的宽度比终锻模膛小 1～2 mm。预锻模膛一般不设飞边槽,但在预锻时也可能有飞边产生,因此上下模不能打靠。预锻后坯料实际高度将比模膛高度高一点。预锻模膛的横断面积应比终锻模膛略大,高度比终锻模膛高 2～5 mm。

2)锻模斜度。为了锻模制造方便,预锻模膛的斜度一般应与终锻模膛相同,但根据锻件的具体情况,也可以采用斜度增大,宽度不变的方法解决成形困难问题。

3)圆角半径。预锻模膛的圆角半径一般比终锻模膛大,以减轻金属流动阻力,防止产生折叠。

凸圆角半径 R_1,单位为 mm,可按下式计算:

$$R_1 = R + C$$

式中　　R—— 表示终锻模膛相应位置上的圆角半径值;

　　　　C—— 与模膛深度有关的常数,一般为 2～5 mm。

在终锻模膛在水平面上急剧转弯和断面突变处,预锻模膛可采用大圆弧,以防止预锻和终锻产生折叠。

(2)典型预锻模膛的设计

1)带工字形断面锻件。带工字形断面锻件模锻成形过程中的主要缺陷是折叠。根据金属的变形流动特性,为防止折叠产生,应当注意以下几个方面:

a. 使中间部分金属在终锻时的变形量小一些,即由中间部分排出的金属量少一些。

b. 创造条件(例如增加飞边桥口部分的阻力或减小充填模膛的阻力)使终锻时由中间部位排出的金属量尽可能向上和向下流动,继续充填模膛。

带工字形断面的锻件的预锻模膛设计常用形式见表 5.2.2。

表 5.2.2　带工字形断面的锻件的预锻模膛设计常用形式

制坯	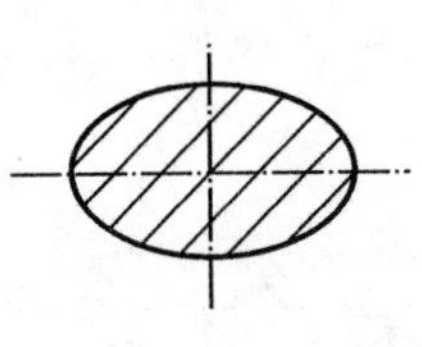	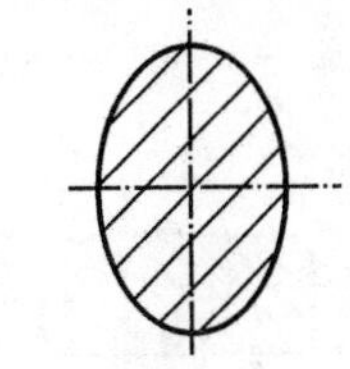	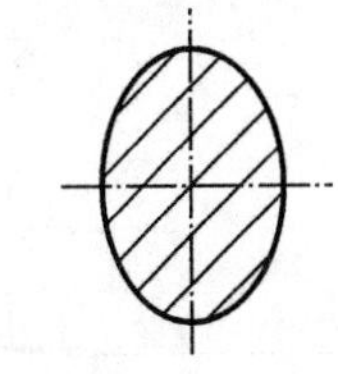
预锻		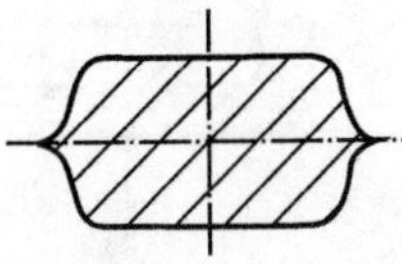	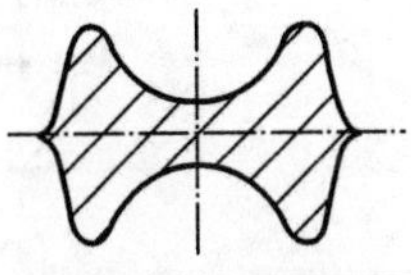
终锻	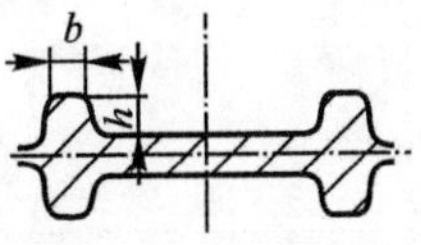	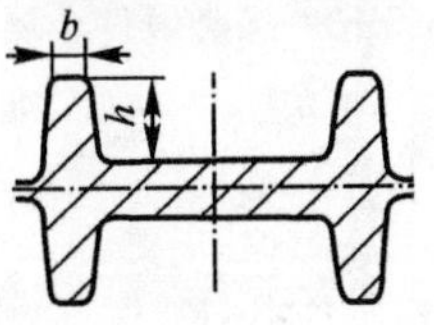	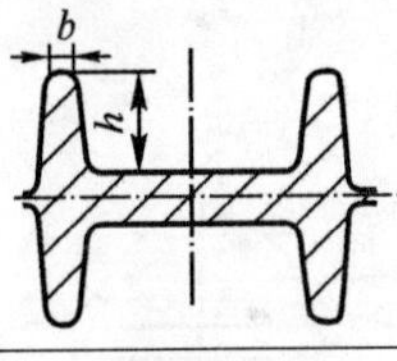
	$\dfrac{h}{b}<1$	$\dfrac{h}{b}<2$	$\dfrac{h}{b}\geqslant 2$

为防止工字形锻件终锻时产生折叠,在生产实践中制坯时还可采取如下措施,即根据面积相等原则,使制坯模膛的横截面积接近于终锻模膛的截面积,如图 5.2.11 所示,使制坯模膛的宽度 B_1 比终锻模膛的相应宽度 B 大 $10\sim20$ mm。即

$$B_1=B+(10\sim20)\ \text{mm}$$

由制坯模膛锻出中间坯料,将绰绰有余地覆盖终锻模膛。终锻时,首先出现飞边,在飞边桥口部分形成较大的阻力,迫使中心部分的金属以挤入的形式充填肋部。因中心部分金属充填肋部后已基本无剩余,故最后仅极少量金属流向飞边槽,从而避免产生折叠。

对于带孔的锻件,为了防止产生折叠,预锻时用斜底连皮,终锻时用带仓连皮,以保证模锻最后阶段内孔部分的多余金属保留在冲孔连皮内,不会流向飞边,造成折叠。

2)叉形锻件。叉形锻件模锻时常常在内端角处发生充不满的情况,如图 5.2.12 所示。其主要原因是将坯料直接进行终锻时,横向流动的金属与模壁接触后,部分金属转向内角处流动,如图 5.2.13 所示。这种变形流动路径决定了内角部位最难充满;同时此处被排出的金属除沿横向流入模膛之外,有很大一部分沿轴向流入制动槽(见图 5.2.14),造成内端角处金属量不足。为了避免这种缺陷,终锻前需进行预锻,用带有劈料台的预锻模膛先将叉形部分劈开(见图 5.2.15)。这样,终锻时就会改善金属流动情况,保证内端角部位充满。

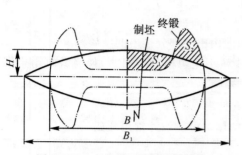

图 5.2.11　工字截面锻件预锻模膛

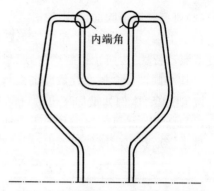

图 5.2.12　叉类锻件内端角充不满

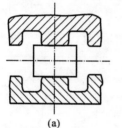

(a)

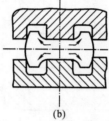

(b)

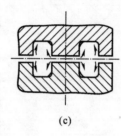

(c)

图 5.2.13　叉类锻件金属的变形流动

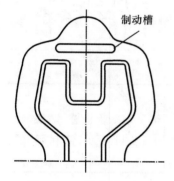

图 5.2.14　制动槽的布置

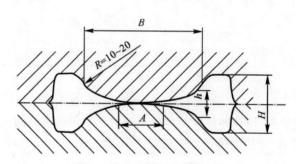

图 5.2.15　叉形部分劈料台图

图 5.2.15 所示的各部分尺寸按下列各式确定：

$A \approx 0.25B$，但要满足 $5 < A < 30$；

$h = (0.4 \sim 0.7)H$，通常取 $h = 0.5H$；

$\alpha = 10° \sim 45°$，根据 h 选定。

当需劈开部分窄而深时，可设计成如图 5.2.16 所示的形状。为限制金属沿轴向大量流入飞边槽，在模具上可设计制动槽(见图 5.2.14)。

3)带枝芽锻件。带枝芽锻件模锻时，常常在枝芽处充不满。其原因是枝芽处金属量不足。因此，预锻时应在该处聚集足够的金属量。为便于金属流入枝芽处，应简化预锻模膛枝芽形状。与枝芽连接处的圆角半径适当增大，必要时可在分模面上设阻力沟，加大预锻时流向飞边的阻力，如图 5.2.17 所示。

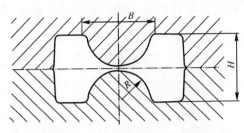

图 5.2.16　窄深叉形部分的劈料台

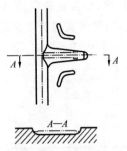

图 5.2.17　带枝芽锻件的预锻模膛

4)带高肋锻件。带高肋锻件模锻时,在肋部由于摩擦阻力、模壁引起的垂直分力和此处金属冷却较快、变形抗力大等原因,常常充不满。在这种情况下设计预锻模膛时,可采取一些措施迫使金属向肋部流动。如在难充满的部位减少模膛高度和增大模膛斜度,如图 5.2.18 所示。这样,预锻后的坯料终锻时,坯料和模壁间有了间隙,模壁对金属的摩擦阻力和由模壁引起的向下垂直分力消失,金属容易向上流动充满模膛。但是,要注意可能由于增大了模膛斜度,预锻模膛本身不易被充满。为了使预锻模膛也能被充满,必须增大圆角半径,但圆角半径不宜增加过大,因为圆角半径过大不利于预锻件在终锻时金属充满模膛,甚至终锻时可能在此处将预锻件金属啃下并压入锻件内形成折叠,一般取 $R_1 = 1.2R + 3mm$。

如果难充填的部分较大,B 较小,预锻模膛的拔模斜度不宜过大,否则预锻后 B_1 会很小,冷却快,终锻时反而不易充满模膛。

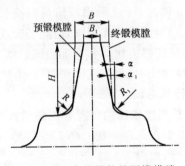

图 5.2.18　高肋锻件的预锻模膛

也可把预锻模膛的拔模斜度设计成与终锻模膛一致的形式,以达到减小高度 H 的目的。

3. 制坯模膛设计

制坯工步的作用是初步改变原坯料的形状,合理地分配坯料,以满足锻件横截面积和形状的要求,使金属能较好地充满模膛。不同形状的锻件采用的制坯工步不同。锤上锻模所用的制坯模膛主要有拔长模膛、滚挤模膛、弯曲模膛和成形模膛等。

(1)拔长模膛设计

1)拔长模膛的作用。拔长模膛用来减少坯料的横截面积,增加坯料长度。一般拔长模膛是变形工步的第一道,它兼有清除氧化皮的作用。为了便于金属纵向流动,在拔长过程中坯料要不断翻转,还要送进。

2)拔长模膛的形式。通常按横截面形状将拔长模膛分为开式和闭式两种。开式模膛的拔长坎横截面形状为矩形,边缘开通,如图 5.2.19 所示。这种形式结构简单,制造方便,在实际生产中应用较多,但拔长效率较低。闭式模膛的拔长坎横截面形状为椭圆形,边缘封闭,如图5.2.20 所示。这种形式拔长效果较好,但操作较困难,要求把坯料准确地放置在模膛中,否则坯料易弯曲,一般用于 $L_{杆}/d_{杆}>15$ 的细长锻件。

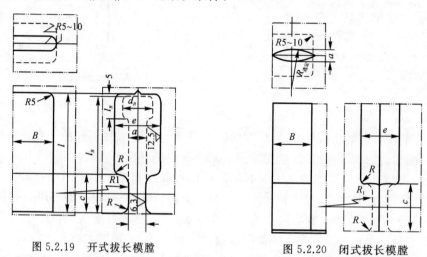

图 5.2.19　开式拔长模膛　　　　　图 5.2.20　闭式拔长模膛

按拔长模膛在模块上的布置情况,拔长模膛又可分成直排式[见图 5.2.21(a)]和斜排式[见图 5.2.21(b)]两种。其中直排式杆部的最小高度和最大长度由模具控制,斜排式杆部的高度及长度由操作人员控制。

当拔长部分较短,或拔长台阶轴时,可以采用较简易的拔长模膛,即拔长台,如图 5.2.22 所示,它是在锻模的分模面上留一平台,将边缘倒圆,用此平台进行拔长。

3)拔长模膛的尺寸计算。拔长模膛由坎部和仓部组成。坎部是主要工作部分,而仓部容纳拔长后的金属,所以在拔长模膛设计中,主要设计坎部尺寸,包括坎部的高度 h、坎部的长度 c 和坎部的宽度 B。设计依据是计算毛坯。

拔长模膛坎部的高度 h。拔长模膛坎部的高度 h 与坯料拔长部分的厚度 a 有关,有

$$h=0.5(e-a)=0.5\times(3a-a)=a$$

式中　　e——拔长模膛仓部的高度,如图 5.2.21 所示。

$$e=1.2d_{min}; \quad e=3a; \quad R_1=10R=25c$$

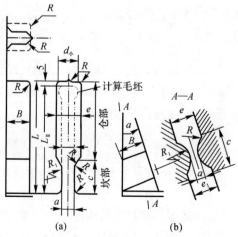

图 5.2.21　拔长模膛的直排与斜排

(a)直排式;(b)斜排式

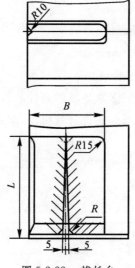

图 5.2.22　拔长台

坯料拔长部分的厚度 a。坯料拔长部分的厚度 a 应比计算毛坯的最小断面的边长小,以使每次的压下量较大,拔长效率较高。因此在计算坯料拔长部分的厚度 a 时,可根据以下两个条件确定。

一个条件是设拔长后坯料的截面为矩形,$b_{平均}$ 为平均宽度,并取

$$\frac{b_{平均}}{a} = 1.25 \sim 1.5$$

另一个条件是根据计算毛坯的形状和尺寸。如果坯料杆部尺寸变化不大,拔长后不再进行滚挤,其坯料拔长部分的厚度 a 应保证能获得最小断面,而较大截面可以用上、下模打靠来保证。因此取

$$b_{计}\ a = S_{计min}$$

经计算可得

$$a = (0.8 \sim 0.9)\sqrt{S_{计min}}$$

或

$$a = (0.7 \sim 0.85)d_{min}$$

式中　　$b_{计}$ —— 坯料拔长后的宽度;

$S_{计min}$ —— 计算毛坯的最小面积(包含锻件相应处的断面面积和飞边相应处的断面面积)。

当 $L_{杆} > 500\ mm$ 时,上述计算拔长部分厚度 a 的公式中的系数取小值;当 $L_{杆} < 200\ mm$ 时,系数取大值;当 $200\ mm < L_{杆} < 500\ mm$ 时,系数取中间值。

拔长后需进行滚挤,应保证拔长后获得平均截面或直径,取

$$b_{平均}a = S_{杆平均}$$

经计算得

$$a = (0.8 \sim 0.9)\sqrt{S_{杆平均}}$$

或

$$a = (0.7 \sim 0.8)d_{平均}$$

$$S_{杆平均} = V_{杆}/L_{杆}$$

式中　$S_{杆平均}$——锻件杆部平均面积，mm^2；

　　　$d_{平均}$——锻件杆部平均直径，mm；

　　　$V_{杆}$——计算毛坯杆部体积，mm^3；

　　　$L_{杆}$——计算毛坯杆部长度，mm。

坎部的长度 c。坎部的长度 c 取决于原坯料的直径和被拔长部分的长度，长度太短将影响坯料表面品质。为了提高拔长效率，每次的送进量应小，坎部不宜太长，可按下式选取

$$c = Kd_0$$

式中　d_0——被拔长的原坯料直径。

系数 K 与被拔长部分长度 l 有关，可按照表 5.2.3 选用。

表 5.2.3　系数 K

被拔长部分原始长度 l	$< 1.2d_{坯}$	$(1.2 \sim 1.5)d_{坯}$	$(> 1.5 \sim 3)d_{坯}$	$(> 3 \sim 4)d_{坯}$	$> 4d_{坯}$
K	$0.8 \sim 1$	1.2	1.4	1.5	2

坎部的宽度 B。应考虑上下模一次打靠时金属不流到坎部外面；翻转 $90°$ 锤击时，不产生弯曲，故取

$$B = (1.3 \sim 2.0)d_0$$

另外，坎部的纵截面形状应做成凸圆弧形，这样有助于金属的轴向流动，可以提高拔长效率。关于拔长模膛其他尺寸的确定可参阅有关手册。

（2）滚挤模膛设计

滚挤模膛可以改变坯料形状，起到分配金属，使坯料某一部分截面积减小，某一部分截面积稍稍增大（聚料），获得接近计算毛坯图形状和尺寸的作用。滚挤时金属的变形可以近似看作是镦粗与拔长的组合。在两端受到阻碍的情况下使杆部拔长，而杆部金属流入头部使头部镦粗。它并非是自由拔长，也不是自由镦粗。由于杆部接触区较长，两端又都受到阻碍，沿轴向流动受到的阻力较大。在每次锤击后大量金属横向流动，仅有小部分流入头部。每次锤击后翻转 $90°$ 再次锤击并反复进行。直到接近毛坯形状和计算尺寸为止。另外，滚挤还可以将毛坯滚光和清除氧化皮。

滚挤模膛从结构上可以分为以下几种。

1）开式。模膛横截面为矩形，侧面开通，如图 5.2.23（a）所示，此种滚挤模膛结构简单、制造方便，但聚料作用较小，适用于锻件各段截面变化较小的情况。

2）闭式。模膛横截面为椭圆形，侧面封闭，如图 5.2.23（b）所示。由于侧壁的阻力作用，此种滚挤模膛，聚料效果好，坯料表面光滑，但模膛制造工艺较复杂，适用于锻件各部分截面变化较大的情况。

3）混合式。锻件的杆部采用闭式滚挤，而头部采用开式滚挤，如图 5.2.23（c）所示，此种模膛通常用于锻件头部具有深孔或叉形的情况。

4）不等宽式。模膛的头部较宽，杆部较窄，如图 5.2.23（d）所示，在 $B_{头}/B_{杆} > 1.5$ 时采用。因杆部宽度过大不利于排料，所以在杆部取较小宽度。

5)不对称式。上下模膛的深度不等,如图 5.2.24 所示,这种模膛具有滚挤模膛与成形模膛的特点,适用于 $h'/h=1.5$ 的杆类锻件。

滚挤模膛由钳口、模膛本体和前端的飞边槽等 3 部分组成。钳口不仅是为了容纳夹钳,同时也可用来卡细坯料,以减少料头损失。飞边槽用来容纳滚挤时产生的端部毛刺,以防止产生折叠。

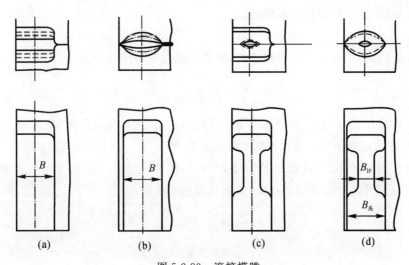

图 5.2.23　滚挤模膛

(a)开式;(b)闭式;(c)混合式;(d)不等宽式

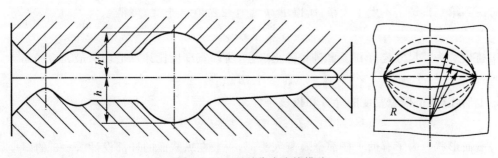

图 5.2.24　不对称式滚挤模膛

滚挤模膛的设计依据也是计算毛坯。设计滚挤模膛应从以下几方面考虑。

1)滚挤模膛的高度。在杆部,模膛的高度应比计算毛坯相应部分的直径小。这样每次压下量较大,由杆部排入头部的金属增多。虽然滚挤到最后的坯料断面不是圆形,但是只要截面积相等即可。

在计算闭式滚挤模膛杆部高度时,应注意以下几方面:

a. 滚挤后的坯料截面积 $S_滚$ 等于计算毛坯图相应部分的截面积 $S_计$,即

$$S_滚 = S_计$$
$$0.25\pi Bh_杆 = 0.25\pi d_计$$

b. 一般滚挤后坯料椭圆截面的长径与短径之比 $B/a=3/2$,因此可由上式求得杆部高度 $h_杆$。

$$h_{\text{杆}} = \sqrt{\frac{2d_{\text{计}}^2}{3}} = 0.8d_{\text{计}}$$

考虑到在模锻锤上滚挤时，上下模一般不打靠，故实际采用的模膛高度比计算值小，一般取

$$h_{\text{杆}} = (0.7 \sim 0.8)d_{\text{计}}$$

对于开式滚挤，由于截面近似矩形，故

$$h_{\text{杆}} = (0.65 \sim 0.75)d_{\text{计}}$$

滚挤模膛头部，为了有助于金属的聚集，模膛的高度应等于或略大于计算毛坯图相应部分的直径，即

$$h_{\text{头}} = (1.05 \sim 1.15)d_{\text{计}}$$

当头部靠近钳口时，可能会有一部分金属由钳口流出，这时系数取 1.05。

2) 滚挤模膛的宽度。当滚挤模膛的宽度过小时，金属在滚挤过程中流进分模面会形成折叠；反之，因侧壁阻力减小，会降低滚挤效率，并增大模块尺寸。一般假设第一次锤击锻模打靠，且仅发生平面变形，金属无轴向流动，滚挤模膛的宽度应满足下式：

$$\frac{\pi}{4}Bh \geqslant F_{\text{坯}}$$

$$B \geqslant 1.27F_{\text{坯}}/h$$

考虑实际情况，上下模打不靠，且金属有轴向流动，取

$$B = 0.9 \times 1.27F_{\text{坯}}/h = 1.15F_{\text{坯}}/h$$

考虑到第二次锤击不发生失稳，所以 $B/h_{\min} \leqslant 2.8$，代入上式，可得

$$B \leqslant 1.7d_{\text{坯}}$$

滚挤模膛头部尺寸应有利于聚料和防止卡住，所以宽度应比计算毛坯的最大直径略大，即

$$B \geqslant 1.1d_{\max}$$

综上所述，滚挤模膛宽度的计算和校核条件为

$$1.7d_{\text{坯}} \geqslant B \geqslant 1.1d_{\max}$$

3) 截面形状。为了有助于杆部金属流入头部，一般在纵截面的杆部设计 2°～5°的斜度（如果毛坯图上原来就有，则可用原来的斜度）。在杆部与头部的过渡处，应做成适当圆角。滚挤模膛长度应根据热锻件长度 $L_{\text{锻}}$ 确定。由于轴类件的形状不同，所以设计也不同。

闭式滚挤模膛的横截面形状有圆弧形和菱形两种。圆弧形断面较普遍，其模膛宽度和高度确定后，得到三点，通过三点作圆弧而构成断面形状。菱形断面是在圆弧形基础上简化而成，用直线代替圆弧，能增强滚挤效果。

还有一种用于直轴类锻件的制坯模膛，叫作压肩模膛。实质上就是开式滚挤模膛的特殊使用状态，其形状与设计方法都与开式滚挤模膛相同，仅进行一次压扁，不经 90°翻转后再锻。

(3) 弯曲模膛设计

弯曲工步是将坯料在弯曲模膛内压弯，使其符合终锻模膛在分模面上的形状。在弯曲模膛中锻造时，坯料不翻转，但压弯后放在模锻模膛中锻造时要翻转 90°。

弯曲所用的坯料可以是原坯料，也可以是经拔长、滚挤等制坯模膛变形过的坯料。按变形

情况不同,弯曲可分为自由弯曲(见图 5.2.25)和夹紧弯曲(见图 5.2.26)两种。自由弯曲是坯料在拉伸不大的条件下弯曲成形,适用于具有圆浑形弯曲的锻件,一般只有一个弯曲部位。夹紧弯曲是坯料在模膛内除了弯曲成形外,还有明显的拉伸现象,适用于多个弯曲部位的、具有急突弯曲形状的锻件。

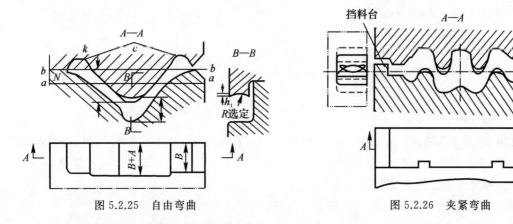

图 5.2.25 自由弯曲　　　　　　图 5.2.26 夹紧弯曲

锤上模锻时弯曲模膛的设计要点如下。

1)弯曲模膛的形状根据模锻模膛在分模面上的轮廓外形(分模线)设计。为了能将弯曲后的坯料自由地放进模锻模膛,并以镦粗方式充填模膛,弯曲模膛的轮廓线应比模锻模膛相应位置在分模面上的外形尺寸减小 2～10 mm。

2)弯曲模膛的宽度 B 按下式计算

$$B = \frac{F_{坯}}{h_{\min}} + (10 \sim 20) \text{ mm}$$

3)弯曲模膛要考虑弯曲成形时对坯料的支承和定位。为了便于操作,在模膛的下模部位应有两个支点,以支承压弯前的坯料。此两支点的高度应使坯料呈水平位置。毛坯在模膛中不允许发生横向移动,因此,弯曲模膛的凸出部分(或仅上模的凸出部分)在宽度方向应做成凹状,如图 5.2.25 所示中的 $B-B$ 部位。如果弯曲前的坯料未经制坯,应在模膛末端设置挡料台,以供坯料前后定位用;如坯料先经过滚挤制坯,可利用钳口的颈部进行定位。

4)坯料在模锻模膛中锻造时,在坯料剧烈弯曲处可能产生折叠,所以弯曲模膛的急突弯曲处,在允许的条件下应做成最大圆角。

5)弯曲模膛分模面应使上、下模突出分模面部位的高度大致相等。

6)为了防止碰撞,弯曲模膛下模空间应留有间隙。

(4)成形模膛设计

成形工步与弯曲工步相似,也是将坯料变形,使其符合终锻模膛在分模面上的形状。不同的是,通过局部转移金属获得所需要的形状,坯料的轴线不发生弯曲。

成形模膛按纵截面形状可分为对称式(见图 5.2.27)和不对称式(见图 5.2.28)两种,常用的是不对称式。成形模膛的设计原则与设计方法与弯曲模膛相同。

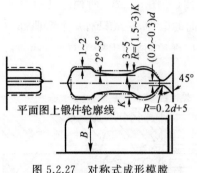

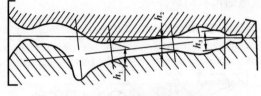

图 5.2.27　对称式成形模膛　　　　　图 5.2.28　不对称式成形模膛

（5）镦粗台和压扁台设计

镦粗台适用于圆饼类件，用来镦粗坯料，以减小坯料的高度，增大直径，使镦粗后的坯料在终锻模膛内能够覆盖指定的凸部与凹槽，防止锻件产生折叠与充不满，并起到清除坯料氧化皮、减少模膛磨损的作用，如图 5.2.29 所示。

压扁台适用于锻件平面图近似矩形的情况，压扁时坯料的轴线与分模面平行放置。压扁台用来压扁坯料，使坯料宽度增大。压扁后的坯料应能够覆盖终锻模膛的指定凸部与凹槽，起到与镦粗台相同的作用，如图 5.2.30 所示。

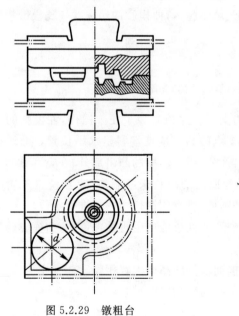

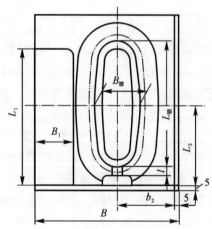

图 5.2.29　镦粗台　　　　　　　　图 5.2.30　压扁台

根据锻件形状要求，在镦粗或压扁的同时，也可以在坯料上压出凹坑，兼有成形镦粗的作用。

镦粗台或压扁台都设置在模块边角上，所占面积略大于坯料镦粗或压扁之后的平面尺寸。为了节省锻模材料，可以占用部分飞边槽仓部，但应使平台与飞边槽平滑过渡连接。镦粗台一般安排在锻模的左前角部位，平台边缘应倒圆，以防止镦粗时在坯料上产生压痕，使锻件容易产生折叠。在设计镦粗台时，根据锻件的形状、尺寸和原坯料尺寸确定镦粗后坯料的直径 d，

再根据 d 确定镦粗平台尺寸。

压扁台一般安排在锻模左边,为了节省锻模材料,也可占用部分飞边槽仓部。压扁台的长度 L_1 和压扁台的宽度 B_1 的有关尺寸(见图 5.2.30)按下式计算

$$L_1 = L_压 + 40$$
$$B_1 = b_压 + 20$$

式中　　$L_压$ —— 压扁后的坯料长度,mm;

　　　　$b_压$ —— 压扁后的坯料宽度,mm。

(6)切断模膛设计

为了提高生产率、降低材料消耗,对于小尺寸锻件,根据具体情况可以采用一棒多件连续模锻,锻下一个锻件前要将已锻成的锻件从棒料上切下,因此需要使用切断模膛(切刀)。

为了减少锻模平面尺寸,切断模膛通常放置在锻模的四个角部。根据位置不同可分为前切刀和后切刀,如图 5.2.31 所示。前切刀操作方便,但切断过程中锻件容易碰到锻锤锤身,导致切断锻件易堆积在锤导轨旁。后切刀切下的锻件直接落到锻锤后边的传送带上,送到下一工位。在设计时应根据坯料直径 d 确定切断模膛的深度和宽度,同时切断模膛的布置还要考虑拔长模膛的位置,当拔长模膛为斜排式时,切断模膛应与拔长模膛同侧。

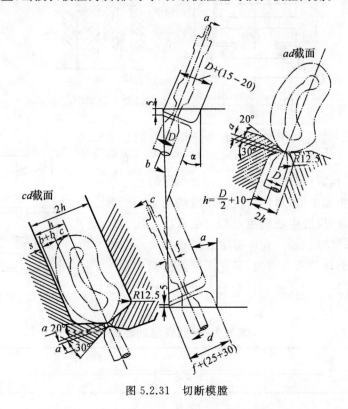

图 5.2.31　切断模膛

切断模膛(切刀)的斜度通常为 $15°,20°,25°,30°$ 等,应根据模膛的布置情况而定。

5.2.2　锻模结构设计

锤锻模的结构设计对锻件品质、生产率、劳动强度、锻模和锻锤的使用寿命等有很大的影

响。锤锻模的结构设计应着重考虑模膛的布排、错移力的平衡以及锻模的强度、模块尺寸和导向等。

1. 模膛的布排

模膛的布排要考虑模膛数以及各模膛的作用和操作方便。锤锻模一般有多个模膛,终锻模膛和预锻模膛的变形力较大,在模膛布置过程中一般首先考虑模锻模膛。

(1)终锻与预锻模膛的布排

1)锻模中心与模膛中心

a. 锻模中心。锤锻模的紧固一般都是利用楔铁和键块配合燕尾紧固在下模,如图5.2.32所示。锻模中心指锻模燕尾中心线与燕尾上键槽中心线的交点,它位于锤杆轴心线上,应是锻锤打击力的作用中心。

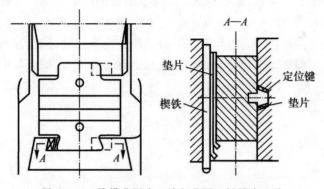

图 5.2.32 锻模燕尾中心线与燕尾上键槽中心线

b. 模膛中心。锻造时模膛承受锻件反作用力的合力作用点叫模膛中心。模膛中心与锻件形状有关。当变形抗力均匀分布时,模膛(包括飞边桥部)在分模面的水平投影的形心可当作模膛中心,可用传统的吊线法确定。变形抗力分布不均匀时,模膛中心则由形心向变形抗力较大的一边移动,如图5.2.33所示。允许移动距离 L 的大小与模膛各部分变形抗力相差程度有关,可凭生产经验确定。一般情况下不宜超过表5.2.4所列的数据。可利用计算机绘图软件自动查找形心。

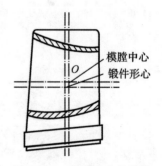

图 5.2.33 模膛中心的偏移

表 5.2.4 允许移动距离 L

锤吨位/t	1~2	3	5
L/mm	<15	<25	<35

2)模膛中心的布排。理想的布排是模膛中心与锻模中心位置相重合。当锻模模膛中心与锻模中心偏移,锻造时会产生偏心力矩,使上下模产生错移,使锻件在分模面上产生错差,加剧设备磨损。终锻模膛与预锻模膛布排设计的中心任务是最大限度地减小模膛中心对锻模中心的偏移量。

当锻模无预锻模膛时,终锻模膛中心位置应位于锻模中心。当锻模有预锻模膛时,两个模膛中心一般都不能与锻模中心重合,应力求终锻模膛和预锻模膛中心靠近锻模中心。

模膛布排时要注意以下几个方面:

a. 在锻模前后方向,两模膛中心均应位于键槽中心线上,如图 5.2.34 所示。

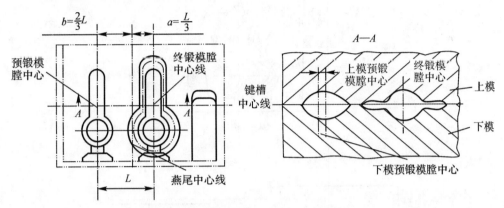

图 5.2.34　终锻、预锻模膛中心的布排

b. 在锻模左右方向,终锻模膛与锻模中心线的允许偏移量 a 不应超过表 5.2.5 所列数值。

表 5.2.5　模膛与锻模燕尾中心线间的允许偏移量 a

设备吨位/t	1	1.5	2	3	5	10
a/mm	25	30	40	50	60	70

c. 一般情况下,终锻的打击力约为预锻的两倍。为了减少偏心力矩,预锻模膛中心至锻模燕尾中心线距离与终锻模膛中心线至锻模燕尾中心线距离之比,应等于或略小于1/2,即 $a/b \leqslant 1/2$,如图 5.2.34 所示。

d. 预锻模膛中心线必须在燕尾宽度内,模膛超出燕尾部分的宽度不得大于模膛总宽度的1/3。

e. 当锻件因终锻模膛偏移使错差量过大时,允许采用 $L/5 < a < L/3$,即 $2L/3 < b < 4L/5$。在这种条件下设计预锻模膛时,应当预先考虑错差量 Δ。Δ 值由实际经验确定,一般为 1~4mm,如图 5.2.34 中 A—A 剖面所示。锤吨位小者取小值,大者取大值。

f. 若锻件有宽大的头部(如大型连杆锻件),两个模膛中心距超出上述规定值,或终锻模膛因偏移使错差量超过允许值,或预锻模膛中心超出锻模燕尾宽度,可将两个模膛置于不同锻锤的模块上联合锻造,以使两个模膛中心都处于锻模中心位置,能有效减少错差,提高锻模寿命,减轻设备磨损。

g. 为减小终锻模膛与预锻模膛中心距 L,保证模膛模壁有足够的强度,可选用下列排列方法。

平行排列法,如图 5.2.35 所示。终锻模膛和预锻模膛中心位于键槽中心线上,L 值减小的同时前后方向的错差量也减小,锻件品质得到提升。

前后错开排列法,如图 5.2.36 所示。预锻模膛和终锻模膛中心不在键槽中心线上。前后错开排列能减小 L 值,但增加了前后方向的错移量,适用于特殊形状的锻件。

反向排列法,如图5.2.37所示,预锻模膛和终锻模膛反向布排,这种布排能减小 L 值,同时有利于去除坯料上的氧化皮并使模膛更好充满,操作也方便,主要用于上下模对称的大型锻件。

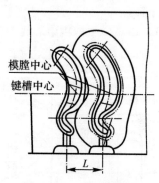

图 5.2.35　平行排列法

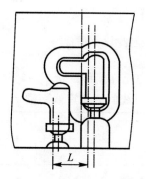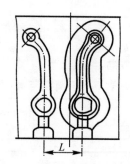

图 5.2.36　前后错开排列法　　　　图 5.2.37　反向排列法

3)终锻模膛、预锻模膛前后方向的排列方法,终锻模膛、预锻模膛的模膛中心位置确定后,模膛的模块还不能完全放置,还需要对模膛的前后方向进行排列。具体排列方法如下。

a. 如图5.2.38所示排列法,锻件大头靠近钳口,使锻件质量大且难出模的一端接近操作人员,以使操作方便、省力。

b. 如图5.2.39所示的排列法,锻件大头难充满部分放在钳口对面,对金属充满模膛有利。这种布排法还可利用锻件杆部作为夹钳料,以省去夹钳料头。

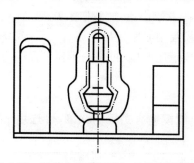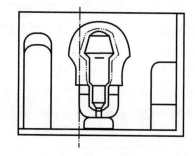

图 5.2.38　锻件大头靠近钳口的终锻模膛布置　　　图 5.2.39　锻件大头在钳口对面的终锻模膛布置

（2）制坯模膛的布排

除终锻模膛和预锻模膛以外的其他模膛由于成形力较小,制坯模膛可布置在终锻模膛与预锻模膛两侧。具体原则如下。

1)制坯模膛尽可能按工艺过程顺序排列,操作时一般只让坯料运动方向改变一次,以缩短操作时间。

2)模膛的排列应与加热炉、切边压力机和吹风管的位置相适应。例如,氧化皮最多的模膛是锻模中的头道制坯模膛,应位于靠近加热炉的一侧,且在吹风管对面,防止氧化皮吹落到终锻模膛、预锻模膛内。

3)弯曲模膛的位置应便于将弯曲后的坯料顺手送入终锻模膛内,如图 5.2.40(a)所示。图 5.2.40(a)所示的布置较图 5.2.40(b)的布置为佳。锻造大型锻件时,要考虑工人操作的方便性。

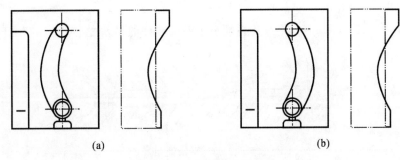

图 5.2.40　弯曲模膛的布置

4)拔长模膛位置如在锻模右边,应采用直式,如在左边,应采取斜式,以便于操作。

2. 错移力的平衡与锁扣设计

错移力一方面使锻件错移,影响尺寸精度和加工余量;另一方面,加速锻锤导轨磨损,使锤杆过早折断。因此错移力的平衡是保证锻件尺寸精度和锤杆失效的重点。

(1)对于有落差的锻件错移力的平衡

当锻件的分模面为斜面、曲面,或锻模中心与模膛中心的偏移量较大时,在模锻过程中会产生水平分力。这种水平分力通常被称为错移力,会引起锻模在锻打过程中错移。锻件分模线不在同一平面上(即锻件具有落差),在锻打过程中,分模面上产生水平方向的错移力,错移力的方向明显。错移力一般比较大,在冲击载荷的作用下,容易发生生产事故。

锤上模锻这类锻件时,为平衡错移力和保证锻件品质,一般采取如下措施。

1)对小锻件可以成对进行锻造,如图 5.2.41 所示。

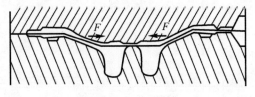

图 5.2.41　成对锻造

2)当锻件较大,落差较小时,可将锻件倾斜一定角度,如图 5.2.42 所示。由于倾斜了一个角度 γ,锻件各处的拔模斜度都会发生变化。为了保证锻件锻后能从模膛取出,角度 γ 值不宜过大,一般 $\gamma < 7°$,且以小于拔模斜度最佳。

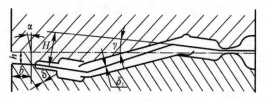

图 5.2.42　倾斜一定角度

3)如锻件落差较大($15\sim50$ mm),用第二种方法不易解决时可采用平衡锁扣,如图 5.2.43 所示。锁扣高度等于锻件分模面落差高度。由于锁扣所受的力很大,容易损坏,所以锁扣的厚度应不小于 $1.5~h$。锁扣的斜度 α 值:当 $h=15\sim30$ mm 时,$\alpha=5°$;当 $h=30\sim60$ mm 时,$\beta=3°$。锁扣间隙 $\delta=0.2\sim0.4$ mm,注意其必须小于锻件允许的错差之半。

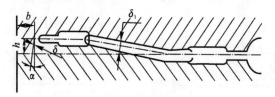

图 5.2.43　平衡锁扣

4)如果锻件落差很大,可以联合采用 2)和 3)两种方法,如图 5.2.44 所示,既将锻件倾斜一定角度,又设计平衡锁扣。

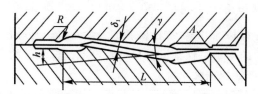

图 5.2.44　倾斜锻件并设置锁扣

对于具有落差的锻件,采用平衡锁扣平衡错移力时,模膛中心并不与键槽中心重合,而是沿着锁扣方向向前或向后偏离 b 值,目的是减少错差量与锁扣的磨损。具体有如下情况。

1)平衡锁扣凸出部分在上模,如图 5.2.45(a)所示。模膛中心应向平衡锁扣相反方向离开锻模中心,其距离 b_1 为

$$b_1=(0.2\sim0.4)~\text{mm}$$

2)平衡锁扣凸出部分在下模,如图 5.2.45(b)所示。模膛中心应向平衡锁扣方向离开锻模中心,其距离 b_2 为

$$b_2=(0.2\sim0.4)h$$

(2)模膛中心与锤杆中心不一致时错移力的平衡

当模膛中心与锤杆中心不一致,或因工艺过程需要(例如设计有预锻模膛),终锻模膛中心偏离锤杆中心时,都会产生偏心力矩。设备的上、下砧面不平行,模锻时也产生水平错移力。为了减小由这些因素引起的错移力,除设计时尽量使模膛中心与锤杆中心一致外,还可采用导

向锁扣。

导向锁扣的主要功能是导向,以平衡错移力,它补充了设备的导向功能,便于模具安装和调整。

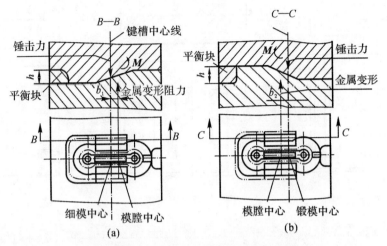

图 5.2.45 带平衡锁扣模膛中心的布置

(a)平衡锁扣凸出部分在上模;(b)平衡锁扣凸出部分在下模

导向锁扣常用于下列情况:

1)一模多件锻造、锻件的冷切边以及要求锻件小于 0.5 mm 的错差等。

2)容易产生错差的锻件的锻造,如细长轴类锻件、形状复杂的锻件以及在锻造时模膛中心偏离锻模中心较大时的锻造。

3)不易检查和调整其错移量的锻件的锻造,如齿轮类锻件、叉形锻件和工字形锻件等。

4)锻锤锤头与导轨间隙过大,导向长度低。

常用的锁扣形式如下。

1)圆形锁扣(图 5.2.29 中的镦粗台就是"圆形锁扣"),一般用于齿轮类锻件和环形锻件。很难确定这些锻件的错移方向。

2)纵向锁扣(见图 5.2.46),一般用于直长轴类锻件,以保证轴类锻件在直径方向有较小的错移,常用于一模多件的模锻。

3)侧面锁扣(见图 5.2.47),用于防止上模与下模相对转动或在纵横任一方向发生错移,但制造困难,较少采用。

4)角锁扣(见图 5.2.48),作用和侧面锁扣相似,但可在模块的空间位置设置 2 个或 4 个角锁扣。

锁扣的高度、宽度、长度和斜度一般都按锻锤吨位确定,设计锁扣时应保证有足够的强度。为了防止模锻时锁扣相碰撞,在锁扣导向面上设计有斜度,一般取 $3°\sim5°$。

在上、下锁扣间应有间隙,一般在 0.2~0.6 mm。该间隙值是上、下模打靠时锁扣间的间隙尺寸。未打靠之前,由于上、下锁扣导向面上都有斜度,间隙大小是变化的。因此,锁扣的导向主要在模锻的最后阶段起作用。与常规的导柱、导套的导向相比,锁扣导向的精确性差。

采用锁扣可以减小锻件的错移,但是也带来了一些不足之处,例如,模具的承击面减小,模块尺寸增大,从而减少了模具可翻新的次数,增加了制造费用等。

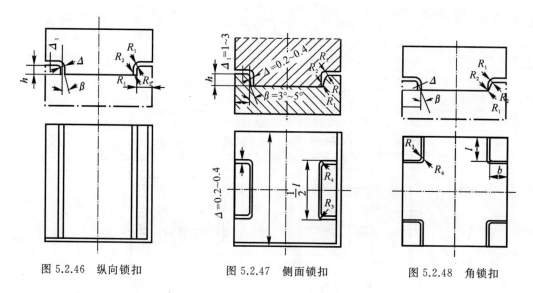

图 5.2.46　纵向锁扣　　　图 5.2.47　侧面锁扣　　　图 5.2.48　角锁扣

3. 模具强度设计

锤上模锻的受力情况复杂,影响因素很多,一般均根据经验公式或图表确定模具的结构参数。

(1)模壁厚度

模膛到模块边缘以及模膛之间的壁厚都称为模壁厚度。应在保证足够强度的情况下尽可能减小模壁厚度。一般根据模膛深度、模壁斜度和模膛底部的圆角半径来确定最小的模壁厚度。

模壁厚度还与模膛在分模面上的形状有关,例如图 5.2.49(a)的情况,模壁厚度可以取小值,而对图 5.2.49(b)(c)的情况,模壁厚度则可以相对地取较大一点的值。不同情况下的模壁厚度可根据有关手册选定。

(2)模块高度

可根据终锻模膛最大深度和翻新要求,参考有关手册确定模块高度。

(3)承击面积

承击面是指上下模接触面,即分模面积减去模膛、飞边槽和锁扣面积。锻模承击面积 S 按下列经验公式确定:

$$S = (30 \sim 40)G$$

锻模分模面的承击面积 S 的单位取 cm^2 时,锻锤吨位 G 的单位为 kN。

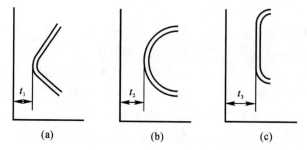

图 5.2.49　模膛形状对模膛壁厚的影响

承击面不能太小,承击面太小易造成分模面压塌。但是,随着锻锤吨位增大,单位吨位的承击面可相应减小。不同吨位的锻锤,其最小承击面积的允许值见表 5.2.6。

表 5.2.6　允许的最小承击面积

锻锤吨位/kN	10	20	30	50	100	160
承击面积/cm²	300	500	700	900	1 600	2 500

(4)燕尾根部的转角

锤击时,燕尾与锤头和下砧的燕尾槽接触,两侧悬空(间隙约为 0.5 mm),当偏心打击时,燕尾根部转角处的应力集中较大。如模锻连杆的锻模,由于有预锻和终锻两个模膛,常常从燕尾根部转角处破坏。燕尾转角半径越小,加工时越粗糙,留有加工的刀痕越明显,燕尾就越易破坏。燕尾部分热处理后的硬度越高(相应的冲击韧度越低)和应力集中现象越严重时,燕尾也越易被破坏。

从模具本身来看,如果锻模材质不好也易产生这种损坏。

为减小应力集中,燕尾根部的圆角 R 一般取 5 mm。转角处应光滑过渡,粗糙度低,不能有刀痕,热处理淬火时此处的冷却速度应慢一些。

(5)模块纤维方向

锻模寿命与其纤维方向密切相关,任何锤锻模的纤维方向都不能与打击方向相同,否则会造成模膛表面耐磨性下降,模壁容易剥落。对于长轴类锻件,当磨损是影响锻模寿命的主要原因时,锻模纤维方向应与锻件轴线方向一致,如图 5.2.50(a)所示,这样在加工模具型腔时被切断的金属纤维少。当开裂是影响锻模寿命的主要原因时,纤维方向应与锻模键槽中心线方向一致,如图 5.2.50(b)所示,这样裂纹不易发生和扩展。对短轴类锻件,锻模纤维方向应与键槽中心线方向一致,如图 5.2.50(c)所示。

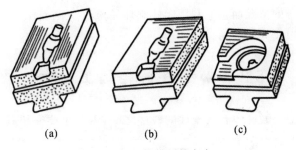

图 5.2.50　锻模纤维方向

(a)与锻件轴线方向一致;(b)与锻模键槽中心线方向一致;(c)与键槽中心线方向一致

4. 模块尺寸及校核

锻模尺寸的确定与模膛数、模膛尺寸、模壁厚度以及模膛的布排方法等有关,此外,还应考虑设备的技术规格。

(1)锻模宽度

锻模宽度根据各模膛尺寸和模壁厚度确定。

为了保证锻模不与锻锤导轨相碰，锻模最大宽度必须保持与导轨之间的距离大于 20 mm。锻模的最小宽度至少超过燕尾 10 mm，或者燕尾中心线到锻模边缘的最小尺寸 B_1 大于或等于锻模宽度 B 的一半加上 10 mm，即

$$B_1 \geqslant (B/2 + 10) \text{ mm}$$

(2)锻模长度

锻模长度根据模膛长度和模壁厚度确定。较长的锻件有可能两端呈悬空状态，伸到模座和锤头之外，使锻模超长。这种状况对锻模受力条件不利，对伸出长度 f 要有所限制，一般规定伸出长度 f 小于模块高度 H 的 1/3。

(3)锻模高度

如前所述，锻模的最小高度按终锻模膛的最大深度确定。但是上下模块的最小闭合高度应大于锻锤允许的最小闭合高度。考虑到锻模翻修的需要，通常锻模高度是锻锤最小闭合高度的 1.35～1.45 倍。

(4)锻模中心与模块中心的关系

如前所述，锻模中心是燕尾中心线与键槽中心线的交点，而模块中心是锻模底面对角线的交点。锻模中心相对模块中心的偏移量不能太大，否则模块本体自身质量将使锤杆承受较大的弯曲应力，降低锻件精度，使锻锤也受损害，因此偏移量应限制在横向偏移量 $a < 0.1A$（A 为横向尺寸）和纵向偏移量 $b < 0.1B$（B 为纵向尺寸）的范围内。

(5)锻模质量

为了保证锤头的运动性能，应限制上模块质量最大不超过锤吨位的 35%。如 100 kN 锻锤的上模块质量不应超过 3 500 kg。

(6)检验角

锻模上两个加工侧面所构成的 90°角称为检验角，其用途是为了锻模安装调整时检验上下模膛是否对准，同时也是为了使锻模机械加工时有相互垂直的画线基准面。这两个侧面刨进深度一般为 5 mm、高度为 50～100 mm，如图 5.2.50 所示。检验角设置在前面与左边（或右边），主要根据模膛安排的情况而定。利用闭式制坯模膛这一侧面作为检验角才起作用，不能以开式制坯模膛这一边作为检验角。

5.3　常啮合齿轮锤上模锻

常啮合齿轮是短轴类锻件中有代表性的锻件之一，本节主要介绍其锤锻模的设计过程和工艺流程编制。

5.3.1　绘制锻件图

常啮合齿轮零件图及其三维模型如图 5.3.1 所示。材料为 20CrMn，模数为 3，齿数为 57，大批量生产。

(1)确定分模位置

常啮合齿轮的高径比为 $H/D = 55/178 = 0.31 < 1$，属于短轴线类锻件，因此取径向分模面。根据零件形状及分模面选择的基本原则，分模面取在最大直径处，即 1/2 高度的位置，采用直线式分模，如图 5.3.2 所示。

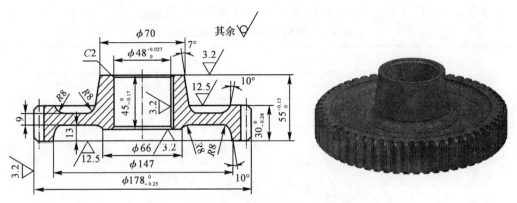

图 5.3.1　常啮合齿轮零件图及其三维模型

图 5.3.2　分模面

（2）锻件形状复杂系数

估算锻件质量约为 5.188 kg，外廓包容体质量为 12.05 kg；形状复杂系数为

$$S = m_d/m_b = 5.188/12.05 = 0.431$$

式中　m_d——锻件质量；

m_b——锻件外廓包容体质量。

S 在 0.32～0.63 范围内，所以复杂系数为二级 S_2；零件加工精度为一般加工精度；锻件在煤气加热炉中加热。

（3）锻件材质系数

材质系数是按锻件材料可锻的难易程度而划分的。钢制锻件可分为 M_1 和 M_2 两级。

M_1：合金钢中碳含量小于 0.65％ 的碳钢或合金元素总含量小于 3.0％。

M_2：合金钢中碳含量大于或等于 0.65％ 的碳钢或合金元素总含量大于或等于 3.0％。

此锻件的材料为 20CrMnTi，含碳量为 0.17％～0.23％（<0.65％），所以材质系数为 M_1 级。

（4）锻件加工余量

根据锻件的质量、尺寸和锻件形状复杂系数查表确定各尺寸方向的余量。由表 5.3.1 查得：水平及高度方向的单边加工余量为 2.0～2.5 mm，取 2 mm；由表 5.3.2 查得：内孔单边加工余量为 2 mm。零件尺寸加上加工余量即为锻件名义尺寸。

（5）锻件质量

锻件质量可以根据零件的名义尺寸计算，即

$$m = \rho V_d$$

式中　ρ——材料密度，取 7.8×10^3 kg/m³；

V_d——锻件体积，取 664 970 mm³。

经计算，$m = \rho V_d = 7.8 \times 10^3 \text{ kg/m}^3 \times 664\ 970 \text{ mm}^3 = 5.188 \text{ kg}$

表 5.3.1　模锻件内外表面加工余量

锻件质量/kg		零件表面粗糙度 $Ra/\mu m$	形状复杂系数 $S_1\ S_2\ S_3\ S_4$	单边余量/mm							
					水平方向						
		$\geqslant 1.6\ <1.6$		厚度方向	0	315	400	630	800	1 250	1 600
大于	至				315	400	630	800	1 250	1 600	2 500
0	0.4			1.0~1.5	1.0~1.5	1.5~2.0	2.0~2.5				
0.4	1.0			1.5~2.0	1.5~2.0	1.5~2.0	2.0~2.5	2.0~3.0			
1.0	1.8			1.5~2.0	1.5~2.0	1.5~2.0	2.0~2.7	2.0~3.0			
1.8	3.2			1.7~2.2	1.7~2.2	2.0~2.5	2.0~2.7	2.0~3.0	2.5~3.5		
3.2	5.6			1.7~2.2	1.7~2.2	2.0~2.5	2.0~2.7	2.5~3.5	2.5~4.0		
5.6	10			2.0~2.5	2.0~2.5	2.0~2.5	2.3~3.0	2.5~3.5	2.7~4.0	3.0~4.5	
10	20			2.0~2.5	2.0~2.5	2.0~2.7	2.3~3.0	2.5~3.5	2.7~4.0	3.0~4.5	
20	50			2.3~3.0	2.3~3.0	2.5~3.0	2.5~3.5	2.7~4.0	3.0~4.5	3.0~4.5	
50	120			2.5~3.2	2.5~3.2	2.5~3.5	2.7~3.5	2.7~4.0	3.0~4.5	3.5~4.5	4.0~5.5
120	250			3.0~4.0	2.5~3.5	2.5~3.5	2.7~4.0	3.0~4.5	3.0~4.5	3.5~4.5	4.0~5.5
				3.5~4.5	2.7~3.5	2.7~3.5	3.0~4.0	3.0~4.5	3.0~5.0	4.0~4.5	4.5~6.0
				4.0~5.5	2.7~4.0	3.0~4.0	3.0~4.5	3.0~4.5	3.0~5.0	3.0~5.5	4.5~6.0

例：当锻件质量为 3 kg，零件表面粗糙度参数 $Ra \approx 3.2$ mm，形状复杂系数为 S_3 长度为 480 mm 时，查出该锻件质量是：厚度方向为 1.7~2.2 mm。水平方向为 2.0~2.7 mm。

表 5.3.2　锻件内孔直径的单面机械加工余量

孔径/mm		孔深/mm				
大于	至	大于 0	63	100	140	200
		至 63	100	140	200	280
	25	2.0				
25	40	2.0	2.6			
40	63	2.0	2.6	3.0		
63	100	2.5	3.0	3.0	4.0	
100	160	2.6	3.0	3.4	4.0	4.6
160	250	3.0	3.0	3.4	4.0	4.6

（6）锻件精度等级

此锻件为大批量生产，根据锻件质量、材质系数 M、分模线形状以及锻件复杂系数 S，确定使用普通级公差。按照锻件名义尺寸查表 5.3.1 可确定锻件各尺寸的公差,具体数值见表 5.3.3。

(7)模锻斜度

查表 5.3.4 得,外模锻斜度与零件图上一致,取 $\alpha=7°$,内模锻斜度取 $\beta=10°$。

表 5.3.3　常啮合齿轮锻件尺寸的公差

零件尺寸/mm		锻件尺寸/mm	公差/mm
直径	$\Phi178$	$\Phi182$	+2.4 1.2
	$\Phi48$	$\Phi44$	+0.8 −1.7
	冲孔	$\Phi39$	+0.8 −1.7
厚度	55	59	+2.1 −0.7
	45	49	+2.0 −0.5
	30	34	+2.0 −0.5
允许错差量			≤1.2
允许残留飞边量			≤1.2
平面度			1.0

表 5.3.4　模锻件的外模锻斜度

	H/B				
L/B	≤1	>1~3	>3~4.5	>4.5~6.5	>6.5
<1.5	5°	7°	10°	12°	15°
>1.5	5°	5°	7°	10°	12°

注:内拔模角可按上表数值加大 2°~3°,但最大不宜超过 15°。

(8)圆角半径

为了使金属易于流动且充分充满,提高锻件质量并延长模具寿命,模锻件上所有的直棱直角处都要用圆弧过渡,此过渡处称为锻件的圆角。

零件内孔有倒角 2×45°,故此处的外圆角半径为 $r=$ 余量+零件的圆角值=2.0+2.0=4.0 mm,见表 5.3.5,其余外圆角半径为 2.0 mm。零件图上规定的圆角半径不变。其余圆角半径不变。

表 5.3.5　圆角半径/mm

H/B	r	R
<2	0.05h+0.5	2.5r+0.5
2~4	0.06h+0.5	3.0r+0.5
>4	0.07h+0.5	3.5r+0.5

(9)确定冲孔连皮的尺寸

此锻件内孔直径为 Φ48 mm,选择平底连皮。具体数据如下:

$$S = 0.45\sqrt{d - 0.25h - 5} + 0.6\sqrt{h}$$

以内孔高度的一半作为 h,即 h=24.5 mm,d=44.0 mm,代入后,确定连皮厚度为 t=5.4 mm,连皮圆角半径应大于内圆角半径,取 R=10.0 mm。

(10)技术条件

1)图上未注明模锻斜度 7°;

2)图上未注明圆角半径 R2 mm;

3)允许的错差量≤1.2 mm;

4)允许的残留飞边量≤1.2 mm;

5)表面缺陷深度≤1.0 mm;

6)锻件热处理:正火;

7)锻件表面清理:抛丸。

上述各项参数确定后,便可绘制冷锻件图如图 5.3.3 所示。

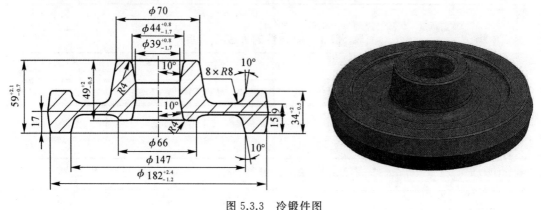

图 5.3.3　冷锻件图

5.3.2　确定锻件的基本数据

锻件的基本数据如下:

1)锻件在水平方向上的最大投影面积为

$$S = \pi R^2 = \pi \times (\frac{182}{2} + \frac{34}{2} \times \tan 7°)^2 \approx 26\ 015\ (\text{mm}^2)$$

2）锻件周边长度为

$$C = \pi R = \pi \times (\frac{182}{2} + \frac{34}{2} \times \tan 7°) = 572 \ （mm）$$

3）锻件体积为 664 970 mm³

4）锻件质量为

$$m = \rho V = 7.8 \times 10^3 \ kg/m^3 \times 664 \ 970 \ mm^3 = 5.188 \ （kg）$$

5.3.3　决定设备吨位

为了方便起见,在生产中采用经验公式近似计算设备吨位,甚至使用更为简便的办法,即参照相似锻件的生产经验来确定设备吨位。

由表 5.3.6 查得 $\sigma = 60$ MPa。$D = 18.2$ cm,代入经验公式。可按表 5.3.7 的经验公式计算,确定设备吨位。

表 5.3.6　终锻温度时各种材料的变形抗力 σ 和系数 K

材料	K	σ/MPa			σ/MPa 热切边
		锤上	锻压机	平锻机	
碳素结构钢（$w_c < 0.25\%$）	0.9	55	60	70	100
碳素结构钢（$w_c > 0.25\%$）	1.0	60	65	80	120
低合金结构钢（$w_c < 0.25\%$）	1.0	60	65	80	120
低合金结构钢（$w_c > 0.25\%$）	1.15	65	70	90	150
高合金结构钢（$w_c > 0.25\%$）	1.25	75	80	90	200
合金工具钢	1.55	90~100	100~120	120~140	250

表 5.3.7　确定锻锤吨位的经验公式

序号	经验公式	说明
1	圆形锻件 $G_0 = (1 - 0.005D)(1.1 + 2/D)^2$ $(0.75 + 0.001D^2)D\sigma$（kg）	式中　D——锻件直径,cm; σ——锻件在终锻温度时的变形抗力,MPa;该式适用于直径为 60 cm 以下的锻件
2	非圆形锻件 $G = G_0(1 + 0.1\sqrt{L/B})$（kg）	式中　L——锻件水平投影上的最大长度,cm; B——平均宽度,$B = A/L$,cm; S——锻件投影面积,cm²。 在按上式计算 G_0 时,式中的 D 要用相当直径 D_e 代替 $D_e = 1.13\sqrt{S}$

$$G_0 = (1 - 0.005D) \times (1.1 + 2/D\frac{2}{D})^2 \times (0.75 + 0.001D^2)D\sigma =$$

$$(1 - 0.005 \times 18.2) \times (1.1 + 2/18.2 \times \frac{2}{18.2})^2 \times (0.75 + 0.001 \times 18.2^2) \times 18.2 \times 60\ \text{kg} =$$

$$1\ 571\ (\text{kg})$$

式中　　m——锻锤落下部分质量,kg；

　　　　D——锻件外径,cm；

　　　　σ——终锻时材料的变形抗力,MPa,由表 5.3.6 查得。

故选用 2 吨锻锤。

5.3.4 确定飞边槽尺寸

按照锻件在水平面上的投影面积 $S = 26\ 015\ \text{mm}^2$,选择第一种飞边槽形式。

1)由经验公式确定飞边槽桥部高度

$$h_{飞} = 0.015\sqrt{S} = 0.015 \times \sqrt{26\ 015} = 2.42\ (\text{mm})$$

2)查表 5.2.1,确定飞边槽尺寸:$h = 3.00\ \text{mm}, h_1 = 5\ \text{mm}, b = 12\ \text{mm}, b_1 = 32\ \text{mm}, A_k = 233\ \text{mm}^2$。

5.3.5 终锻模膛设计

终锻模膛设计的主要内容是绘制热锻件图,供加工模膛用。按冷锻件图加收缩率确定热锻件图。考虑锻件收缩率为 1.5%,模锻斜度和圆角尺寸不变,热锻件图如图 5.3.4 所示。

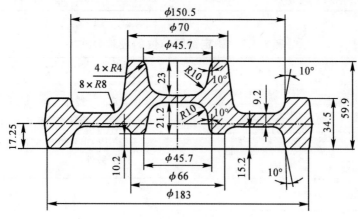

图 5.3.4　热锻件图

5.3.6 确定制坯工步

依据加工过程不同可分为制坯、模锻和切断三个工步。对于齿轮类锻件,常用镦粗、终锻工步,在镦粗时去除坯料圆柱面上的氧化皮,故采用的变形工步为镦粗→终锻。镦粗直径 $D_{镦}$ 的确定需要考虑锻件形状,对常啮合齿轮锻件应满足 $(D_1 + D_2)/2 > D_{镦} > D_2$,即 $(182 +$

147)/2 = 164.5 > $D_{镦}$ > 147。取 $D_{镦}$ = 160 mm。其中，D_1 为锻件轮缘外径，$D_{镦}$ 为镦粗后毛坯直径，D_2 为锻件轮缘内径。

5.3.7　确定坯料尺寸

锻件体积 V_d = 664 970 mm³；飞边体积按飞边槽容积的 50% 计算，即 $V_飞$ = 99 700 mm³。取氧化烧损率为 2.5%，则坯料体积为

$$V_坯 = (100\% + 2.5\%) \times (664\ 970 + 99\ 700) = 783\ 800\ (\text{mm}^3)$$

取坯料高径比 n = 2，则坯料直径为

$$d_坯 = 1.08 \sqrt[3]{\frac{V_坯}{n}} = 1.08 \times \sqrt[3]{\frac{783\ 800}{2}} = 79.3\ (\text{mm})$$

按标准规格选择坯料直径 d = 80 mm。

下料长度

$$L_坯 = \frac{4V_坯}{\pi d_坯^2} = \frac{4}{\pi} \times \frac{783\ 800}{80^2} \approx 156\ (\text{mm})$$

考虑到下料误差，取 $L_坯$ = 159 mm，则坯料尺寸为 Φ80 mm × 159 mm。

5.3.8　锻模结构设计

计算锻模模块上模膛的位置和模块尺寸的大小。

(1) 模膛布置

镦粗台设计在锻模的左前角，坯料镦粗后距各边缘的距离应不小于 10 mm。由于齿轮是轴对称件，故终锻模膛压力中心与锻模中心重合。

(2) 锁扣尺寸

采用圆形锁扣，锁扣高度 H = 36 mm，最小宽度不小于 40 mm，锁扣侧面间隙为 0.3 mm，锁扣其余尺寸见表 5.3.8。

表 5.3.8　锁扣尺寸

吨位/t	尺寸/mm						
	h	b	δ	Δ	α	R_1	R_2
1	25	35	0.2~0.4	1~2	5°	3	5
2	30	40	0.2~0.4	1~2	5°	3	5
3	35	45	0.2~0.4	1~2	3°	3	5
5	40	50	0.2~0.4	1~2	3°	5	8
10	50	60	0.2~0.4	1~2	3°	5	8
16	60	75	0.2~0.4	1~2	3°	5	8

(3)模具强度

1)模壁厚度:模膛的最小外壁厚度为

$$S_0 = Kh = 2 \times 17.25 = 34.5 \ (\text{mm})$$

式中　K——系数,查表5.3.9,得 K 为1.5。

表 5.3.9　K 值

模膛深度 h/mm	<20	20~30	30~40	40~55	55~70	70~90	90~120
系数 K	2	1.7	1.5	1.3	1.2	1.1	1.0

2)模块高度:此锻件无过渡垫模,则上、下模的最小闭合高度 H 应不小于锻锤安装最小闭合高度,查表5.3.10得,H 为300 mm。

表 5.3.10　上下模最小、最大闭合高度

设备吨位/t	1	1.5	2	3	5	10	16
H_{min}/mm	320	360	360	480	530	610	660
H_{max}/mm	500	550	600	700	750	850	950

3)承击面积:模锻的承击面积为

$$S = (300 \sim 400)G = (900 \sim 1\ 200) \ \text{cm}^2$$

允许的承击面积确定为970 cm²。

4)燕尾根部的转角:为了减小应力集中,设计为圆角过渡,半径 $R=5$ mm。

5)模块纤维方向:任何锻模的纤维方向都不能与冲击方向相同,否则会大大缩短锻模的使用寿命。此锻件为短轴类锻件,锻模纤维方向应与键槽中心线方向一致。

(4)模块尺寸

按照锁扣宽度、模膛壁厚以及承击面等初步算出模块平面尺寸,按模膛深度和 2 t 锤的最小闭合高度等因素确定模块高度尺寸,由《锻造模具简明设计手册》中表7.31可确定模块宽度为 500 mm,高度为 300 mm,长度定为 450 mm。

(5)锻模装配图设计

综合上述的计算结果。首先根据热锻模零件图计算并设计出上、下模膛的模型图;再根据锤锻模的型号设计出上、下模的外形尺寸;其次再设计出辅助结构的位置及尺寸;最后装配上、下模,绘制出锻模,如图 5.3.5 所示。

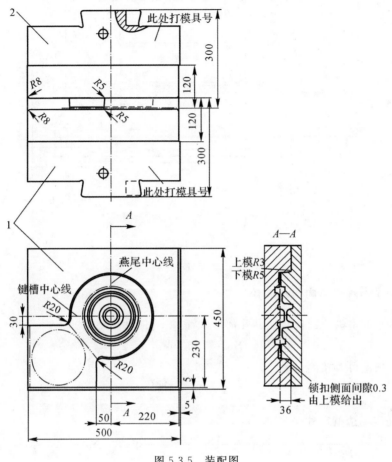

图 5.3.5　装配图

5.4　传动杆锤上模锻

5.4.1　锻件图设计

图 5.4.1 是汽车后闸传动杆冷锻件图,双点画线表示零件外轮廓。左端头部内孔直径大于 30 mm,设有连皮,而右端的三个小孔则没有设连皮的必要。经冷精压后,除两端内孔需要进行机械加工外,其余均为非加工面。因此,锻件与零件的形状区别不大。锻件上的内孔中心距 165 mm 和 28 mm 处与加工余量无关,所以与零件尺寸相同。

由于锻件头部与杆部之间不对称,因此分模线在头部转折处作 45°的拐弯,呈折线状。图 5.4.2 所示是传动杆热锻件图。与冷锻件图相比,除尺寸及收缩率外,还在杆部末端 8.4mm 高度处做了简化。加放收缩率的基本原则是"见尺寸就放"。但无圆心的圆角半径,如 $R5$,$R7$,$R10$ 等处,不加放收缩率。

锻造工艺与模具设计

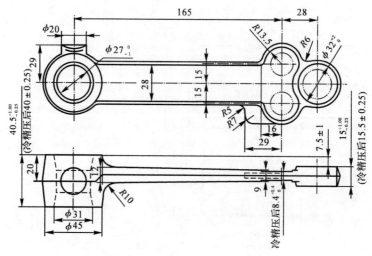

图 5.4.1　传动杆热锻件图

5.4.2　确定锻件投影面积及周长

锻件在水平面上的投影面积按其几何形状计算,具体计算结果如下:

$$S_{件}=7\ 715\ \text{mm}$$

锻件周边长度可直接测量为

$$L_{件}=545\ \text{mm}$$

5.4.3　确定毛边槽尺寸

按下面公式计算:

$$h_{飞}=0.015\sqrt{S_{件}}=0.015\times\sqrt{7\ 715}\approx1.3\ (\text{mm})$$

将计算值查阅有关资料,选用的毛边槽尺寸如下:

$$h=1.6\ \text{mm},b=9\ \text{mm},b_1=25\ \text{mm};\quad S_{毛}=113\ \text{mm}$$

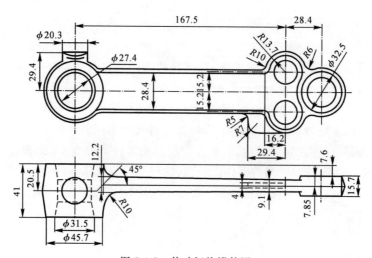

图 5.4.2　传动杆热锻件图

— 106 —

5.4.4　绘制计算毛坯的截面图直径图

首先从锻件图上选出若干典型截面,并在坐标纸上按 $1:1$ 的比例作出截面图,然后读取截面积,列于表 5.4.1。

为了绘制计算毛坯的截面图,应把锻件各截面积换算为高度 $h_{计}$:

$$h_{计} = \frac{F_{件} + 1.4F_{毛}}{M}$$

比例系数 M 取为 20,即 1 mm 的 $h_{计}$ 等于 20 mm² 的截面积。

得出各个 $h_{计}$ 值后,便可在坐标纸上绘制计算毛坯截面图,如图 5.4.3 所示。从图上可直接读数:

$$V_{计} = V_{件} + V_{毛} = 147\ 000\ \text{mm}^2$$

表 5.4.1　传动杆锻件计算数据

截面号	截面积 $\dfrac{F_{件}}{\text{mm}^2}$	毛边槽断面积 $\dfrac{F_{毛}}{\text{mm}^2}$	毛边断面积 $\dfrac{1.4F_{毛}}{\text{mm}^2}$	计算毛坯截面图高度/mm $h_{计} = (F_{件}+1.4F_{毛})/M$	计算毛坯直径图的直径/mm $d_{计} = 1.13\sqrt{F_{件}+1.4F_{毛}}$
1	0	113	226	11.3	17
2	496	113	158	32.7	29
3	288	113	158	22.3	24
4	519	113	158	33.8	29.4
5	374	113	158	26.6	26
6	266	113	158	21.2	23
7	340	113	158	24.9	25.2
8	1 440	113	158	79.9	40
9	940	113	158	54.9	44
10	1 440	113	158	79.9	40

注　第 I 截面只有毛边部分,取为 $2F_{毛}$。

计算毛坯截面图上的平均高度 $h_{均}$ 为

$$h_{均} = \frac{F_{均}}{M} = \frac{634}{20} = 31.7\ \text{mm}$$

平均截面积用 $h_{均}$ 在图上以虚线表示,头部长度为 42 mm,杆部长度为 190 mm。

用双点画线连接而成的截面图,形状变化突然,为使直径图简洁光顺,应先将截面图修改成圆滑过渡的形状。修改时应遵循面积守恒原则,使图中 A 区与两侧 B 区之和相等。

根据修改后的截面图(实线表示),可以算出各截面的计算直径和平均计算直径,列于表 5.4.1 中。直径图特征如图 5.4.3 所示。

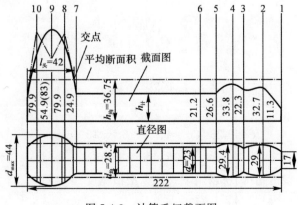

图 5.4.3　计算毛坯截面图

5.4.5　选定制坯工步

首先求出繁重系数

$$\alpha = \frac{d_{\max}}{d_{均}} = \frac{44}{28.5} = 1.54$$

$$\beta = \frac{l_{计}}{d_{均}} = \frac{232}{28.5} = 8.1$$

然后,将 α 和 β 代入图 5.1.15,因已知锻件体积为 147 000 mm^3,所以锻件质量为 1.15 kg,查出可采用拔长制坯。系数 $k < 0.2$,一般不需其他制坯工步,但为了使坯料光滑和减小钳夹头直径,宜增加一道滚挤制坯工步。

当该锻件质量 $m_{件} = 1.15$ kg,长度 $l_{件} = 232$ mm 时,可采用连续模锻方案,因此,应增设切断型槽。

5.4.6　确定坯料尺寸

坯料截面尺寸计算如下:

$$F_{坯} = F_{滚} - k(F_{拔} - F_{滚})$$

$$F_{拔} = \frac{V_{头}}{l_{头}} = \frac{50\ 000}{42} = 1\ 190\ (mm^2)$$

$$F_{滚} = 1.2S_{均} = 1.2 \times 634 = 760\ (mm^2)$$

$$k = \frac{d_{锻} - d_{\min}}{l_{杆}} = \frac{25.2 - 23}{111} = 0.019$$

因此

$$F_{坯} = 1\ 190 - 0.019 \times (1\ 190 - 760) = 1\ 181\ (mm^2)$$

坯料直径为

$$d_{坯} = 1.13\sqrt{F_{坯}} = 1.13 \times \sqrt{1\ 181} \approx 38.8\ (mm)$$

取 $d_{坯} = 40$ mm。

5.4.7　拔长型槽设计

拔长坎高度

$$\alpha = k_2\sqrt{\frac{V_{杆}}{l_{杆}}} = 0.9 \times \sqrt{\frac{97\ 000}{190}} \approx 20\ (mm)$$

拔长坎长度

$$c = 1.5d_{坯} = 1.5 \times 40 = 60\ (mm)$$

圆角半径

$$R = 0.25 \times c = 0.25 \times 60 = 15\ (mm)$$

$$R_1 = 10R = 150\ (mm)$$

为节省模块,拔长型槽斜排,所以用下式计算型槽宽度:

$$B = (1.5 - 0.4\tan\alpha)d_{坯} + 20 = (1.5 - 0.4 \times 0.268) \times 40 + 20 = 76 \text{ (mm)}$$

实际取 $B = 70$ mm。

拔长型槽深度

$$e = 1.2d_{小头} = 1.2 \times 29.4 = 35 \text{ (mm)}$$

但是,由于拔长型槽与切断型槽位于同侧,因而型槽深度应协调一致,取 $e = 60$ mm。拔长型槽如图 5.4.4 所示。

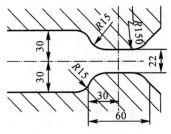

图 5.4.4　拔长型槽

5.4.8　滚挤型槽设计

滚挤型槽高度的计算结果见表 5.4.2。

表 5.4.2　型槽高度数据

截面号	计算毛坯的直径 $d_{计}$/mm	系数 μ	型槽高度 $h = \mu d_{计}$/mm
1	17	0.75	13
2	29	0.75	22
3	24	0.75	18
4	29.4	0.75	22
5	26	0.75	20
6	23	0.75	17
7	25.2	0.75	19
8	40	1.05	42
9	44	1.05	46
10	40	1.05	42

将 h 值沿轴向对半分,用黑点标注,然后用光顺曲线连接构成型槽形状,如图 5.4.5 所示。
滚挤型槽钳口尺寸如下:

$$n = 0.2d_{坯} + 6 = 0.2 \times 40 + 6 = 14 \text{ (mm)}$$

$$m = (1 \sim 2)n = 28 \text{ (mm)}$$

$$R = 0.1d_{坯} = 10 \text{ (mm)}$$

毛刺槽尺寸

$$\alpha = 8 \text{ mm}; \quad c = 30 \text{ mm}; \quad R_8 = 5 \text{ mm}; \quad R_4 = 8 \text{ mm}$$

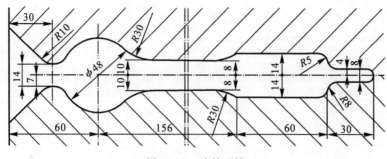

图 5.4.5　滚挤型槽

型槽宽度

$$(1.4 \sim 1.6)d_{坯} + 10 \text{ mm} > B > \frac{1.25F_{杆均}}{h_{\min}} + 10 \text{ mm}$$

即

$$(1.4 \sim 1.6)d_{坯} + 10 \text{ mm} > B > \frac{\dfrac{1.25 \times 97\,000}{190}}{16} + 10 \text{ mm}$$

或

$$70 \text{ mm} > B > 45 \text{ mm}$$

取

$$B = 65 \text{ mm}$$

5.4.9　切断型槽

考虑到型槽布局的合理性,切断型槽放在后角并与拔长型槽同侧,其截面形状和尺寸如图 5.4.6 所示。

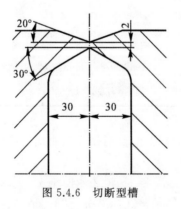

图 5.4.6　切断型槽

5.4.10　型槽安排

根据本章所述原则,型槽安排如图 5.4.7 所示。

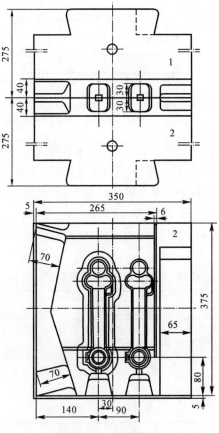

图 5.4.7　型槽安排

5.4.11　锻锤吨位计算

$$G = 1.0 \times (1 - 0.005 D_{件}) \times (1.1 + \frac{2}{D_{件}})^2 \times (0.75 + 0.001 D_{件}^2) \times D_{件}\,\sigma \times (1 + 0.1\sqrt{\frac{L_{件}}{B_{均}}}) =$$

$$1.0 \times (1 - 0.005 \times 10) \times (1.1 + \frac{2}{10})^2 \times (0.75 + 0.001 \times 10^2) \times 1.0 \times$$

$$60 \times \left(1 + 0.1 \times \sqrt{\frac{232}{33}}\right) = 1\ 032\ (\text{kg})$$

计算结果表明，可用 1 t 模锻锤。

5.5　拉闩臂锤上模锻

5.5.1　锻件图设计

1. 选择分模面形状与位置

本锻件为典型的弯杆类锤上模锻件。

采用平面分模，分模面位置位于杆部高度中央，如图 5.5.1 所示。

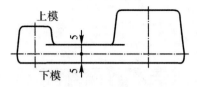

图 5.5.1　拉闩臂锻件简图

2. 确定机械加工余量及锻造公差

(1)计算确定锻件机加工余量及锻造公差的主要参数(见表 5.5.1 和表 5.5.2)

1)锻件质量。根据锻件的名义尺寸计算锻件质量,但此时由于没有设计出锻件图,只能按简化了的零件图尺寸进行计算。简化的方法:凡孔径小于 30 mm 时,按实心计算;孔径大于 30 mm 时,按减去半孔的尺寸进行计算。对于机加余量来说,凡有机加的部分预先加 1 mm 机加量进行计算。

表 5.5.1　模锻件的长度、宽度、高度公差及错差、残留飞边量(普通级)

错差公差/mm	残留飞边公差/mm	分模线(非对称)	分模线(平直或对称)	锻件质量/kg(大于)	锻件质量/kg(至)	锻件材质系数 M_1 M_2	形状复杂系数 S_1 S_2 S_3 S_4	0～30	30～80	80～120	120～180	180～315	315～500	500～800	800～1 250	1 250～2 500
								\<公差值及极限偏差/mm\>								
0.4	0.5			0	0.4			$1.1^{+0.8}_{-0.3}$	$1.2^{+0.8}_{-0.4}$	$1.4^{+1.0}_{-0.4}$	$1.6^{+1.1}_{-0.5}$	$1.8^{+1.2}_{-0.6}$				
0.5	0.6			0.4	1.0			$1.2^{+0.8}_{-0.4}$	$1.4^{+1.0}_{-0.4}$	$1.6^{+1.1}_{-0.5}$	$1.8^{+1.2}_{-0.6}$	$2.0^{+1.4}_{-0.6}$	$2.2^{+1.5}_{-0.7}$			
0.6	0.7			1.0	1.8			$1.4^{+1.0}_{-1.4}$	$1.6^{+1.1}_{-0.5}$	$1.8^{+1.2}_{-0.6}$	$2.0^{+1.4}_{-0.6}$	$2.2^{+1.5}_{-0.7}$	$2.5^{+1.7}_{-0.8}$	$2.8^{+1.9}_{-0.9}$		
0.8	0.8			1.8	3.2			$1.6^{+1.1}_{-0.5}$	$1.8^{+1.2}_{-0.6}$	$2.0^{+1.4}_{-0.6}$	$2.2^{+1.5}_{-0.7}$	$2.5^{+1.7}_{-0.8}$	$2.8^{+1.9}_{-0.9}$	$3.2^{+2.1}_{-1.1}$	$3.6^{+2.4}_{-1.2}$	
1.0	1.0			3.2	5.6			$1.8^{+1.2}_{-0.6}$	$2.0^{+1.4}_{-0.6}$	$2.2^{+1.5}_{-0.7}$	$2.5^{+1.7}_{-0.8}$	$2.8^{+1.9}_{-0.9}$	$3.2^{+2.1}_{-1.1}$	$3.6^{+2.4}_{-1.2}$	$4.0^{+2.7}_{-1.3}$	$4.5^{+3.0}_{-1.5}$
1.2	1.2			5.6	10.0			$2.0^{+1.4}_{-0.6}$	$2.2^{+1.5}_{-0.7}$	$2.5^{+1.7}_{-0.8}$	$2.8^{+1.9}_{-0.9}$	$3.2^{+2.1}_{-1.1}$	$3.6^{+2.4}_{-1.2}$	$4.0^{+2.7}_{-1.3}$	$4.5^{+3.0}_{-1.5}$	$5.0^{+3.3}_{-1.7}$
1.4	1.4			10.0	20.0			$2.2^{+1.5}_{-0.7}$	$2.5^{+1.7}_{-0.8}$	$2.8^{+1.9}_{-0.9}$	$3.2^{+2.1}_{-1.1}$	$3.6^{+2.4}_{-1.2}$	$4.0^{+2.7}_{-1.3}$	$4.5^{+3.0}_{-1.5}$	$5.0^{+3.3}_{-1.7}$	$5.6^{+3.7}_{-1.9}$
1.6	1.7			20.0	50.0			$2.5^{+1.7}_{-0.8}$	$2.8^{+1.9}_{-0.9}$	$3.2^{+2.1}_{-1.1}$	$3.6^{+2.4}_{-1.2}$	$4.0^{+2.7}_{-1.3}$	$4.5^{+3.0}_{-1.5}$	$5.0^{+3.3}_{-1.7}$	$5.6^{+3.7}_{-1.9}$	$6.3^{+4.2}_{-2.1}$
1.8	2.0			50.0	120.0			$2.8^{+1.9}_{-0.9}$	$3.2^{+2.1}_{-1.1}$	$3.6^{+2.4}_{-1.2}$	$4.0^{+2.7}_{-1.3}$	$4.5^{+3.0}_{-1.5}$	$5.0^{+3.3}_{-1.7}$	$5.6^{+3.7}_{-1.9}$	$6.3^{+4.2}_{-2.1}$	$7.0^{+4.7}_{-2.3}$
2.0	2.4			120.0	250.0			$3.2^{+2.1}_{-1.1}$	$3.6^{+2.4}_{-1.2}$	$4.0^{+2.7}_{-1.3}$	$4.5^{+3.0}_{-1.5}$	$5.0^{+3.3}_{-1.7}$	$5.6^{+3.7}_{-1.9}$	$6.3^{+4.2}_{-2.1}$	$7.0^{+4.7}_{-2.3}$	$8.0^{+5.3}_{-2.7}$
2.4	2.8							$3.6^{+2.4}_{-1.2}$	$4.0^{+2.7}_{-1.3}$	$4.5^{+3.0}_{-1.5}$	$5.0^{+3.3}_{-1.7}$	$5.6^{+3.7}_{-1.9}$	$6.3^{+4.2}_{-2.1}$	$7.0^{+4.7}_{-2.3}$	$8.0^{+5.3}_{-2.7}$	$9.0^{+6.0}_{-3.0}$
								$4.0^{+2.7}_{-1.3}$	$4.5^{+3.0}_{-1.5}$	$5.0^{+3.3}_{-1.7}$	$5.6^{+3.7}_{-1.9}$	$6.3^{+4.2}_{-2.1}$	$7.0^{+4.7}_{-2.3}$	$8.0^{+5.3}_{-2.7}$	$9.0^{+6.0}_{-3.0}$	$10^{+6.7}_{-3.3}$
									$5.0^{+3.3}_{-1.7}$	$5.6^{+3.7}_{-1.9}$	$6.3^{+4.2}_{-2.1}$	$7.0^{+4.7}_{-2.3}$	$8.0^{+5.3}_{-2.7}$	$9.0^{+6.0}_{-3.0}$	$10^{+6.5}_{-3.3}$	$11^{+7.3}_{-3.7}$
										$6.3^{+4.2}_{-2.1}$	$7.0^{+4.7}_{-2.3}$	$8.0^{+5.3}_{-2.7}$	$9.0^{+6.0}_{-3.0}$	$10^{+6.7}_{-3.3}$	$11^{+7.3}_{-3.7}$	$12.0^{+8.0}_{-4.0}$
										$7.0^{+4.7}_{-2.3}$	$8.0^{+5.3}_{-2.7}$	$9.0^{+6.0}_{-3.0}$	$10^{+6.7}_{-3.3}$	$11^{+7.3}_{-3.7}$	$12.0^{+8.0}_{-4.0}$	$13.0^{+8.7}_{-4.3}$

由此计算的锻件质量 $m_{锻} \approx 0.6$ kg。

2）锻件的形状复杂系数。锻件的形状复杂系数 S 是锻件质量 m_d 与相应的锻件外轮廓包容体的质量 m_b 的比值，即

$$S = \frac{m_d}{m_b} = \frac{0.6}{1.22} = 0.49$$

复杂系数为二级 S_2。

3）分模线形状为平直分模线。

4）锻件的材质系数。由于锻件材料为 20Cr，碳含量小于 0.65%，合金元素总含量小于 3.0%，材质系数为 M_1。

5）零件的机械加工精度。零件要求公差均为自由公差，加工表面粗糙度为 12.5 μm，为一般加工精度。

（6）加热条件。采用室式煤气加热炉加热，考虑采用一火锻成。

表 5.5.2　模锻件厚度、顶料杆压痕公差及允许偏差（普通级）　　　　　单位：mm

压痕极限偏差		锻件质量/kg		锻件材质系数		形状复杂系数				锻件基本尺寸						
										大于 0	18	30	50	80	120	180
										到 18	30	50	80	120	180	315
+（凸）	−（凹）	大于	到	M_1	M_2	S_1	S_2	S_3	S_4	公差值及极限偏差						
0.8	0.4	0	0.4							$1.0^{+0.8}_{-0.2}$	$1.1^{+0.8}_{-0.3}$	$1.2^{+0.9}_{-0.3}$	$1.4^{+0.9}_{-0.4}$	$1.6^{+1.2}_{-0.4}$	$1.8^{+1.4}_{-0.4}$	$2.0^{+1.5}_{-0.5}$
1.0	0.5	0.4	1.0							$1.1^{+0.8}_{-0.3}$	$1.2^{+0.9}_{-0.3}$	$1.4^{+0.9}_{-0.4}$	$1.6^{+1.2}_{-0.4}$	$1.8^{+1.4}_{-0.4}$	$2.0^{+1.5}_{-0.5}$	$2.2^{+1.7}_{-0.5}$
1.2	0.6	1.0	1.8							$1.2^{+0.9}_{-0.3}$	$1.4^{+0.9}_{-0.4}$	$1.6^{+1.2}_{-0.4}$	$1.8^{+1.4}_{-0.4}$	$2.0^{+1.5}_{-0.5}$	$2.2^{+1.7}_{-0.5}$	$2.5^{+1.9}_{-0.6}$
1.6	0.8	1.8	3.2							$1.4^{+0.9}_{-0.4}$	$1.6^{+1.2}_{-0.4}$	$1.8^{+1.4}_{-0.4}$	$2.0^{+1.5}_{-0.5}$	$2.2^{+1.7}_{-0.5}$	$2.5^{+1.9}_{-0.6}$	$2.8^{+2.1}_{-0.7}$
1.8	1.0	3.2	5.6							$1.6^{+1.2}_{-0.4}$	$1.8^{+1.4}_{-0.4}$	$2.0^{+1.5}_{-0.5}$	$2.2^{+1.7}_{-0.5}$	$2.5^{+1.9}_{-0.6}$	$2.8^{+2.1}_{-0.7}$	$3.2^{+2.4}_{-0.8}$
2.2	1.2	5.6	10							$1.8^{+1.4}_{-0.4}$	$2.0^{+1.5}_{-0.5}$	$2.2^{+1.7}_{-0.5}$	$2.5^{+1.9}_{-0.6}$	$2.8^{+2.1}_{-0.7}$	$3.2^{+2.4}_{-0.8}$	$3.6^{+2.7}_{-0.9}$
2.8	1.5	10	20							$2.0^{+1.5}_{-0.5}$	$2.2^{+1.7}_{-0.5}$	$2.5^{+1.9}_{-0.6}$	$2.8^{+2.1}_{-0.7}$	$3.2^{+2.4}_{-0.8}$	$3.6^{+2.7}_{-0.9}$	$4.0^{+3.0}_{-1.0}$
3.5	2.0	20	50							$2.2^{+1.7}_{-0.5}$	$2.5^{+1.9}_{-0.6}$	$2.8^{+2.1}_{-0.7}$	$3.2^{+2.4}_{-0.8}$	$3.6^{+2.7}_{-0.9}$	$4.0^{+3.0}_{-1.0}$	$4.5^{+3.4}_{-1.1}$
4.5	2.5	50	120							$2.5^{+1.9}_{-0.6}$	$2.8^{+2.1}_{-0.7}$	$3.2^{+2.4}_{-0.8}$	$3.6^{+2.7}_{-0.9}$	$4.0^{+3.0}_{-1.0}$	$4.5^{+3.4}_{-1.1}$	$5.0^{+3.8}_{-1.2}$
6.0	3.2	120	250							$2.8^{+2.1}_{-0.7}$	$3.2^{+2.4}_{-0.8}$	$3.6^{+2.7}_{-0.9}$	$4.0^{+3.0}_{-1.0}$	$4.5^{+3.4}_{-1.1}$	$5.0^{+3.8}_{-1.2}$	$5.6^{+4.2}_{-1.4}$
										$4.0^{+3.0}_{-1.0}$	$3.6^{+2.7}_{-0.9}$	$4.0^{+3.0}_{-1.0}$	$5.6^{+4.2}_{-1.}$	$5.0^{+4.2}_{-1.2}$	$5.6^{+4.2}_{-1.4}$	$6.3^{+4.8}_{-1.5}$
										$4.5^{+3.4}_{-1.1}$	$4.0^{+3.0}_{-1.0}$	$4.5^{+3.4}_{-1.1}$	$6.3^{+4.8}_{-1.5}$	$5.6^{+4.2}_{-1.4}$	$6.3^{+4.8}_{-1.5}$	$7.0^{+5.3}_{-1.7}$
										$4.0^{+3.0}_{-1.0}$	$4.5^{+3.4}_{-1.1}$	$5.0^{+3.8}_{-1.2}$	$5.6^{+4.2}_{-1.}$	$6.3^{+4.8}_{-1.5}$	$7.0^{+5.3}_{-1.7}$	$8.0^{+6.0}_{-2.0}$
										$4.5^{+3.4}_{-1.1}$	$5.0^{+3.8}_{-1.2}$	$5.6^{+4.2}_{-1.}$	$6.3^{+4.8}_{-1.5}$	$7.0^{+5.3}_{-1.7}$	$8.0^{+6.0}_{-2.0}$	$9.0^{+6.8}_{-2.2}$
										$5.0^{+3.8}_{-1.2}$	$5.6^{+4.2}_{-1.4}$	$6.3^{+4.8}_{-1.5}$	$7.0^{+5.3}_{-1.7}$	$8.0^{+6.0}_{-2.0}$	$9.0^{+6.8}_{-2.2}$	$10^{+7.5}_{-2.5}$

注：上、下偏差按 +3/4，−1/4 比例分配。若有需要也可按 +2/3，−1/3 比例分配。

（2）机械加工余量

由表 5.3.1 查得余量，厚度方向：1.5～2.0 mm（单边余量），水平方向：1.5～2.0 mm（单边余量）。

（3）锻造公差

按表 5.5.1 和表 5.5.2 查出的公差列表，见表 5.5.3。

表 5.5.3　锻件尺寸的允许偏差

锻件重/kg	包容体重/kg	复杂系数	材质系数		精度等级
0.6	1.22	0.49(S_2)	20Cr	M_1	普通
种类	尺寸/mm	允许偏差/mm	根据		附注
长度	R92	$+1.2 \atop -0.6$			表 5.5.1
宽度	$\Phi40$	$+1.1 \atop -0.5$			表 5.5.1
	$\Phi20$	$+1.0 \atop -0.4$			表 5.5.1
	R40	$+1.1 \atop -0.5$			表 5.5.1
	R15	$+1.0 \atop -0.4$			表 5.5.1
厚度	30	$+1.0 \atop -0.4$			表 5.5.2
	20	$+1.0 \atop -0.4$			表 5.5.2
	10	$+0.9 \atop -0.3$			表 5.5.2
中心距	R84	±0.6	资料		
错差		0.5			表 5.5.2
残留飞边		0.6			表 5.5.2
直线度					
平面度					
余量		1.5～2.0			表 5.3.1

3. 确定模锻斜度

按表 5.5.4，由 $\frac{H}{B}=\frac{30}{40}<1$，$\frac{L}{B}=\frac{116}{40}=2.9>1.5$，查得 $\alpha=5°$，$\beta=\alpha+(2°～3°)$，取 $\beta=7°$。

为了使制模刀具标准化，上模拔模角统一取 7°，下模拔模角按上下模采用匹配斜度。

表 5.5.4   锤上锻件外模锻斜度 α 数值表

L/B		H/B				
		≤1	>1~3	>3~4.5	>4.5~6.5	>6.5
≤1.5	α	5°	7°	10°	12°	15°
>1.5		5°	5°	7°	10°	12°

注:1. 内模锻斜度 β 的确定,可按表中数值加入 2° 或 3°。

　　2. 热模锻压力、螺旋压力机上使用的顶料机构时,拔模角可比上表减小 2°~3°。

　　3. 若上下模膛不相等时,应按模膛较深一侧计算拔模角。

　　4. 标准值:$15'$,$30'$,$1°$,$1°30'$,$3°$,$5°$,$7°$,$10°$,$15°$

4. 圆角半径

已知锻件的高度和宽度之比 $\dfrac{H}{B} = \dfrac{30}{40} \approx 0.75$,由表 5.5.5 查得

$$r = 0.05H + 0.5 = 0.05 \times 30 + 0.5 = 1.5 + 0.5 = 2 \text{ (mm)}$$

$$R = 2.5r + 0.5 = 5.5 \text{ (mm)}$$

表 5.5.5   圆角半径计算表

H/B	r	R	
≤2	0.05H+0.5	2.5r+0.5	
>2~4	0.06H+0.5	3.0r+0.5	
>4	0.07H+0.5	3.5r+0.5	

检验是否满足锻件凸角处的最小余量要求:

$$r_1 = 余量 + 零件倒角 = 1.5 + 2 = 3.5 > r$$

$$R_1 = (2 - 3)r_1 = 7 - 10.5 > R$$

计算值满足零件加工要求,故选

$$r = 2 \text{ mm}, R = 5 \text{ mm}$$

5. 技术条件

(1)热处理要求

在锻件图上注明锻件热处理供货状态,锻件材料为 20Cr,热处理采用正火;由表 5.5.6 查得,正火后硬度为 HB130~170,正火温度采用 870~900℃。

表 5.5.6 常用钢质模锻件正火硬度范围

钢材牌号	HB/mm	d_B/mm	钢材牌号	HB/mm	d_B/mm
20	120～156	4.8～5.4	35CrMo	170～241	3.9～4.6
20Cr	130～170	4.6～5.2	40	156～207	4.2～4.8
20CrMo	131～170	4.6～5.2	40MnB	170～229	4.0～4.6
20CrMnTi	156～207	4.2～4.8	40MnVB	179～255	3.8～4.5
20MnVB	156～207	4.2～4.8	40Cr	170～241	3.9～4.6
20CrMnMo	170～241	3.9～4.6	45	156～217	4.1～4.8
20CrNi3A	170～241	3.9～4.6	45Cr	170～241	3.9～4.6
25MnTiBR	156～207	4.2～4.8	45MnB	170～241	3.9～4.6
20CrMnMoB	156～207	4.2～4.8	40CrMo	170～241	3.9～4.6
12CrNi3A	170～241	3.9～4.6	50	170～241	3.9～4.6
15CrMo	170～241	3.9～4.6	50Mn2	179～255	3.8～4.5
35	149～197	4.3～4.9	60	179～255	3.8～4.5

（2）锻件表面清理

按锻件形状和现有设备采用抛丸清理。

（3）错差

锻件图上未注明错差,按表 5.5.3 精度控制。

（4）残留飞边

按表 5.5.3 精度要求。

（5）表面缺陷

锻件上表面凹坑、麻点、碰伤以及凹凸不平之缺陷不得大于 GB/T 12362 — 2003 中第 3.2.14 条规定的要求；对机械加工的表面,其缺陷深度不得大于 0.7 mm,对非机加工表面,其缺陷深度不得大于 0.5 mm。

（6）绘制锻件图

如图 5.5.2 所示。

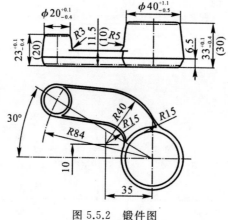

图 5.5.2 锻件图

(7)锻件基本数据

$$V_{锻} = \frac{\pi}{4}43^2 \times 33 + \frac{\pi}{4}22^2 \times 23 + 26 \times 11.5 \times 10 \approx 74\ 400\ (\text{mm}^2)$$

$$m_{锻} = V_{锻} \times r = 74\ 400 \times 7.8 \times 10^{-6} \approx 0.6\ (\text{kg})$$

$$S_{锻} = \frac{\pi}{4} \times 46.6^2 + \frac{\pi}{4} \times 24.3^2 + 60 \times 21.6 \approx 3\ 650\ (\text{mm}^2)$$

$$p_{锻} \approx 300\ \text{mm（用软铜线实测）}$$

$$l_{锻\max} = 125.5\ \text{mm（展开长度）}$$

$$B_{锻\max} \approx 56\ \text{mm}$$

$$H_{锻\max} = 33\ \text{mm}$$

5.5.2　模锻工艺设计

1. 选择飞边槽,计算毛边体积

按计算公式:

$$h_{飞} = 0.015\sqrt{S_{锻}} = 0.015 \times \sqrt{3\ 650} \approx 0.9\ (\text{mm})$$

计算所得数值较小,为了提高模具寿命,按表 5.2.1 选取:取 $h=1$ mm,$b_1=25$ mm,$h_1=4$ mm,$b=8$ mm,$r=1$ mm,$F_{飞}=91$ mm^2,对应尺寸如图 5.5.3 所示。

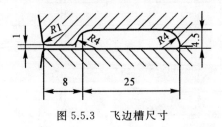

图 5.5.3　飞边槽尺寸

$$V_{飞} = F_{飞}[p_{锻} + \varphi(b+b_1)] = 0.7 \times 91 \times [300 + 4 \times (8+25)] = 27\ 518\ (\text{mm}^3)$$

2. 绘制计算毛坯图

本锻件为弯曲锻件,故先需将锻件展开,由于此件属简单弯曲件,所以用软铜线实测,实测位置如图 5.5.4 所示。

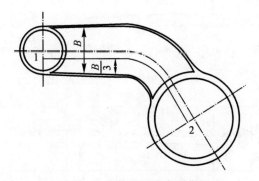

图 5.5.4　锻件展开线实测位置

实测$\widehat{12}=92$ mm，

$$\overline{12}=84 \text{ mm}$$

决定取$\widehat{12}$展开长度为 90 mm，根据展开长度计算毛坯截面图和直径图。

1）按 1∶1 比例在坐标纸上绘出带毛边和连皮的冷锻件图（见图 5.5.5）；

2）选取典型截面标号并列表分别计算各个典型截面的断面面积和直径（见表 5.5.7）；

3）绘制计算毛坯截面图（见图 5.5.5），选取 $M=25$ mm²/mm 的比例，以 $h_{计}=\dfrac{F_{计}}{M}$ 为纵坐标，$L_{锻}$ 为横坐标，用描点法绘出截面图；

4）绘制直径图（见图 5.5.5），以 $d_{计}$ 为纵坐标，$L_{锻}$ 为横坐标，用描点法绘出直径图，如图 5.5.5 所示；

5）计算毛坯体积，用数格的方法计算毛坯断面图的面积

$$S_{计}\approx 3\ 800\ (\text{mm}^2)$$

由 $V_{计}=S_{计}\,M=3\ 800\times 25=95\ 237.5\ \text{mm}^2$

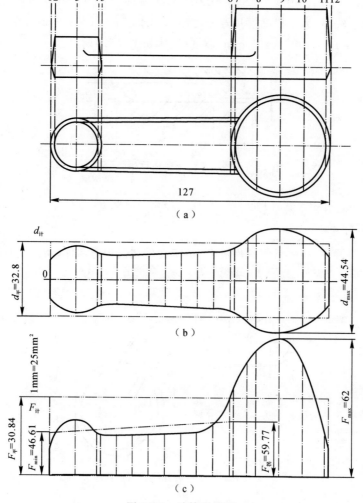

图 5.5.5　计算毛坯图

(a)锻件展开图；(b)计算毛坯直径图；(c)计算毛坯截面图

前面用计算方法计算的结果是

$$V_坯 = V_锻 + V_飞 = 74\,400 + 27\,518 = 101\,918 \text{（mm}^2\text{）}$$

两结果相差

$$\frac{V_坯 - V_计}{V_坯} \times 100\% = 6.8\%$$

符合计算要求，决定取 $V_坯 = 98\,000 \text{ mm}^3$。

6）绘制平均计算毛坯

$$L_计 = L_锻(1 + 0.015) \approx 127 \text{（mm）}$$

$$F_平 = \frac{V_平}{L_计} = \frac{98\,000}{127} = 771 \text{（mm}^2\text{）}$$

$$F_{计平} = \frac{F_平}{M} = 30.84 \text{（mm）}$$

$$d_平 = 1.13\sqrt{F_平} = 1.13 \times \sqrt{771} \approx 31.37 \text{（mm）}$$

表 5.5.7 典型截面的断面面积和直径

断面	$F_锻/\text{mm}^2$	$F_飞/\text{mm}^2$	$F_毛 = 2F_飞/\text{mm}^2$	$F_计 = (F_锻+F_毛)/\text{mm}^2$	$F_修$	$d_计 = (1.13\sqrt{F_{计修}})/\text{mm}$	备注
1	0	91	182	182		15.24	注1
2	149	91	124	273		18.67	注2
3	506	91	124	630		28.36	
4	336	91	124	460		24.00	
5	276	91	124	400		22.60	$d_{计\,min}$
6	306	91	124	430		23.43	
7	516	91	124	640		28.59	
8	1 240	91	124	1 364		41.73	
9	1 430	91	124	1 554		44.54	$d_{计\,max}$
10	1 240	91	124	1 364		41.73	
11	400	91	124	524		25.87	
12	0	91	182	182		15.24	注1

注：1. 锻件两端面(1,12)处 $\varphi = 1$；

2. 锻件其余断面 $\varphi = 0.7$

3. 选择制坯工步

$$\alpha = \frac{d_{计max}}{d_平} = \frac{44.54}{31.37} = 1.42$$

$$\beta = \frac{L_计}{d_平} = \frac{127}{31.37} = 4.05$$

$$m_锻 = 0.6 \text{ kg}$$

$$\frac{d_{拐} - d_{\min}}{L_{杆}} = \frac{28 - 22}{80} = 0.075$$

按图 5.1.15 应采用闭式滚挤制坯。选用一棒多锻，即用逐件模锻方法。最后采用闭式滚挤 → 弯曲 → 预锻 → 终锻 → 切断五个工步。

4. 计算及选择原材料

$$F_{坯} = (1.05 \sim 1.2)F_{平} = 1.15 F_{平} = 1.15 \times 771 = 886.7 \ (mm^2)$$

$$d_{坯} = 1.13\sqrt{F_{坯}} = 1.13 \times \sqrt{886.7} \approx 33.64 \ (mm)$$

由表 5.5.8 选用 $\Phi 34$ mm 热轧优质型圆钢。

表 5.5.8 常用热轧圆钢规格

公称直径 /mm
5.5,6,6.5,7,8,9,10,11,12,13,14,15,16,17,18,19,20,21,22,23,24,25,26,27,28,29,30,31,32, 33,34,35,36,38,40,42,45,48,50,53,55,56,58,60,63,65,68,70,75,80,85,90,95,100,105,110, 115,120,125,130,140,150,160,170,180,190,200,220,250,260,270,280,290,300,310

$$L_0 = \frac{V_{坯} \times (1 + \delta \%)}{\frac{\pi}{4} \times d^2} = \frac{98\,000 \times (1 + 0.025)}{\frac{\pi}{4} \times 34^2} \approx 110.69 \ (mm)$$

取 $L_0 = 110$ mm（选取烧损率 $\delta = 2.5$）。

$$\sum L_{坯} = nL_0 + L_{钳} = 3 \times 110 + 0.5 \times 34 = 347 \ (mm)$$

毛坯长度暂定为 $\Phi 34$ mm $\times 347$ mm，最后在调整时决定最终尺寸。

锻件材料消耗定额 $= 1/3 \times (\pi/4) \times 34^2 \times 347 \times 7.85 \times 10^{-6} \approx 0.82 \ (kg)$。

5. 计算与选择设备

(1)下料设备

决定采用棒料剪切机冷剪切，剪切机规格由表 5.5.9 确定，采用 160 t 棒料剪切机。

表 5.5.9 剪切机规格

设备型号		G605	G607	G6010	G6014
锯片最大直径/mm		510	710	1 010	1 430
切割材料规格	圆棒/mm	$\Phi 160$	$\Phi 240$	$\Phi 350$	$\Phi 500$
	方料/mm	□140	□220	□300	□350
锯片厚度/mm		5	6.5	8	10
锯片进给量/(mm·min^{-1})		25~400	25~400	12~400	12~400
锯片最大行程/mm			360~380	410	550

(2)模锻设备

锻件的水平投影面积

$$F_{锻} = 3\,650 \ mm^2 = 36.5 \ (cm^2)$$

飞边的水平投影面积

$$F_飞 = b[p_锻 + 4 \times (b + b_1)] = 8 \times [300 + 4 \times (8 + 25)] = 3\,456\ (\mathrm{mm}^2) = 36.5\ (\mathrm{cm}^2)$$

$$F_{总变形面积} = F_锻 + F_飞 = 36.5 + 34.56 = 71\ (\mathrm{cm}^2)$$

根据经验公式

$$m_锻 = (3.5 \sim 6.3)kF_总 = (3.5 \sim 6.3) \times 1 \times 71 = 248.5 \sim 447\ (\mathrm{kg})$$

式中　　k—— 钢种系数,取 $k = 1$。

选取落下部分质量是 1 t 的蒸汽-空气两用模锻锤,其简明技术参数见表 5.5.10。

表 5.5.10　蒸汽-空气两用模锻锤简明技术参数

落下部分公称质量/t	1	2	3	4	5	6
打击能量/J	≥25 000	≥50 000	≥75 000	≥125 000	≥250 000	≥400 000
气缸直径 D/mm	280	380	460	540	750	860
锤头最大行程 H/mm	1 200	1 200	1 250	1 300	1 400	1 500
导轨间距 B/mm	520	600	700	750	1 000	1 200
锤头长度 L/mm	450	700	800	1 000	1 200	2 000
模座长度 L_1/mm	700	950	1 000	1 200	1 400	2 100
锻模最小闭合高度 h/mm	220	260	350	400	450	500
外形尺寸/mm（前后×左右×地面上高）	2 380×1 330 ×5 050	2 960×1 670 ×5 420	3 260×1 800 ×6 035	3 700×2 090 ×6 560	4 400×2 700 ×7 160	4 500×2 500 ×7 895
砧座质量/t	20	40	60	100	230	320
蒸汽(或空气)工作压力/MPa	0.7～0.9					
蒸汽温度/℃	≤200					

注:打击能量是按落下部分质量、锤头最大行程和蒸汽(或空气)工作压力为 0.7 MPa 时近似计算确定的。

(3)切边设备

当锻锤落下部分质量为 1 t 时,应配备公称压力为 125 t 的切边压力机。简明技术参数规格见表 5.5.11。

表 5.5.11　闭式单、双点切边压力机基本参数

公称力 P_g/kN		1 600	2 000	2 500	3 150	4 000	5 000	6 300	8 000	10 000	12 500
公称压力行程 S_P/mm		12	12	14	14	16	16	16	18	18	20
滑块行程 S/mm		200	200	250	315	315	315	400	400	400	500
滑块行程次数 n/min⁻¹		45	45	40	40	35	35	28	28	20	20
最大装模高度 H_1/mm		410	410	540	540	620	620	620	700	700	880
装模高度调节量 ΔH_1/mm		100	100	120	120	140	140	140	160	160	180
滑块底面前后尺寸 B_1/mm		800	800	1 000	1 000	1 100	1 100	1 250	1 450	1 450	1 700
工作台板前后尺寸 B/mm		950	950	1 150	1 150	1 250	1 250	1 400	1 600	1 600	1 850
工作台板左右尺寸（不小于）/mm	单点	750	750	900	900	1 100	1 100	1 100	1 300	1 300	1 500
	双点	1 250	1 250	1 550	1 550	1 850	1 850	2 150	2 150	2 500

5.5.3 锤锻模设计

1. 模锻型槽设计

(1)终锻型槽设计

1)热锻件图设计,选取冷缩率为 1.5%。

2)飞边槽尺寸,按图 5.5.3 中的尺寸。

3)钳口尺寸(见图 5.5.6),已知 $d_{坯}=34$ mm,$m_{锻}=0.6$ kg,参考手册确定钳口尺寸。宽度 $B=70$ mm,高度 $h=30$ mm,$R=10$ mm,钳口径 $b=6$ mm,$a=1.5$ mm,$e\geqslant0.55S_0$。

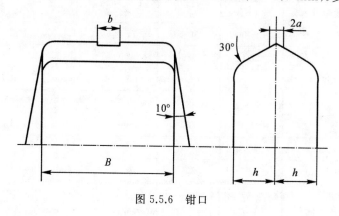

图 5.5.6　钳口

(2)预锻型槽设计

预锻型槽参照终锻型槽设计,只是不设飞边槽,把圆角半径和模锻斜度加大一级,把型槽宽度减小 2 mm,钳口采用终锻型槽钳口。

2. 制坯型槽设计

(1)闭式滚挤型槽(见图 5.5.7)

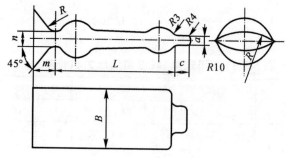

图 5.5.7　闭式滚挤型槽

钳口尺寸确定,已知 $d_{坯}=34$ mm,计算如下:

$$n=0.2d_{坯}+6\approx12 \text{（mm）}$$

$$m=(1\sim2)n=(12\sim24) \text{（mm）}$$

取 $m=18$ mm。

$$R=0.1d_{坯}+6=9.4 \text{（mm）}$$

取 $R = 10$ mm。

尾部尺寸

$$c = 0.3d_{坯} + 15 = 25 （mm）$$

$$a = 0.1d_{坯} + 3 = 3.4 + 3 \approx 6 （mm）$$

本体尺寸 $L = 1.015L_{计}$。

$L_{计}$ 由作图确定，h' 按表 5.5.12 确定，并简化为光滑曲线

$$宽度 B = 1.15 \frac{F_{坯}}{h_{\min}} = 1.15 \times \frac{\frac{\pi}{4} \times 34^2}{17} \approx 61 （mm）$$

$$1.7d_{坯} = 1.7 \times 34 = 57.8 （mm）$$

$$1.1d_{计\max} = 1.1 \times 44.54 = 48.99 （mm）$$

取 $B = 56$ mm。

$$1.1d_{计\max} < B < 1.7d_{坯}$$

表 5.5.12　闭式滚挤型槽截面尺寸

断面	$d_{计}/\text{mm}$	$\mu = \mu d_{计}$	$h' = \mu d_{计}$	备注
1	15.24	0.75	11.43	杆部
2	18.78	0.75	14.09	杆部
3	28.36	0.75	21.27	杆部
4	24.00	0.75	18.00	杆部
5	22.60	0.75	16.95	杆部
6	23.43	0.75	17.57	杆部
7	28.59	1	28.59	头杆过渡处
8	41.73	1.15	48.00	头部
9	44.54	1.15	51.00	头部
10	41.73	1.15	48.00	头部
11	25.87	1.15	30.00	头部
12	15.24	1	15.24	端面

(2)弯曲型槽设计

为了简化模具制造，决定使上模凸出部分不进入下模，整个模槽由分模面位置上移 4 mm，如图 5.5.8 所示。

1)钳口尺寸。取 $h = 12$ mm，上模 10 mm；取 $m = 20$ mm；$R = 12$ mm。

2)本体尺寸。锻件平面图尺寸由作图法确定，为了弯曲后（翻转 90°）便于将毛坯放入模锻型槽，弯曲后的轮廓尺寸应比锻件平面尺寸小 2~3 mm。

3)定位台尺寸。用滚挤后的毛坯颈部定位。

4)弯曲模膛的宽度 B。滚挤后头部直径 ≈ 46 mm,且弯曲时弯曲变形不大,故取 $B = 50$ mm。

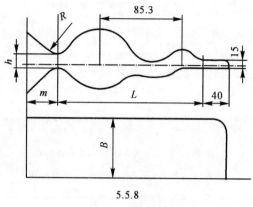

5.5.8

图 5.5.8　弯曲型槽

(3)切断型槽

采用后切刀,尺寸按图 5.2.31 定。

1)宽度 $B = f + (10 \sim 15) = 34 + (10 \sim 15) = 44 \sim 49$ mm,取 $B = 50$ mm。

2)高度 $h = d_{坯}/2 + 15 = 17 + 15 = 32$ (mm),$\alpha = 25°$。

3)其余尺寸,刃口宽度取 4 mm,斜度后取 20°,前 30°,具体尺寸如图 5.5.9 所示。

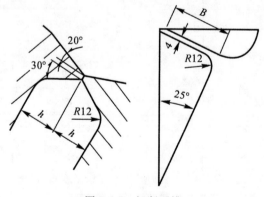

图 5.5.9　切断型槽

3. 模槽布置及壁厚间距

(1)模槽中心

用硬纸片求得其位置如图 5.5.10 所示。

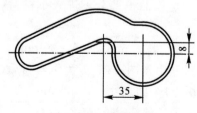

图 5.5.10　模槽中心

（2）模槽布置

考虑到模槽的布置原则,确定采用如图 5.5.11 所示的布置方法。

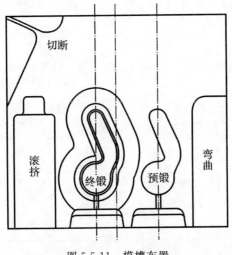

图 5.5.11　模槽布置

（3）模槽间距和外壁厚

按锻压手册计算壁厚和模槽间距,最后所确定的尺寸取决于型槽的布置方法,如图 5.5.12 所示。

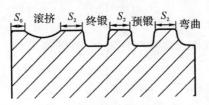

图 5.5.12　壁厚和模槽间距

滚挤等模膛的最小外壁厚,一般取 $S_0 = (5 \sim 10)$ mm,故取 $S_0 = 10$, $S_2 = 35$ mm, $S_1 = 40$ mm, $S_3 = 0.75S_2 = 24$ mm。

4.模块选择

由模槽布置图(见图 5.5.12)得,

$B \approx S_0 + 56 + S_2 + 46.5 + S_2 + 46.6 + S_2 + 50 = 10 + 3 \times 35 + 2 \times 46.5 + 56 + 50 = 314$ (mm)

$L \approx S_1 + L_件 + S_3 + L_钳 + 5 = 40 + 119.5 + 24 + 30 + 5 = 218.5$ (mm)

H 由表 5.5.13 得, $h_{max} = 25$ mm < 32 mm。

表 5.5.13　模块最小高度

终锻型槽 最大深度 h/mm	<32	32～40	>40～50	>50～60	>60～80	>80～100	>100～120	>120～160	>160～200
模块最小高度 H/mm	170	190	210	230	260	290	320	390	450

模块的最小高度 $H \geqslant 170$ mm。

按整体模模块规格,选择标准规格,确定为 $BHL = 320$ mm$\times 220$ mm$\times 300$ mm,如图 5.5.13 所示。模块重 $G = 160$ kg,重新布置模槽位置,并确定燕尾中心线及键槽中心线。

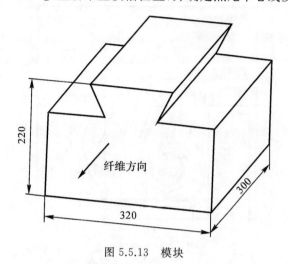

图 5.5.13　模块

燕尾中心线取模块的对称中心线,键槽中心线由锻模图绘制确定。

5. 模块尺寸的校核

1)承击面积。实际测量 $F = 340$ cm² > 300 cm²,符合表 5.2.6 的要求。

2)轮廓尺寸。长度 $L = 300$ mm$<$锤头长度$= 450$ mm;高度 $H = 220$ mm。查表 5.5.13,在 $170 \sim 240$ mm 之间;宽度查表锤锻模燕尾尺寸表,可得,$b = 200$ mm$<B = 320$ mm。查取锤的导轨间距为 500 mm,大于 $B + 40$ mm,合格。

3)上模质量。$m_{模} = 160$ kg< 350 kg(见表 5.5.14)。

表 5.5.14　模块高度、质量

锻锤吨位/t	1	2	3	5	10
最小高度 H_{min}/mm	170	220	260	290	330
最大高度/mm	240	300	330	370	420
上模最大质量 $m_{上模max}$/kg	350	700	1 050	1 750	3 500

4)锻模中心和模块中心的关系,左右 $b = 0$,前后 $e \leqslant 0.1L$。

6. 锤模检验角高度尺寸及起重孔尺寸

按表 5.5.15,检验角高度取 $h = 50$ mm。起重孔尺寸选取 $ds = 30 \times 60$ mm。

表 5.5.15　模块检验角高度尺寸

锤吨位/t	$\leqslant 1$	2	3	5	10	16
检验面高度 h/mm	50	50	70	70	100	100

5.5.4 切边模设计

1. 凹模采用楔固定整体凹模

按表 5.5.16，当 $h_{飞} = 1.6$ mm 时，$H_{min} = 50$ mm，$h = 10$ mm，$B_1 = 35$ mm，$B_{min} = 30$ mm，具体尺寸如图 5.5.14 所示。

表 5.5.16 切边凹模尺寸

飞边桥部高度/mm	H_{min}/mm	h/mm	t_1/mm	t_{min}/mm	备注
<1.6	50	10	35	30	1 000 kN 切边压力机
2~3	55	12	40	35	3 150 kN 切边压力机
>4	60	15	50	50	3 150 kN 切边压力机

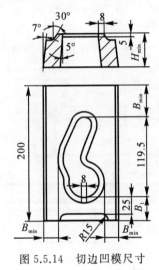

图 5.5.14 切边凹模尺寸

2. 凸模采用楔固定整体式凸模

凸模燕尾尺寸按前面切边设备参数定。凸凹模间隙按表 5.5.17 形式 a。当 $h = 6.6$ mm 时，$\delta = 0.5$ mm，具体尺寸如图 5.5.15 所示。

表 5.5.17 切边凸凹模的间隙 δ

形式 a		形式 b	
h/mm	δ/mm	D/mm	δ/mm
<10	0.5	<30	0.5
10~18	0.8	30~47	0.8
19~23	1.0	48~58	1.0
24~30	1.2	59~70	1.2
>30	1.5	>70	1.5

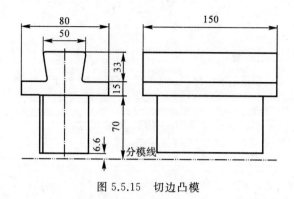

图 5.5.15　切边凸模

3. 凹模座

采用 $LBH=300\ \text{mm}\times325\ \text{mm}\times160\ \text{mm}$，用楔固定的高模座（见图 5.5.16）。

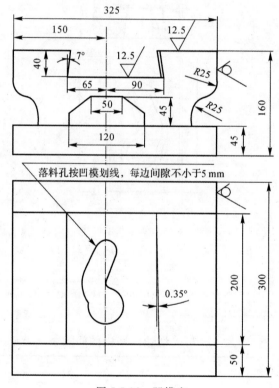

图 5.5.16　凹模座

4. 凸模座

选取 $HBL=55\ \text{mm}\times170\ \text{mm}\times200\ \text{mm}$，如图 5.5.17 所示。

5. 切边模装模高度核算

如图 5.5.18 所示，切边压力机最大装模高度＝480－105＝375（mm），切边压力机最小装模高度＝375－120＝255（mm），现 255＜310＜375，故可用。

6. 切边模绘制

如图 5.5.19 所示，为切边模装配图简图。

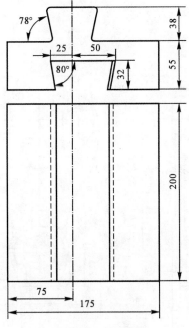

图 5.5.17　凸模座

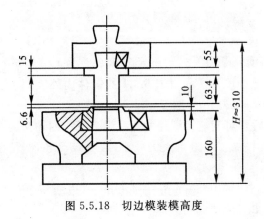

图 5.5.18　切边模装模高度

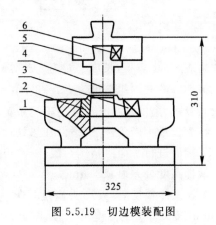

图 5.5.19　切边模装配图

5.6　变速叉锤上模锻

5.6.1　锻件图设计

本例是变速叉零件的锻模设计，图 5.6.1 是变速叉的零件图。

1. 分模位置

根据变速叉的形状，采用如图 5.6.1 所示的折线分模。

2. 公差和余量

估算锻件质量约为 0.6 kg。变速叉材料为 45 钢，即材质系数为 M_1。锻件形状复杂系数

$$S=\frac{G_d}{G_b}=\frac{600}{14.2\times3.3\times7.85}=0.207,$$ 为 3 级复杂系数 S_3。

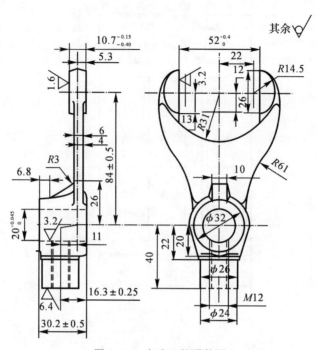

图 5.6.1 变速叉的零件图

由表 5.5.1 查得：长度公差为 $2.2^{+1.5}_{-0.7}$ mm；高度公差为 $1.8^{+1.2}_{+0.6}$ mm，宽度公差为 $1.8^{+1.2}_{+0.6}$ mm。

该零件的表面粗糙度为 $Ra=3.2$ μm，即加工精度为 F_1，由表 5.3.1 的锻件内外表面加工余量表查得：高度及水平尺寸的单边余量均为 $1.5\sim2.0$ mm，取 2 mm。

在大批量生产条件下，锻件在热处理、清理后要对变速叉锻件的圆柱端上下端面和叉的头部上下端面进行平面冷精压。锻件冷精压后，机械加工余量可大大减小，取 0.75 mm，冷精压后的锻件高度公差取 0.2 mm。

变速叉冷精压后，大小头高度尺寸为 $(32.5+2\times0.75)$ mm＝34 mm，单边精压余量取 0.4 mm，叉头部分的高度尺寸为 $(13+2\times0.75)$ mm＝14.5 mm。

由于精压需要余量，如锻件高度公差为负值时（－0.6），则实际单边精压余量仅 0.1 mm，为了保证适当的精压余量，锻件高度公差可调整为：$^{+1.2}_{-0.3}$。

由于精压后，锻件水平尺寸稍有增大，所以水平方向的余量可适当减小。

3. 模锻斜度

零件图上的技术条件中已给出模锻斜度为 7°。

4. 圆角半径

锻件高度余量为 $(0.75+0.4)$ mm＝1.15 mm，则需倒角的变速叉内圆角半径为 $(1.15+2)$ mm＝3.15 mm，圆整为 3 mm，其余部分的圆角半径均取 1.5 mm。

5. 技术条件

1）未注模锻斜度为 7°。

2）未注圆角半径为 1.5 mm。

3）允许的错差量为 0.6 mm。

4）允许的残留飞边量为 0.7 mm。

5）允许的表面缺陷深度为 0.5 mm。

6）锻件调质热处理。根据公差和余量，即可绘制冷锻件图（锻件图），如图 5.6.2 所示。

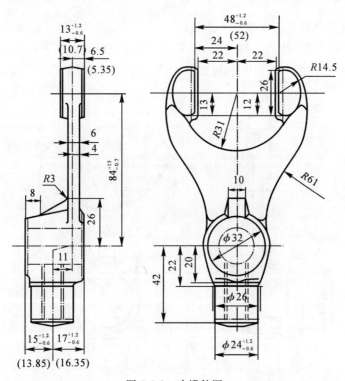

图 5.6.2　冷锻件图

5.6.2　计算锻件的主要参数

1）锻件在水平面上的投影面积为 4 602 mm^2。

2）锻件周边长度为 485 mm。

3）锻件体积为 76 065 mm^3。

4）锻件质量为 0.6 kg。

5.6.3　锻锤吨位的确定

总变形面积为锻件在水平面上的投影面积与飞边水平投影面积之和。按 1～2 t 锤飞边槽尺寸（见表 5.2.1）考虑，假定飞边平均宽度为 23 mm。总的变形面积 $S = 4\ 602 + 485 \times 23 = 15\ 757$（mm^2）。

按确定双作用模锻锤吨位的经验公式 $G = 63KS$ 的计算值选择锻锤。

取钢种系数 $K=1$，锻件和飞边（按飞边仓的 50% 容积计算）在水平面上的投影面积为 S（单位为 cm²），$G=63KS=63×1×157.57$ N≈9 930 N，选用 1 t 双作用模锻锤。

5.6.4 确定飞边槽的形式和尺寸

选用图 5.2.4 中 I 型飞边槽，其尺寸按表 5.2.1 确定。选定飞边槽的尺寸为 $h_飞=1.6$ mm，$h_1=4$ mm，$b=8$ mm，$b_1=25$ mm，$r=1.5$ mm，$F=126$ mm²。

5.6.5 终锻模膛设计

终锻模膛是按照热锻件图来制造和检验的，热锻件图尺寸一般是在冷锻件图尺寸的基础上考虑 1.5% 冷缩率。根据生产实践经验，应考虑锻模使用后承击面下陷、模膛深度减小、精压时变形不均以及横向尺寸增大等因素，可适当调整尺寸。绘制的热锻件图如图 5.6.3 所示。

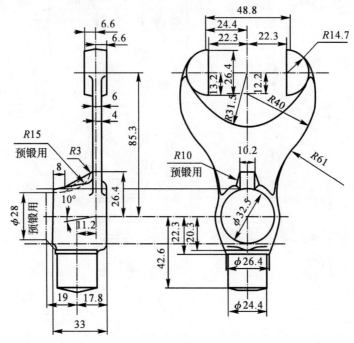

图 5.6.3 热锻件图

5.6.6 预锻模膛设计

由于锻件形状复杂，需设置预锻模膛。

在叉部采用劈料台（见图 5.6.4），由于坯料叉口部分高度 H 较小，坯料台的设计可参照斜底连皮设计。实际取 $A=10$ mm。

劈料台的形状、尺寸详见图 5.6.5 中的 $G—G$，$C—C$ 剖面。预锻模膛在变速叉柄大头部分高度增加到 19 mm，圆角增大到 $R15$ mm，大头部分的筋上水平面内的过渡圆角增大到 $R10$ mm，垂直面内的过渡圆角增大到 $R15$ mm。预锻模膛与终锻模膛不同的部位顺在热锻件图上用双点画线注明（见图 5.6.3）。

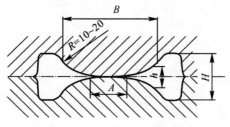

图 5.6.4　叉形部分劈料台图

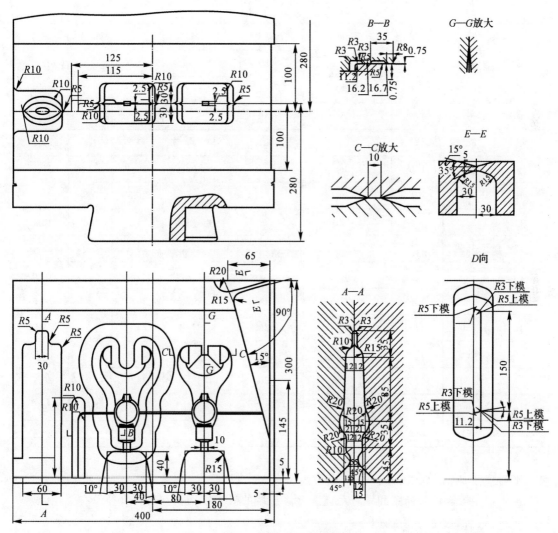

图 5.6.5　变速叉锤锻模

5.6.7　绘制计算毛坯图

根据变速叉的形状特点,共选取 19 个截面,分别计算 $S_锻$,$S_计$,$d_计$,计算结果列于表 5.6.1。
在坐标纸上绘出变速叉的截面图和计算毛坯图,如图 5.6.6 所示。

截面图所围面积即为计算毛坯体积,得 101 760 mm²。

平均截面积 $S_{均}$＝717 mm²。

表 5.6.1　计算毛坯的计算数据

断面号	$S_{锻}$/mm²	$\dfrac{1.4S_{飞}}{mm^2}$	$\dfrac{S_{计}=S_{锻}+1.4S_{飞}}{mm^2}$	$\dfrac{d_{计}=1.13\sqrt{S_{计}}}{mm^2}$	$\dfrac{修正\ S_{计}}{mm^2}$	$\dfrac{修正\ d_{计}}{mm^2}$	K	$\dfrac{h=Kd_{计}}{mm}$
1	0	252	252	17.6			1.1	19.73
2	452	176	628	28.3			1.1	31.1
3	531	176	707	30.0			1.1	33.1
4	690	176	866	33.4			1.1	36.6
5	1 059.5	176	1 235.5	39.7			1.1	43.7
6	1 167	176	1 343	41.4			1.2	49.7
7	1 078	176	1 254	40.0			1.1	44.0
8	587	176	763	31.2			1.1	34.3
9	432	176	608	27.9			1	27.9
10	323	176	499	25.2	550	26.5	0.8	20.2
11	226	176	402	22.7	491.5	25.1	0.8	18.1
12	356	176	532	26.1	472.4	24.6	0.9	23.4
13	408	176	584	27.3	512.3	25.6	0.9	24.6
14	295	176	471	24.5	532.5	26.1	1	24.5
15	250	176	426	23.3	610.4	27.9	1	23.3
16	596	176	772	31.4	652.8	28.9	1	31.4
17	560	176	736	30.7	635.6	28.5	1	30.7
18	400	176	576	27.1	468	24.4	0.9	24.4
19	152	252	404	22.7			0.9	20.4

平均直径 $d_{均}$＝30.2 mm。

按体积相等修正截面图和计算毛坯图。修正后的最大截面积和最大直径没有变化。

5.6.8　制坯工步选择

计算毛坯为一头一杆,

$$d_{拐}=\sqrt{3.82\frac{V_{杆}}{L_{杆}}-0.75d_{min}^2}-0.5d_{min}=$$

$$\sqrt{3.82\times\frac{45\ 200}{78}-0.75\times22^2}-0.5\times22=32.0\ (mm)$$

$$\alpha = \frac{d_{\max}}{d_{\text{均}}} = \frac{41.4}{30.2} = 1.37$$

$$\beta = \frac{L_{\text{计}}}{d_{\text{均}}} = \frac{142}{30.2} = 4.70$$

$$k = \frac{d_{\text{拐}} - d_{\min}}{L_{\text{杆}}} = \frac{32 - 22}{78} = 0.128$$

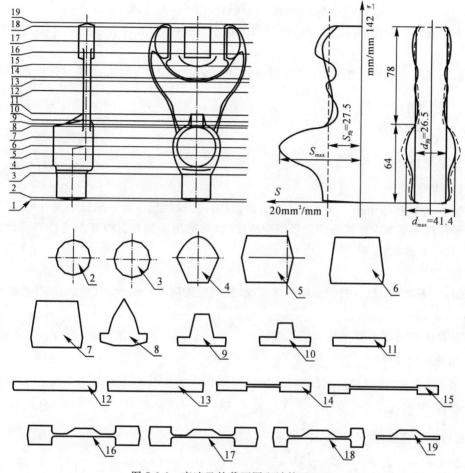

图 5.6.6　变速叉的截面图和计算毛坯图

由长轴类锻件制坯工步选用范围可知,此锻件应采用闭式滚挤制坯工步。为在锻造时易于充满,应选用圆坯料,模锻工艺过程为闭式滚挤—预锻—终锻—切断。(注:在计算毛坯直径图上,双点画线为修改后的直径图,虚线为滚挤模膛高度尺寸。)

5.6.9　确定坯料尺寸

由于此锻件只有滚挤制坯工步,所以可根据公式 $S_{\text{坯}} = S_{\text{滚}} = (1.05 \sim 1.2)S_{\text{均}}$ 确定坯料的截面尺寸,取系数为 1.1,则

$$S_{\text{坯}} = 1.1 S_{\text{均}} = 1.1 \times 717 = 788.7 \, (\text{mm}^2)$$

$$d_{\text{坯}} = 1.13\sqrt{S_{\text{坯}}} = 1.13 \times \sqrt{788.7} = 31.7 \, (\text{mm})$$

实际取

$$d_{坯} = 34 \text{ mm}$$

坯料的体积：

$$V_{坯} = V_{计}(1+\delta) = 101\ 760 \times (1+3\%) = 104\ 813\ (\text{mm}^3)$$

式中 δ —— 烧损率。

坯料长度为

$$L_{坯} = V_{坯}/S_{坯} = 104\ 813/(34^2 \times \pi/4) \approx 115.5\ (\text{mm})$$

由于此锻件质量较小，仅为 0.6 kg，所以采用一火三件，料长可取

$$3L_{坯} + L_{钳} = 3 \times 115.5 + 1.2 \times 34 = 387\ (\text{mm})$$

考虑到实际锻造和切断情况，可适当加长到 400 mm。试锻后再根据实际生产情况适当调整。

5.6.10 其他模膛设计

1. 滚挤模膛设计

(1)模膛高度

$h = Kd_{计}$，计算结果列于表 5.6.1，按各断面的高度值绘出滚挤模膛纵剖面外形、变速叉的截面图和计算毛坯图中计算毛坯直径图中的虚线，然后用圆弧和直线光滑连接并进行适当简化，最终尺寸如图 5.6.6 所示。

(2)模膛宽度

$1.7d_{坯} \geqslant B \geqslant 1.1\ d_{\min}$，根据实际生产情况，模膛宽度取 $B = 60$ mm。

(3)模膛长度

模膛长度 L 等于计算毛坯图的长度。

2. 切断模膛设计

采用一火三锻，需要设计切断模膛，切刀倾斜角度为 15°，切刀宽度为 5 mm，切断模膛的宽度，根据坯料的直径和带有飞边锻件的尺寸，结合生产实际经验，确定为 65 mm。

5.6.11 锻模结构设计

此变速叉锻件的 1 t 模锻锤机组，加热炉在锤的左方，故滚挤模膛放在左边，预锻模膛及终锻模膛从右至左布置(见图 5.6.5)。

由于锻件具有 11 mm 的落差，所以采用平衡锁扣，锁扣高度为 11 mm，宽度为 50 mm，将两模膛中心线下移 3 mm。

锻件宽度为 80 mm，模壁厚度为

$$t_0 = 1.5 \times (19 + 11.2) = 45.3\ (\text{mm})$$

预锻模膛与终锻模膛的中心距 $= (80 + 45.3)$ mm $= 125.3$ mm，整取为 125 mm。

用实测方法找出终锻模膛中心离变速叉大头后端 90 mm，结合模块长度及钳口长度确定键槽中心线的位置为 145 mm。

选择钳口尺寸为

$$B = 60 \text{ mm};\ h = 25 \text{ mm};\ R_0 = 10 \text{ mm}$$

钳口颈尺寸为

$$a=1.5 \text{ mm}; b=10 \text{ mm}; l=15 \text{ mm}$$

模块尺寸选为 400 mm×300 mm×280 mm(宽×长×高)

1 t 模锻锤导轨间距为 500 mm,模块与导轨之间的间隙大于 20 mm,满足安装要求。

锻模应有足够的承击面,锁扣之间的承击面可达 42 677 mm²。

燕尾中心线至检验边的距离为 180 mm。

5.6.12　模锻工艺流程

1)下料:5 000 kN 型剪机冷剪切下料。

2)加热:半连续式炉,1 220~1 240℃。

3)模锻:10 kN(1 t)模锻锤,闭式滚挤、预锻(劈料)、终锻、切断。

4)热切边:1 600 kN 切边压力机。

5)磨毛刺:砂轮机,其硬度 $d_B=3.9\sim4.2$ mm。

6)热处理:连续热处理炉,调质。

7)冷精压:10 000 kN 精压机。

8)变速叉头局部淬火,硬度为 HRC45~53。

9)检验。

思考与练习

1. 锤上模锻选择分模位置的最基本原则是什么? 对锻件质量有何影响?

2. 确定模锻斜度和锻件圆角半径的基本原则有哪些? 对锻件质量有何影响?

3. 模锻斜度和圆角半径的作用是什么? 为什么它们应选择合适值?

4. 锻件内圆角半径和外圆角半径大小对锻件成形和锻模有何影响?

5. 为什么模锻件的正偏差大于负偏差? 它的机械加工余量和公差怎样选择和确定?

6. 锻件为何要设立高度公差? 与厚度公差有何区别?

7. 锤上模锻时,为什么将锻件难以充填的复杂形状一侧放在上模?

8. 锻模设计主要包括哪些内容?

9. 什么是计算毛坯? 修正计算毛坯截面变化图和直径图的依据是什么? 简述计算毛坯截面图和直径图的做法步骤。

10. 模锻件的冷、热锻件图的作用各是什么? 有何差异? 绘制时应注意哪些问题?

11. 飞边槽的作用是什么? 飞边槽由几部分组成? 设计原则有哪些? 试述飞边槽的组成及其常见结构。

12. 如何设计连皮厚度? 锤上模锻时有几种形式的冲孔连皮? 为什么要选择厚度合适的冲孔连皮?

13. 确定锻件制坯工步主要考虑哪些因素? 如何确定?

14. 滚压模膛轮廓依据什么来设计? 滚压模膛有几种结构? 它们的设计原则是什么?

15. 短轴类和长轴类锻件制坯工艺特点和制坯模膛设计原则有哪些?

16. 如果有预锻模膛和终锻模膛,应当如何设计? 锻模的终锻模膛和预锻模膛如何布排?

17. 各类模膛在同一块锻模上应如何布置？为什么？

18. 试述锤锻模中心、模膛中心和压力中心的意义和确定方法。

19. 锻模中心和模膛中心不重合时会产生哪些不良后果？

20. 欲减小错移力的影响,在模具结构设计中主要采用哪些方法？

21. 锻模设计时为何要考虑承击面？

第6章 热模锻压力机上模锻

热模锻压力机采用曲轴、连杆和滑块传动机构，是为热模锻件生产而专门设计制造的一种压力机。由于采用模锻锤模锻，锻件的结构和工艺存在不少缺点，且不满足锻件精度、结构和工艺等的发展要求，所以成批、大量生产的中小型模锻件，越来越广泛地采用热模锻压力机(简称"锻压机")生产自动线进行模锻。一般来说，锻锤上能生产的任何锻件也能够在锻压机上制造，对变形速度很敏感的某些材料不适于锤上模锻，也可以在锻压机上模锻。锻压机除了进行一般模锻外，还可进行热挤压和热精压等工艺。

1. 热模锻压力机的工作特点

热模锻压力机与模锻锤相比主要有以下特点：

1)热模锻压力机滑块行程一定，每次行程都能使锻件得到相同高度，模锻件的尺寸精度较高，滑块运动速度比模锻锤低。

2)载荷为静压力，而且变形力由机架本身承受，机架刚性大、弹性变形小。

3)热模锻压力机的滑块机构具有严格的运动规律，易于实现机械化和自动化生产，特别适合于大批量生产和机械化、自动化程度高的模锻车间。

4)滑块导向精度高、承受偏载能力较模锻锤强，因此在热模锻压力机上模锻有利于延长模具使用寿命。

5)有上、下顶出料装置和模具润滑装置等，以保证热模锻工艺顺利进行，便于实现机械化和自动化。

6)热模锻压力机振动小、噪声低，不需要强大的安装基础。

7)热模锻压力机结构比较复杂，加工要求较高，制造成本高。

2. 热模锻压力机上模锻的工艺特点

根据热模锻压力机的工作特点，其模锻工艺和模具设计具有以下特点：

1)锻件精度较锤上模锻精度高。这是由于机架结构封闭、刚性大、变形小，所以，上、下模闭合高度稳定、精确；同时由于滑块导向精度高，锻模又可以采用导柱、导套进一步辅助导向，所以锻件水平方向尺寸也精确；另外，可利用上、下顶出机构从上、下模中自动顶出锻件，故模锻件的模锻斜度比锤上模锻件小，在个别情况下，甚至可以锻出不带模锻斜度的锻件。热模锻压力机上模锻的锻件尺寸稳定、一致性好，余量变化范围为 0.4~2 mm，公差为 0.2~0.5 mm，较锤上模锻件小 30%~50%。因此，它常用来进行热精压、精锻。

2)曲柄压力机上模锻的锻件内部变形深透而均匀，流线分布也均匀、合理，保证了力学性能的均匀一致。

锤上模锻时,由于锤头速度大,又是多次打击,金属运动惯性大,而且重复若干次,所以金属压入型槽的作用较为强烈。曲柄压力机上模锻时,滑块速度低,惯性作用小,金属充填型槽能力不及锤上模锻。因此,对主要以压入方式成形的锻件,多采用多个型槽过渡,使坯料逐步成形。但在曲柄压力机上模锻时,金属变形是在滑块一次行程中完成的,坯料内外层在一次行程中均得到变形,因此比多次锤击变形方式更深透而均匀。

3)可以安排一模多件和多模膛模锻。大平面尺寸工作台可安排 2~5 个工步,如制坯、预锻、终锻、切边和冲孔等。由于有顶料机构,一般不设钳夹头。对小锻件可安排 2~6 件,可大大提高生产率。

4)热模锻压力机模锻具有静压力的特性,金属在锻模内流动较缓慢,这对变形速度敏感的低塑性合金的成形十分有利。

5)在模具方面,热模锻压力机模锻时,由于采用多模膛逐步过渡,模具较锤用模具受力情况缓和,因此寿命较长。又由于可实现组合式模具,便于制造、修理和更换,可以节省模具材料,降低生产成本。

6)滑块行程一定、速度低、操作简单,锻件成形受人为因素影响小,对操作人员的技术要求不高。

3. 缺点

热模锻压力机上模锻虽有不少优点,但也有以下缺点:

1)热模锻压力机上模锻容易产生大飞边,金属充填上下模差异不大。这是由于滑块运动速度低,金属在水平方向流动比锤上模锻剧烈。

2)与相同能力的模锻锤相比,热模锻压力机的造价比较高昂,加之必要的配套设备,一次性投资大。

3)热模锻压力机行程和压力不能随意调节,不适宜进行拔长、滚挤等制坯操作。但由于其滑块行程-压力固有特性以及具有上下顶料机构,所以在一定的场合(如模锻螺钉、阀门之类的杆形件时),往往可用挤压或局部镦粗来代替拔长、滚挤进行制坯。当不能代替时,可采用其他设备(如辊锻机、平锻机等)进行制坯。

4)对坯料表面的加热质量要求高,不允许有过多的氧化皮。这是因为坯料在模膛中一次锻压成形,氧化皮掉落在模膛中不易被去除,会刺伤锻件表面。因此,应考虑采用少无氧化方法加热毛坯,或在模锻前清除表面氧化皮和模膛中的氧化皮残渣。

5)当设备操作或模具调整不当时,有可能使滑块在接近下死点时发生闷车,使生产中断,甚至可能使曲柄、连杆或模具损坏。

6)对于一些主要靠压入方式成形的锻件,不得不用多模膛模锻,增加了工序和模具。

综上所述,热模锻压力机在一定条件下可以生产各类形状的锻件。对于主要靠镦粗方式成形的锻件以及带有杆部或不带杆部的挤压、冲孔件,尤其适宜在曲柄压力机上模锻。在合理的制坯配合下,其生产效率也较锤上模锻高。

6.1　热模锻压力机上锻模设计

6.1.1　模膛设计

热模锻压力机锻模常用的模膛有终锻模膛、预锻模膛、镦粗模膛、压挤(成形)模膛、弯曲模膛及成形模膛等。

1. 终锻模膛设计

热模锻压力机上锻模的终锻模膛设计内容主要包括确定模膛轮廓尺寸、选择飞边槽形式、设计钳口、设计排气孔和布置顶出器。

(1)模膛轮廓尺寸的确定

终锻模膛按热锻件图制造。锻压机上热锻件图的设计方法与锤锻模相同,即将图上的所有尺寸计入收缩率进行绘制。对于钢锻件,收缩率一般为 1%~1.5%。

对细长或扁薄的锻件,收缩率取 1.2%。

对于一些杆类件,模锻后还要进行校正或压印等后续工序,应考虑这些后续工序使长度方向尺寸有少量增加,收缩率可取 1%~1.2%。

设计热锻件图时,除考虑收缩率外,还应考虑以下几方面:

1)在切飞边和冲连皮时锻件可能产生的拉缩变形。

2)终锻模膛的局部磨损。

3)下模膛较深处易积聚氧化皮从而引起锻件"缺肉"以及锻压机和模具的弹性变形等因素。

在模膛易磨损处,可在锻件负公差的范围内增加一层磨损量,以提高锻模的寿命。

在下模膛易积聚氧化皮的部位,锻件尺寸可加深 1~2 mm,并尽可能将较深的型腔放在上模。当锻压机和模具的弹性变形量较大时,应将热锻件的高度尺寸适当减小,以抵消其影响。

另外,在锻件图上应注明未注明的模锻斜度和圆角半径,尺寸注法一般规定按交点注。对于按切点注尺寸的最好有局部放大图。外形尺寸注在锻件最小部位(即模膛最深处),避免注在分模面上。因为分模面受多种因素影响,不宜作为测量的基准。

(2)飞边槽形式的选择

热模锻压力机用锻模的飞边槽形式和锤用锻模相似,但没有承击面,上、下模面之间留有间隙,防止锻压机发生"闷车"。调整间隙大小,可抵消锻压机的一部分弹性变形,保证锻件高度方向的尺寸精度。根据飞边槽的高度尺寸确定间隙的大小,当飞边槽仓部到模块边缘的距离小于 20 mm 时,可将仓部直接开通至模块边缘。

在热模锻压力机上模锻,要采用合理的制坯工步,使金属在终锻模膛内的变形主要以镦粗方式进行。飞边的阻力作用不像锤上模锻那么重要,其主要作用是容纳多余金属。因此,飞边槽桥口高度及仓部均比锤上的相应大一些,其结构及尺寸如图 6.1.1 及表 6.1.1 所示。结构Ⅰ使用得比较普遍,结构Ⅱ用于锻件形状较简单的情况。

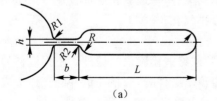 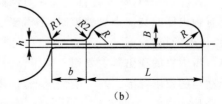

(a)　　　　　　　　　　　　　　(b)

图 6.1.1　飞边槽结构

(a)结构Ⅰ；　(b)结构Ⅱ

表 6.1.1　终锻飞边槽尺寸

设备/kN	尺寸/mm								
	10 000	16 000	20 000	25 000	31 500	40 000	63 000	80 000	120 000
h	2	2	3	4	5	5	6	6	8
b	10	10	10	12	15	15	20	20	24
B	10	10	10	10	10	10	10	12	18
L	40	40	40	50	50	50	60	60	60
r_1	1	1	1.5	1.5	2	2	2.5	2.5	3
r_2	2	2	2	2	3	3	4	4	4

（3）排气孔的设计

热模锻压力机上模锻与锤上模锻不同，金属是在滑块的一次行程中完成变形的。若模膛有深腔，聚集在深腔内的空气受到压缩，无法排出，从而会产生很大压力，阻止金属向模膛深处充填。因此，一般在模膛深腔金属最后充填处开设排气孔，如图 6.1.2 所示。

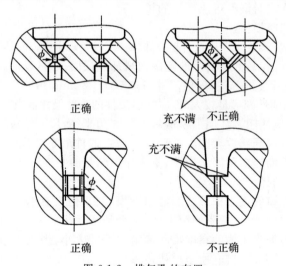

图 6.1.2　排气孔的布置

排气孔的直径 d 为 1.2～2.0 mm，孔深为 5～15 mm，后端可用 Φ4～5 mm 的通孔与通道连通。

对环形模膛，一般对称设置排气孔。对深而窄的模膛，一般只在底部设置一个排气孔。如模膛底部有顶出器或其他排气缝隙时，不需要设置排气孔。

（4）顶出器的布置

热模锻压力机的顶出器主要用于顶出预锻模膛或终锻模膛内的锻件。根据锻件的形状和要求选择适当的顶出器形式。一般情况下，顶出器顶出锻件时，应顶在锻件的飞边上或具有较大孔径的冲孔连皮上，如图 6.1.3(a)(b)(c) 所示。如果要将顶出器顶在锻件本体上时，应尽可能顶在加工面上，如图 6.1.3(d)(e)(f) 所示。

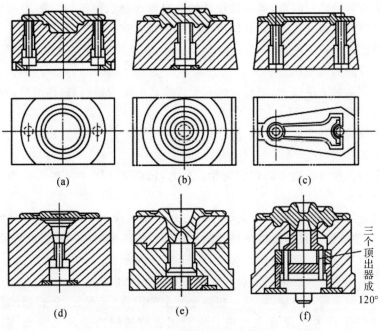

图 6.1.3 顶出器的位置

为了防止顶杆弯曲,在模锻时尽量不要使顶料杆受载,顶杆不能太细,一般取 $\Phi 10 \sim 30$ mm。应有足够长度的导向部分,顶杆孔与顶杆之间留有 $0.1 \sim 0.3$ mm 的间隙。

(5)钳口的设计

锻压机上不一定都设置钳口,因为大部分锻件很少采用夹钳头。为了检验模膛进行浇盐的浇口可以利用顶杆孔。没有顶杆孔的则要设置钳口,其形状如图 6.1.4 所示。尺寸为 $L = 60 \sim 70$ mm,$b = 50 \sim 60$ mm,$S_1 = (1.5 \sim 2) \times$ 模膛深度,或参照锤锻模确定。

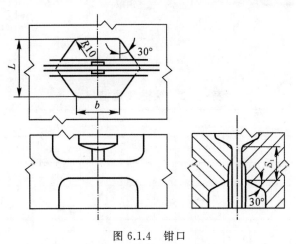

图 6.1.4 钳口

2.预锻模膛设计

热模锻压力机一次行程完成金属变形。因此,热模锻压力机上模锻的一般成形规律是金属沿水平方向流动剧烈,向高度方向流动相对缓慢。这就使得在热模锻压力机上模锻更容易产生充不满和折叠等缺陷。因此,通常要设计预锻模膛。预锻模膛设计的原则是使预锻后的坯料在终锻模膛中以镦粗方式成形,具体应注意以下几方面。

1)预锻模膛比终锻模膛的高度尺寸大 2～5 mm,宽度尺寸适当减小,并使预锻件的横截面积稍大于终锻件的横截面积。

2)若终锻件的横截面呈圆形,则相应的预锻件横截面应为椭圆形,椭圆横截面的直径比终锻件相应截面直径大 4%～5%。

3)严格控制预锻件各部分的体积,使终锻时多余的金属合理流动,避免产生金属回流和折叠等缺陷。

4)应考虑预锻件在终锻槽中的定位问题。为此,预锻工步图中某些部位的形状和尺寸应与终锻件基本吻合。

5)当终锻时金属不是以镦粗而主要以压入方式充填模膛时,要使预锻模膛的形状与终锻模膛有显著差别,使预锻出来的预锻坯件的侧面在终锻模膛变形的一开始就与模壁接触,以限制金属径向剧烈流动,迫使其流向模膛深处,如图 6.1.5 所示。

6)预锻件的圆角半径及模锻斜度设计原则与锤上模锻相同。

7)预锻型槽一般不带飞边槽,但对一些外形复杂的锻件(叉形件、多拐曲轴件等)来说,其预锻型槽的某些部位应考虑设置飞边槽。预锻飞边槽的结构形状与终锻飞边槽相同(见图 6.1.1)。具体尺寸可按表 6.1.2 选定,对形状比较复杂的锻件来说,为了较好地充满模膛而必须增大金属外流的阻力时,桥口的宽度 b 应比该表中的数据适当增大。

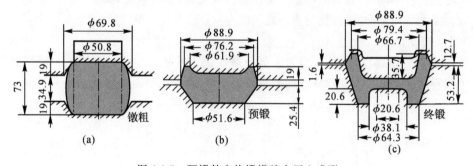

图 6.1.5　预锻件在终锻模膛中压入成形

表 6.1.2　预锻飞边槽尺寸

设备/kN	尺寸/mm								
	10 000	16 000	20 000	25 000	31 500	40 000	63 000	80 000	120 000
h	3	3	4	5	6	6	7	9	9
b	10	10	10	12	15	15	20	20	24
B	10	10	10	10	10	10	10	12	18
L	40	40	40	50	50	50	60	60	60
r_1	1.5	1.5	2	2	3	3	3.5	3.5	4
r_2	2	2	2	2	3	3	4	4	4

6.1.2 制坯模膛设计

热模锻压力机上常用的制坯模膛有镦粗模膛、压挤(成形)模膛和弯曲模膛等。

(1)镦粗模膛

镦粗模膛有镦粗台和成形镦粗模膛两种。

1)镦粗台。镦粗台上、下模的工作面是平面,用于对原坯料进行镦粗,通常用于镦粗圆形件。

2)成形镦粗模膛。成形镦粗模膛的结构如图 6.1.6 所示,其作用是使成形镦粗后的坯料易于在预锻模膛中定位或有利于金属成形。

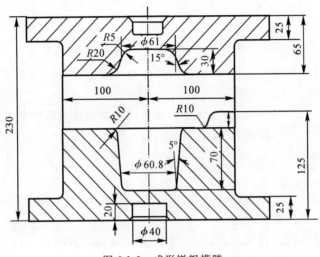

图 6.1.6 成形镦粗模膛

(2)压挤(成形)模膛

压挤模膛与锤上模锻的滚挤模膛相似,其主要作用是沿坯料纵向合理分配金属,以接近锻件沿轴向的断面面积,如图 6.1.7 所示。

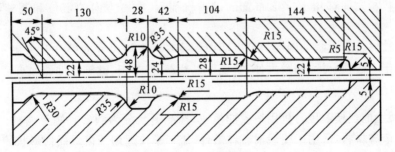

图 6.1.7 压挤模膛

压挤时,坯料主要被延伸,截面积减小,而在某些部位(如靠近长度方向的中部)有一定的聚料作用。压挤模膛在热模锻压力机模锻中用得较多,特别是在没有辊锻制坯的情况下。此外,压挤还能去除坯料表面氧化皮。

（3）弯曲模膛

弯曲模膛的作用是将坯料在弯曲模膛内压弯,使其符合预锻模膛或终锻模膛在分模面上的形状。

弯曲模膛的设计原则与锤上模锻相似,其设计依据是预锻模膛或终锻模膛的热锻件图在分模面上的投影形状。

6.1.3 锻模结构

热模锻压力机由于工作速度比模锻锤低、工作平稳并设有顶出装置,所以多数锻模采用通用模架内装有单模膛镶块的组合结构。它主要由模座、垫板、模膛镶块、紧固件、导向装置及上、下顶出装置等零件组成。其中与锤用锻模区别较大的有模架、模块、导向装置及顶出装置。

1. 模架

模架多为通用,但是由于各种锻件所要求的工步数不同、镶块的形状不同（圆形或矩形）以及镶块内所设置的顶出器不同（一个或两个）,因此每台热模锻压力机都应该配有两套以上的通用模架。

模架由上、下模板、导柱导套、顶出装置以及紧固调整镶块用零件组成。模架的结构应保证模块装拆、调整方便,紧固牢靠以及通用性强。

常用模架有以下三种结构。

（1）压板式模架

这种模架采用斜面压板压紧镶块锻模,如图 6.1.8 所示的圆形镶块用斜面压板式模架,另外还有矩形镶块用斜面压板式模架。

斜面压板式模架的优点是镶块紧固、刚性大、结构简单。其缺点是对于模锻不同尺寸锻件的通用性较小、镶块的装拆调整不方便以及镶块不能翻新等。

（2）楔块压紧式模架

楔块压紧式模架如图 6.1.9 所示,它与斜面压板式模架,只不过把压板换成了楔块。

（3）键式模架

这种结构的模架没有压板式模架中的后挡板、斜面压板、侧向压紧板以及模板上的凹槽。镶块、垫板和模板之间都用十字形布置的键进行前后、左右方向的定位和调整,如图 6.1.10 所示。

键式模架的通用性强,一副模架可以适应模锻各种不同尺寸的锻件及采用不同形状的镶块（圆形或矩形）,镶块装拆、调整方便,镶块可以翻新,但垫板、键等零件的加工精度要求较高。

2. 模块

装在模架上的热模锻压力机用锻模的模块,按照形状分为圆形和矩形两种。其中圆形模块加工方便、节省材料,适用于模锻回转体锻件;矩形模块适用于模锻任何形状的锻件。

模块分为整体式或镶块式,镶块式模块如图 6.1.11 所示。上、下模块可以是组合式的,分成两块或其中一个模块分成两块。分成两块后的一块为加工出模膛的镶块,一块为模座。这样就使模座不经常更换。其中图 6.1.11 中的（a）（b）（c）是方形和矩形镶块组成的模块,而图中（d）（e）是圆形镶块组成的模块。

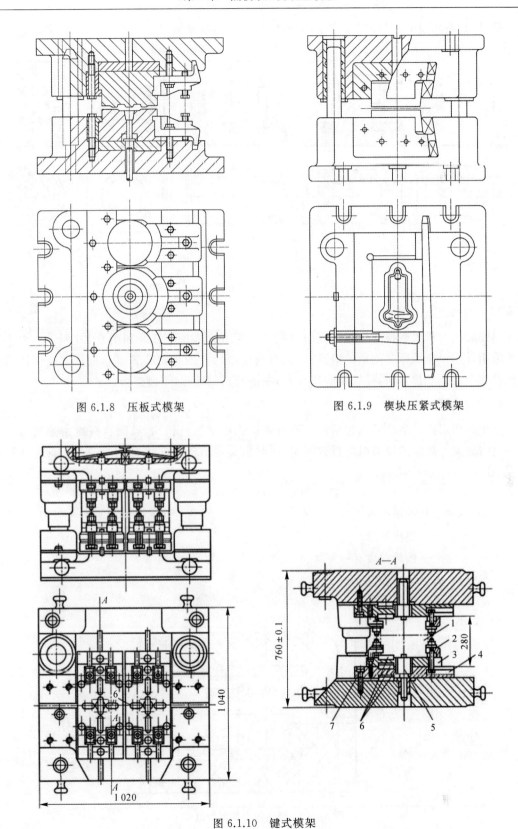

图 6.1.8　压板式模架

图 6.1.9　楔块压紧式模架

图 6.1.10　键式模架

1—镶块；2—压板；3—中间垫板；4—底层垫板；5—偏头键；6—导向键；7—螺钉

镶块与模座之间可以采用螺钉紧固,也可以采用斜楔紧固。

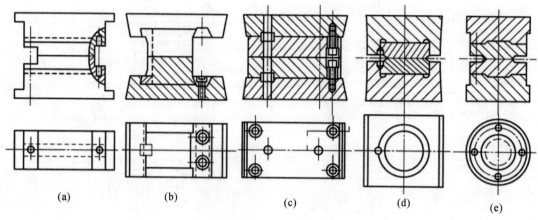

(a)　　　　　(b)　　　　　(c)　　　　　(d)　　　　　(e)

图 6.1.11　组合式模块

3. 导向装置

热模锻压力机用锻模的导向装置由导柱和导套组成,如图 6.1.8 和图 6.1.9 所示。大多数锻模采用设在模座后面或侧面的双导柱,也有采用四导柱的导向装置。导柱长度应保证当压力机滑块在上死点位置时,导柱不脱离导套;在下死点位置时,不碰盖板。

4. 闭合高度

热模锻压力机的运动机构包括曲柄连杆机构或曲柄肘杆机构,其闭合高度由热模锻压力机的结构决定。热模锻压力机的行程固定,因此模具在闭合状态,各零件在高度方向上的尺寸关系如图 6.1.12 所示,即

$$H = 2(h_1 + h_2 + h_3) + h_n$$

式中　　H——模具的闭合高度;

h_1——上下模座厚度;

h_2——上下垫板厚度;

h_3——上下锻块高度;

h_n——上下模间隙。

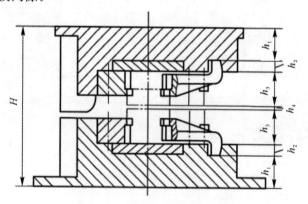

图 6.1.12　模具闭合高度的组成

热模锻压力机模具的闭合高度 H 要比它的最小闭合高度大,其相差值大约为工作台最大调节量的 60%。

6.2　倒挡齿轮压力机上模锻

倒挡齿轮是典型的镦粗类圆形件,由轮缘、轮辐和轮毂三部分组成,分模线与锻件轴线垂直,模膛打击中心就是锻件轴线。该件的设计要点如下。

6.2.1　锻件变形力计算

热模锻压力机属于曲柄连杆传动的锻压设备,其滑块上的载荷随曲柄的转角而周期性地变化,其公称吨位指的是滑块距下死点前一定距离内,压力机所允许的最大作用力。

热模锻压力机的过载保护机构在发生"闷车"时,不能自行卸载和自行恢复,必须采取可靠的工艺措施,避免由于坯料体积波动 ΔV 引起的过载,一般不容易做到,因此在热模锻压力机上应用闭式模锻工艺有一定的限制。

热模锻所需变形力可按下列经验公式选取:

$$P = (0.64 \sim 0.73)KA$$

式中　P——热模锻成形载荷,kN;

　　　K——材料系数,由表 6.2.1 查得;

　　　A——锻件和飞边(仓部按 50% 计算)在水平面上的投影面积,mm^2。

表 6.2.1　材料系数

材料	碳素钢 ($w_c<0.25\%$)	碳素钢 ($w_c>0.25\%$)	低合金钢 ($w_c<0.25\%$)	低合金钢 ($w_c>0.25\%$)	高合金钢 ($w_c>0.25\%$)	合金工具钢
系数 K	0.9	1.0	1.0	1.15	1.25	1.55

在确定模锻锤吨位的各公式中,对于形状简单的模锻件,系数取小值;对于形状复杂的模锻件,系数取大值。在实际生产中,常常还存在一些意外因素,为确保设备安全,选用的设备吨位应稍大于最大变形力,一般应留有约 20% 的富余量。

经计算,变形力为 25 125 kN,因此选用 31 500 kN 热模锻压力机。

6.2.2　终锻模膛及其模块设计

(1)热锻件图设计

按图 6.2.1 冷锻件图上的所有尺寸加 1.5% 冷收缩率(见图 6.2.2)。

(2)飞边槽选用

按表 6.1.1 中 31 500 kN 级选定,$h=5$ mm,$b=15$ mm,$L=50$ mm,$r_1=2$ mm,采用上、下模都开仓布置的形式。

(3)连皮的设计

采用带仓连皮,参数如下:

$$\beta=10°, b_1=12 \text{ mm}, R=5 \text{ mm}, s=3 \text{ mm}$$

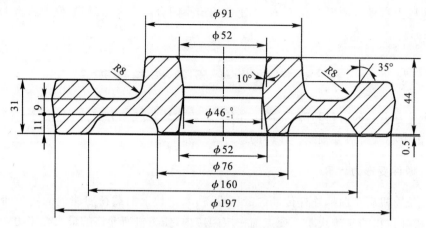

图 6.2.1　倒挡齿轮锻件图

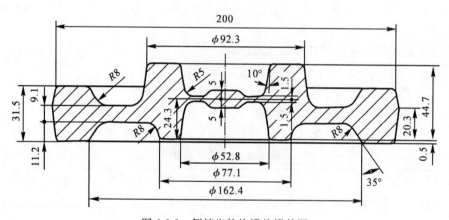

图 6.2.2　倒挡齿轮终锻热锻件图

(4)模块尺寸的确定

模块尺寸按模架设计,模块封闭高度为 320 mm。

模膛壁厚:模膛最大外径为 205 mm。其深度为 20.3 mm,取模膛壁厚为深度的 2 倍,模块最小尺寸应不小于 286.2 mm。

模块平面尺寸,根据模架的安装要求,选用长度为 400 mm,宽度为 318 mm。

承压面校核:

经计算模块底部承压面积为

$$F_{底} = 108\ 579\ (\text{mm}^2)$$

单位面积上承受的压力为

$$p = \frac{P}{F_{底}} = \frac{3\ 150 \times 10^3}{108\ 579} = 290\ (\text{MPa})$$

$p < 300$ MPa,符合要求。

模块底面与模架垫板之间的定位,采用十字键槽。对于圆形锻件,受力集中在中间,因此在可能的条件下,十字键槽不要开通,以增强模块强度,如图 6.2.3 所示。纵向由于模架的顶杆结构所限是开通的,横向则不开通。

紧固方式采用压板式。

（5）顶杆

把锻件内孔成形部分作为顶杆的一部分，如图 6.2.3 所示。

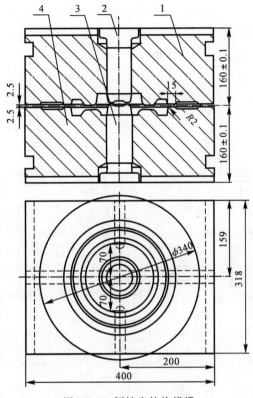

图 6.2.3　倒挡齿轮终模锻

1—上模；2—上顶杆；3—下顶杆；4—下模

6.2.3　预锻模膛及其模块设计

1)热锻件图设计。倒挡齿轮预锻热锻件图的尺寸如图 6.2.4 所示，预锻件的轮辐厚度比终锻件小，主要是使终锻时，充满轮毂模膛后的多余金属能顺利经轮辐处流出，不致在内孔产生折叠。

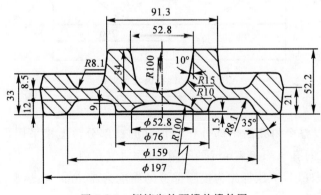

图 6.2.4　倒挡齿轮预锻热锻件图

设计时,应使轮辐中间以内,预锻模腔截面积比终锻模腔相应部位截面积增大值不超过终锻截面积的 4%。

2)飞边槽选定。按表 6.1.1 中 31 500 kN 级选用,即 $h=5$ mm,$b=15$ mm,$r_1=2$ mm,$L=50$ mm。

3)连皮设计。为了减少预锻时外流金属量,不致在轮缘内径轮辐过渡处产生折叠,加大了连皮厚度,其厚度为外侧飞边厚度的 1.5 倍。

4)模块尺寸与终锻模块相同。

5)锁扣设计。采用圆形锁扣。由于模块宽度只有 318 mm,因此可以设计为非整圆的锁扣,如图 6.2.5 所示。

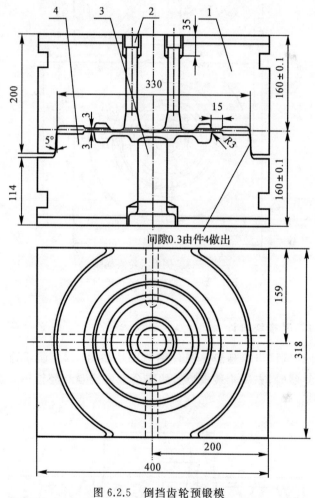

图 6.2.5　倒挡齿轮预锻模

1—上模;2—上顶杆;3—下顶杆;4—下模

6)顶杆。下模以整个内孔凸出部分作为顶杆的一部分。上模采用顶轮毂的设计(见图 6.2.5)。顶杆和孔之间有 0.3～0.4 mm 的间隙,可作排气孔用。

图 6.2.6 为下顶杆图,下顶杆作为模腔部分的高度为 9 mm。在热锻件图中,在模腔深处

有 1.5 mm 深的圆柱形,是为了防止金属流入孔与顶杆的间隙。底部直径为 $\Phi 84$ mm,可以承受工作状态下较大的负荷。图 6.2.7 为上模顶杆图,由于顶杆直径小,为使其不产生弯曲,又要导向好,顶杆有一段长度为 30 mm 的圆柱体外,其余部分采用 $A—A$ 截面形式,切去三段圆弧。这种结构是合理而有效的。

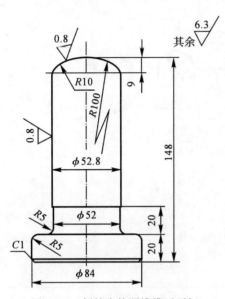

图 6.2.6　倒挡齿轮预锻模下顶杆

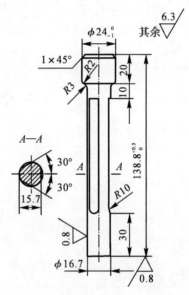

图 6.2.7　倒挡齿轮预锻模上模顶杆图

6.2.4　镦粗模膛设计

镦粗模采用组合式结构(见图 6.2.8)。这种结构便于调整镦粗坯料高度,只需要在下模镶块和下模座之间增减调整垫片即可。

设计镦粗模膛,应使镦粗后的坯料最大外径比预锻模膛最大外径小 $1\sim 2$ mm,本例采用 1 mm,以有利于充满模膛和减少错差。

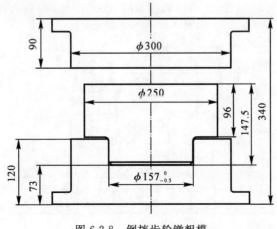

图 6.2.8　倒挡齿轮镦粗模

6.3 套管叉压力机上模锻

套管叉是典型的叉形锻件,如图 6.3.1 所示,杆部粗大,叉口开挡为杆部直径的 1.23 倍。外侧为杆部直径的 2 倍,叉部向杆部过渡处截面小。

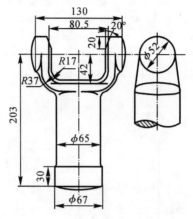

图 6.3.1 套管叉锻件图

其工艺特点如下:

1)叉部成形和充满比较困难。正确设计制坯模膛和劈料模膛是保证成形良好的关键。

2)由于叉部周长比较长,但截面较小,加之叉口端为圆柱形,切边凸模与锻件接触面积较小等原因,导致切边时变形大。切边后应进行热校正,于是,设计终锻模膛时要作相应变化,给出预校正量。

3)应按叉部平均截面增大 13% 选择坯料。按叉部计算坯料应采用□67 mm,实际采用□85 mm。

6.3.1 终锻模膛设计要点

为适应热校正的需要,套管叉终锻热锻件如图 6.3.2 所示,截面上有几项改变。

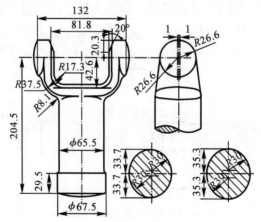

图 6.3.2 套管叉终锻热锻件图

叉形部位：Φ52 mm 处有 2 mm 热校正量。向杆部过渡处 R37.5 mm 也有相同的热校正量。

杆部：主要校正弯曲变形。高度方向分别有 1.4 mm 和 2.6 mm 的热校正量，宽度减小 0.5 mm。

飞边槽按图 6.1.1 及表 6.1.1 中的 31 500 kN 级选用，顶杆采用两种不同直径。叉部选用 Φ30 mm，杆部选用 Φ18 mm。锻模如图 6.3.3 所示。

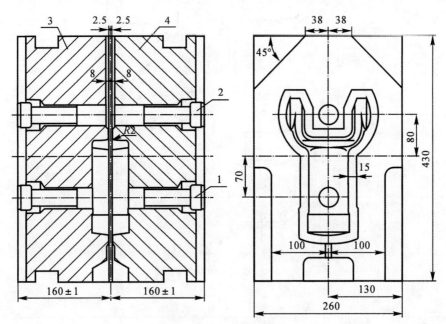

图 6.3.3　套管叉终锻模图

1—托板螺钉；2—顶杆；3—上模；4—下模

6.3.2　预锻模膛设计要点

(1)套管叉预锻热锻件图(见图 6.3.4)设计

按 B 型劈料模膛设计，具体参数如下：

$a = 10°$；$R_t = 35$ mm；$d = 40$ mm；$t = (1\sim1.5)h = 6\sim9$ mm，取为 6 mm。

(2)模膛其他部分

叉形内侧比终锻大 1.5 mm，外侧比终锻小 1 mm，杆部宽度小 0.9 mm。

阻力沟：在叉形开口处设置两条阻力沟，第一条占叉口两侧模膛宽度的 1.2 倍。第二条为第一条长度的 60%。

为增大阻力，叉部的桥口宽度比表 6.1.2 中列出的尺寸大，如图 6.3.5 所示。

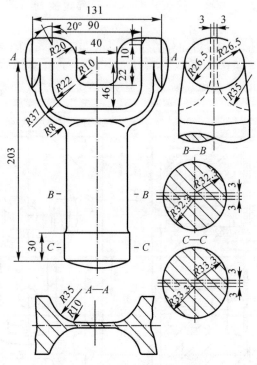

图 6.3.4　套管叉预锻热锻件图

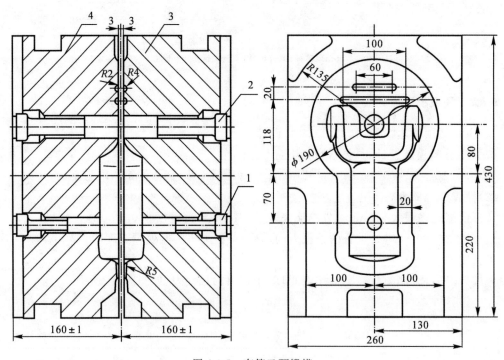

图 6.3.5　套管叉预锻模
1—托板螺钉；2—顶杆；3—上模；4—下模

6.3.3　制坯模膛设计

根据所采用的坯料尺寸和锻件杆部及叉口成形对坯料的要求。制坯时采用两个工步，即整体压扁及转 90°局部再压扁。

图 6.3.6 所示为套管叉制坯模，将□85 mm 的坯料放在 1 处平面压扁。压至 60 mm 高，坯料宽展到 100 mm 左右，然后拉出坯料，转 90°在 2 处进行局部压扁，长度约为 150 mm。将坯料压成 T 字形，转 90°放到预锻模膛中，第一次压扁的平面覆盖住叉口模膛，第二次压扁部分放在杆部模膛内。由于杆部坯料较高，因此预锻时，金属沿纵向流动快，较易充满杆部末端。

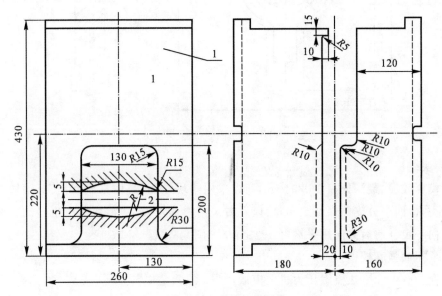

图 6.3.6　套管叉制坯模

第二次压扁模膛截面设计为圆弧形，使坯料转 90°后两侧为鼓形，以便于在预锻模膛中定位。

6.4　十字轴压力机上模锻

十字轴是具有四个长分枝的镦粗类锻件，四个分枝为 $\Phi 32$ mm×52 mm，中间有一个外径 $\Phi 86$ mm、内孔 $\Phi 46$ mm 的环形。因此，如果采用一般镦粗件的设计，即镦粗、预锻和终锻，不仅材料浪费很严重，而且四个分枝端头不易充满。

该件采用镦粗、成型挤压和终锻三个工步。

6.4.1　终锻模膛及其模块设计

(1)热锻件图设计

按冷锻图全部尺寸加 1.5%的热收缩率，内孔连皮采用平连皮，如图 6.4.1 所示。

连皮厚 S 取为 4.8 mm，R 选用 10 mm。

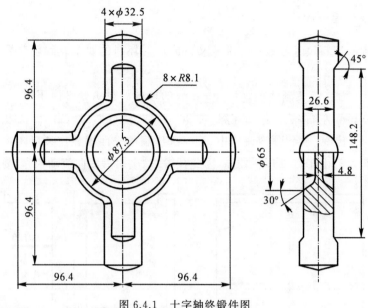

图 6.4.1　十字轴终锻件图

（2）模块结构

由于模膛较浅，最深处只 16.25 mm，所以采用镶块结构，具体来说，为长形镶块。虽然锻件属镦粗类，但四个分支要保证定向，所以左右采用槽形定位，使镶块不产生转动。保持十字分支的方向一定。前后方向用平键（件 9）定位（见图 6.4.2）。

镶块承压面强度校核：

该件在 20 000 kN 热模锻压力机上模锻，

$$p = P/F = 20\ 000 \times 10^3 / 66\ 080 = 302\ （MPa）$$

接近允许的极限值，但由于该件的模膛较浅，所以可以采用。

（3）飞边选用

按表 6.1.1 中 20 000 kN 级选用，即

$$h = 3\ \text{mm}, \quad b = 10\ \text{mm}, \quad B = 10\ \text{mm}, \quad r_1 = 1.5\ \text{mm}。$$

（4）顶杆

由于模块封闭高度只有 280 mm。因此，模座高度小，不便于设计成两级顶杆。该件采用单级顶杆，为了便于调整，件 1 和件 4 模座中的顶杆孔可以放大间隙。上模顶杆采用弹簧回位装置，避免在终锻时顶杆超出模膛表面，导致变形，从而影响顶杆的动作。

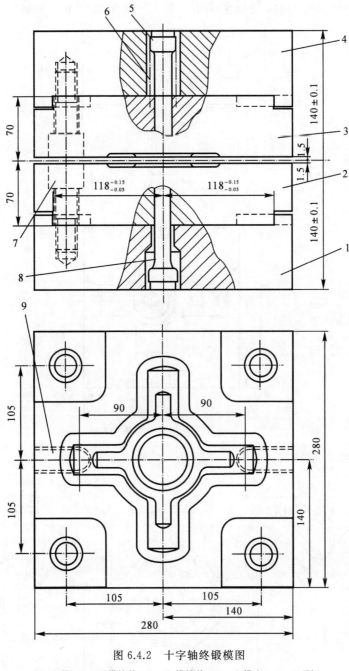

图 6.4.2 十字轴终锻模图

1—下模；2—下模镶块；3—上模镶块；4—上模座；5—上顶杆；

6—回位弹；7—紧固螺钉；8—下顶杆；9—定位键

6.4.2 镦粗、成形挤压模膛设计

镦粗模膛在模块右前角 K 处(见图 6.4.3),其作用是去除加热坯料的侧面氧化皮,并使镦粗后的坯料直径和高度符合成形挤压模变形的要求。如图 6.4.4 所示,应使镦粗后坯料的最

大外径在直径为Φ85 mm,斜度为18°的型腔中位于高度的一半以下,以获得较好的挤压效果。

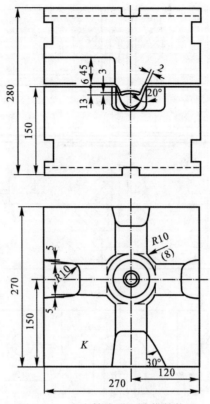

图 6.4.3　十字轴成形压挤模结构图

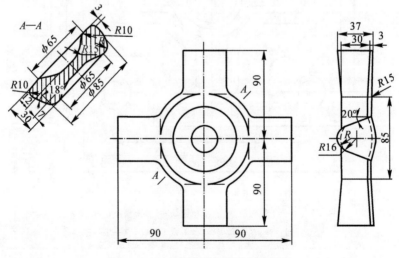

图 6.4.4　十字轴镦粗、成形压挤锻件

　　成形挤压模腔的作用,在于代替预锻模腔和节约金属材料消耗。

　　将镦粗后的坯料,放在成形挤压模腔中。挤压时,在 18°区段,上模进入下模,此处间隙为 2 mm。当金属被挤压流入该间隙时,阻力迅速增大,迫使金属按最小阻力定律向四个开口的分枝流出。四个分枝的上模也进入下模,此处为20°,间隙也为2 mm。金属流入这个间隙,阻力也迅速增大,同样迫使金属向四个分枝的开口处流出,从而形成一个四周在上模带有18°～20°斜度飞边的十字形坯料,如图6.4.3所示。把成形挤压后的坯料放在终锻模膛中,滑块下压时,由于四枝已被挤出,锻件很快可以充满各个部位的模膛。

成形模膛设计原则如下:

1)必须使产生斜飞边的坯料轮廓大于终锻件的最外轮廓线,从而,可避免飞边压入终锻模膛形成折叠。

2)四个分枝的长度应小于终锻模膛四枝长度(见图6.4.4)。

3)为了减少金属流动阻力,四分枝模膛向外做成锥形,如图6.4.4所示。在85 mm范围之外,由30 mm加大到37 mm。

4)为便于成形挤压件从模膛中取出,必须设计顶杆。

5)为便于取出坯料,在前端开一个30°的斜面(见图6.4.3),以便于夹钳夹料。

6)由中间向四枝过渡处 R 应加大,防止终锻时产生对流折叠。

6.5　MAGNA 三爪凸缘压力机上模锻

6.5.1　工艺分析

MAGNA 三爪凸缘零件图,如图6.5.1所示。该零件形状复杂,有三个厚度为12.5 mm、平均厚度为30 mm、平均长度为30 mm的分枝;夹在分支之间的薄壁厚度仅为5 mm;上、下模错差≤0.3 mm。还有动平衡的要求。

锻件的形状特点决定了三个分支端部不容易充满,如果仍然采用传统的镦粗工艺,不仅造成大量材料消耗,而且锻件的质量难以保证。为了解决上述问题,采用成形挤压模膛代替预锻模膛制造坯料的新工艺。根据实际生产条件,该三爪凸缘锻件的锻造工艺流程为下料→中频加热→锻造(镦粗、成形压挤、终锻)→冲孔→切边→调质→喷丸→精压。

6.5.2　关键设备的选择

1. 设备种类的选择

1)摩擦压力机具有结构简单、通用性强、工艺用途广、模具寿命较长以及传动效率低的特点,适合中小批量生产,但承受偏载能力很差,不适宜多工位生产。因此,锻造复杂的锻件,其锻造流程很长。

2)热模锻压力机导向精度高,锻件的余量、公差等都可以减少,承受偏载能力强。因此,生产率较高,便于实现机械化、自动化,但热模锻压力机结构复杂,滑块行程固定,设备容易闷车,故在计算设备吨位时要倍加小心。

综上所述,由于 MAGNA 三爪凸缘锻件需要多工位锻造,因此本产品选用热模锻压力机设备进行锻造。

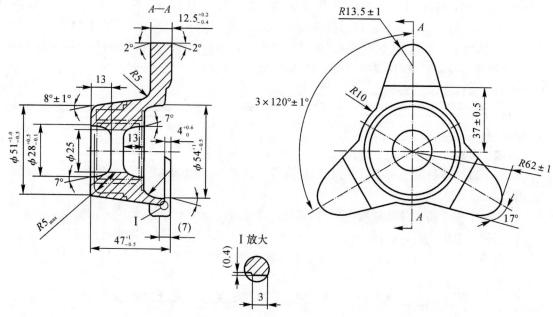

图 6.5.1　MAGNA 三爪凸缘零件图

2. 设备吨位的确定

按经验公式,锻造力 P 为

$$P = (6.4 \sim 7.3)KF$$

式中　　P—— 锻造力,kN;

　　　　K—— 钢种系数,kN/cm²;

　　　　F—— 包括锻件飞边桥部在内的投影面积,cm²;

本锻件的结构相对复杂,由于温度的波动以及压力机本身的弹性变形,很难达到要求的尺寸精度。因此,取系数为 7.3,钢种系数取 $K = 10$ kN/cm²。经计算,包括锻件飞边桥部在内的投影面积为 121 cm²。因此,锻造力 $P = 7.3 \times 10 \times 121 = 8\,833$ (kN)。

为了防止过载而引起闷车,热模锻压力机的使用吨位最好不大于公称吨位的 80%。因此,热模锻压力机设备的公称吨位必须 $> P/80\% = 11\,041$ kN,因此选用 16 000 kN 热模锻压力机进行锻造。

6.5.3　模具设计

1. 终锻模及其模块的设计

(1) 热锻件图的设计

锻件横向热尺寸按照锻件图的横向尺寸加 1.5% 的收缩率,但尺寸 $\Phi 54^{+1.0}_{-0.5}$ mm 例外。这是因为锻件冲孔要发生变形,因此其尺寸取 $\Phi 55.4$ mm。

锻件纵向热尺寸,基本按锻件图的纵向尺寸加 1% 的收缩率,但是爪厚尺寸 $\Phi 12^{+0.2}_{-0.4}$ mm 例外,这是因为要留精压余量 0.5 mm。考虑设备的弹性变形,因此该热尺寸依然取 $\Phi 12.5$ mm,MAGNA 三爪凸缘热锻件图如图 6.5.2 所示。

（2）飞边槽和连皮的设计

热模锻压力机上飞边槽的形式和锤上模锻相似，但没有承击面。飞边槽的作用是增加金属流出模腔的阻力，以迫使金属充满模腔。设计锤上模锻飞边槽的尺寸有两种方式，即吨位法和计算法。该次采用吨位法，飞边槽的桥高 h 用下式计算得：

$$h = 0.75\sqrt{P_m} = 0.75\sqrt{16} = 0.75 \times 4 = 3 \text{（mm）}$$

式中　　h——飞边桥部高度，mm；

P_m——热模锻压力机的名义尺寸，MN。

查表 6.1.1 可知，$b = 10$ mm，$B = 10$ mm，$L = 10$ mm，$r_1 = 1.5$ mm，$r_2 = 2$ mm。

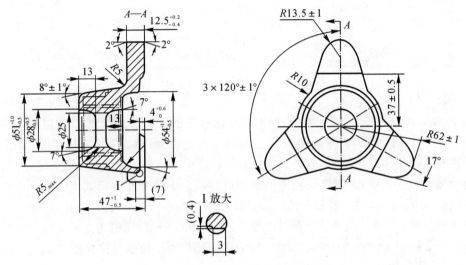

图 6.5.2　MAGNA 三爪凸缘热锻件图

预锻模腔选用图 6.5.3(a) 的平底连皮，终锻模腔选用图 6.5.3(c) 的带仓连皮，从表 6.5.1中计算和选用有关连皮的尺寸，厚度取 7 mm。

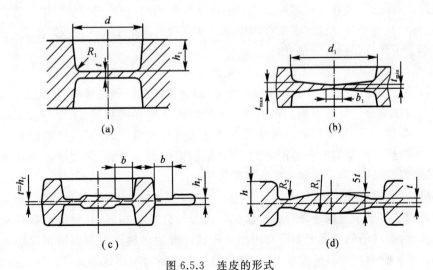

图 6.5.3　连皮的形式

(a) 平底连皮；(b) 斜底连皮；(c) 带仓连皮；(d) 拱底连皮

表 6.5.1 连皮形式和尺寸

连皮形式	使用范围	连皮尺寸/mm	符号说明
平底连皮	最为常用	$t=0.45\sqrt{d-0.25h-5}+0.6h$ $R_1=R+0.1h+2$	R—内圆角半径 其余见图6.5.3(a)
斜底连皮	常用于预锻模腔 $d>2.5h$ 或 $d>60$ mm	$t_{\max}=1.35t$ $t_{\min}=0.65t$ $d_1=(0.25\sim0.3)d$	t—平底连皮计算值 其余见图6.5.3(b)
带仓连皮	用于预锻时采用斜底 连皮的终锻模腔	厚度 t 和宽度 b 分别与 飞边桥部高度 h_f 和桥部宽度 b 相同	见图6.5.3(c)
拱底连皮	用于内孔很大、高度 很小的锻件,$d>15$ mm	$T=0.4\sqrt{d}$ R_1 由作图决定,$R_2=5h$	见图6.5.3(d)

(3)模块结构

由于 MAGNA 三爪凸缘锻件精度比较高,产品有动平衡要求,因此模具磨损到一定程度必须换模。为了节约模具材料,降低成本,便于模具标准化,终锻模等采用镶块结构(见图6.5.4)。虽然锻件属于镦粗型充填模腔,但3个分枝要保证定向,所以镶块之间采用平键定位。另外,为了避免锻件产生错移,上下模块还采用锁扣设计。由于锻件要求错差≤0.3 mm,所以锁扣导向的间隙取 0.3 mm,并把锁扣的凸出部分设计在下模,从而可以控制锻件的壁厚差,尽可能满足锻件的动平衡要求。镶块承压面强度校核:在 16 000 kN 热模锻压力机上模锻 $p=P/F=$ 16 000×10³/53 415=299.5 MPa <300 MPa,因此镶块承压面强度符合要求。

(4)顶料装置的设计

模架内设有顶料装置,用于传递热模锻压力机顶料力。为了便于锻件从模腔中快速取出,增加模具寿命,终锻模必须设计顶杆。该零件为完全对称图形,使用单顶杆时,为了保证锻件能平稳顶出,必须使用顶杆处于锻件的中心或中心附近。本次设计采用直接式顶料机构。该零件无须设计排气孔,顶杆与孔之间有 0.3~0.4 mm 的间隙,在顶料装置与锻模装置之间设计空隙,即将可排气顶料装置设计在锻件的中心。在本次绘图中主要考虑成形工艺,因此将顶尖装置突出部分设计成凹模的一部分。

(5)导锁的设计

鉴于锻件错差要求小,并且有动平衡的要求,因此采用侧面锁扣导向,其间隙取值 0.1 mm,并把锁扣的突出部分设计在下模。热模锻压力机锻模采用导向装置,主要是为了减少模具错移,提高锻件精度,便于模具调整。导柱要有足够的强度和刚度,以承受模锻过程中产生的错移力,导柱和导套之间应留有足够的间隙,以补偿制造中的偏差、设备滑块和工作台的不平行度以及锻造过程中的自身受热膨胀等因素的影响。

(6)分模面的确定

分模面的基本要求是保证锻件的形状尽可能与零件形状相同,并使锻件容易从模腔中顺利取出。因此,锻件的侧表面上不得有内凹的形状。确定分模面时应以镦粗成形为主,此外,还要考虑提高材料利用率。一般情况下,热模锻压力机的分模面选择原则与锤上模锻相同,因此,该零件分模面应设置在零件的最大横截面处。

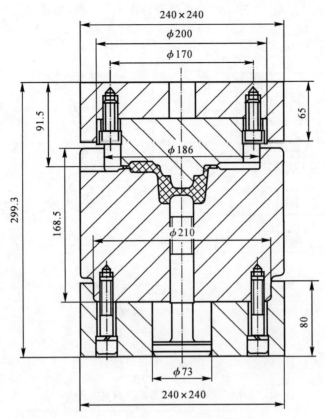

图 6.5.4　MAGNA 三爪凸缘终锻图

2. 镦粗及半闭式成型模腔设计

镦粗模腔设计在模架左侧,其作用是去除坯料侧表面的氧化皮,并使镦粗后的坯料直径适合成型模的要求,以取得较好的成型效果。

成形挤压模设在模架的右面,它的作用是代替预锻模腔和节约金属材料消耗。为了避免形成纵向飞边,3 个分支的凸模做成了 7°斜面,与下模相匹配,并迫使多余金属沿着分支向外流动,如图 6.5.5 所示。

既节约材料又锻造出合格产品的关键在于 3 个分枝的设计。图 6.5.5 中,将镦粗后的坯料放在成形挤压模中。挤压时,在 25°型腔的 X,Y,Z 第 3 处上模进入下模,此处间隙为 1 mm。当金属被挤压流入这个间隙时,阻力迅速增大,迫使金属按最小阻力定律向 3 个开口的分枝流出。同时该 3 个分枝的上模也进入下模,如图 6.5.5 中的 C 向视图。此处两边也为 25°,间隙为 1 mm,金属流入这个间隙时,阻力迅速增大,迫使金属向三个分枝的开口流出,从而在分枝的两边形成一个在上模带有 25°斜飞边的坯料。

3. 精压模的设计

(1)设备分析

由于锻件 3 个分枝的厚度尺寸为 $12.5^{+0.2}_{-0.4}$ mm,又由于锻件温度的波动和设备的弹性变形,所以在 16 000 kN 热模锻压力机上热锻很难保证尺寸及平整度的要求。此外,精压机采用曲柄肘杆式的铰链机构,具有行程小、加压时间长及刚度大的特点,能使锻件获得准确的尺寸及平整光洁的表面,故 MAGNA 三爪凸缘锻件设计在 8 000 kN 精压机上精压。

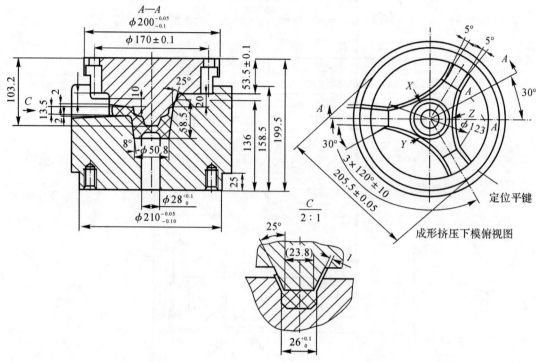

图 6.5.5　MAGNA 三爪凸缘的三爪半闭式成形模

(2)模具设计

图 6.5.6 是 MAGNA 三爪凸缘的冷精压上、下模示意图。它的优点如下:

1)模具装拆方便;

2)锻件定位可靠,操作方便;

3)节省模具材料,利于降低成本。

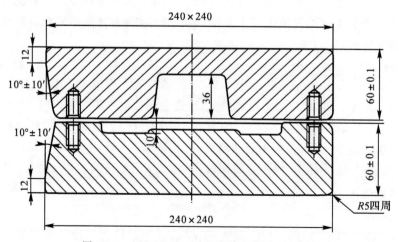

图 6.5.6　MAGNA 三爪凸缘的冷精压上、下模

思考与练习

1. 与锤锻相比较,热模锻压力机有什么特点? 应用范围有何不同?

2. 热模锻压力机上模锻时,主要工艺特点是什么? 适用于哪些情况和零件?

3. 热模锻压力机上模锻锻件图设计特点有哪些?

4. 热模锻压力机锻模结构常采用镶拼形式,模块与模座常用哪些连接方式? 各连接方式特点如何?

5. 热模锻压力机锻造工艺过程设计要注意哪些方面?

6. 热模锻压力机锻模模膛设计要注意哪些方面?

7. 热模锻压力机上模锻模具的模架有几种结构?

8. 热模锻压力机上模锻模具上有深腔时,在设计时要注意什么问题?

9. 热模锻压力机模锻件模锻斜度如何选择?

10. 热模锻压力机导向精度如何? 与锤上模锻相比,锻件的余量和公差值如何?

11. 热模锻压力机上模锻和锤上模锻时,在分模位置、余量、公差和模锻斜度的选择上有哪些不同? 为什么?

12. 曲柄压力机在什么情况下易发生“闷车”?

13. 热模锻压力机上模锻轴类零件时,怎样制定工步图?

14. 热模锻压力机上模锻深腔件时,为何模具上要开排气孔?

15. 为何热模锻压力机上模锻模具多采用模座加镶块式结构?

16. 热模锻压力机上模锻,顶出位置如何确定?

17. 为何热模锻压力机上模锻锻件尺寸一致性好?

第7章　螺旋压力机上模锻

锻造用的螺旋压力机包括摩擦压力机和液压螺旋压力机(也叫液压螺旋锤),在锻压生产中是仅次于锻锤,应用较为广泛的设备之一,能够实现模锻,精锻,镦锻,挤压,弯曲,切边,冲孔,精压,压印和冷、热校正等多种工艺。

1. 螺旋压力机的工作特点

1)螺旋压力机具有模锻锤和锻压机的双重工作特性。螺旋压力机在工作过程中具有一定的冲击作用,滑块行程不固定,这是锤类设备的工作特点,其导向性能比锻锤好。螺旋压力机通过螺旋副传递能量,金属塑性变形时在滑块与工作台之间产生的反作用力,由压力机封闭的框架承受,并形成封闭的力系,不往外传,而且螺旋压力机设有下顶出机构。

2)螺旋压力机每分钟的行程次数少,打击速度低,通过具有巨大惯性的飞轮的反复启动和制动,把螺杆的旋转运动变为滑块的往复直线运动,它的这种传动特点,使得打击速度和单位时间内的打击次数受到一定的限制。

3)螺旋压力机的螺杆和往复运动的滑块间是非刚性连接的,所以螺旋压力机承受偏载的能力很差。

4)螺旋压力机中的摩擦压力机的传动效率最低,如双盘摩擦压力机的效率仅为 $10\% \sim 15\%$。因此,这类设备的发展受到一系列的限制,大多为中小型设备。

2. 螺旋压力机上模锻的工艺特点

由于设备的上述特征,螺旋压力机上模锻具有如下工艺特点:

1)摩擦压力机具有锤类设备和曲柄压力机类设备的双重特性,使金属坯料在一个型槽内可以进行多次打击变形,从而可进行大变形工步,如镦粗或挤压,同时也可为小变形工步,如精压、压印等提供较大的变形力。因此,它能实现各种主要锻压工步。

2)由于行程不固定,所以锻件精度不受设备自身弹性变形的影响。近年来,应用螺旋压力机进行精密模锻,取得了不少经验和成果。

3)由于每分钟打击次数少,打击速度较模锻锤低,所以金属变形过程中的再结晶现象进行得充分一些,这就比较适合于模锻一些再结晶速度较低的低塑性合金钢和有色金属材料。

4)摩擦压力机打击速度低,金属再结晶软化现象实现得充分一些,加工硬化被软化抵消一部分,故模锻同样大小的锻件所需的变形力小。

5)承受偏心载荷的能力较差,通常摩擦压力机只能进行单槽模锻。螺旋压力机上模锻,通常用于单模膛的终锻,用其他设备(自由锻锤、辊锻机等)进行制坯,但在偏心载荷不大的情况下,也可以布置两个模膛,如在终锻模膛一边布排弯曲或镦粗、压扁形槽;对于细长锻件也可将终锻和预锻模膛布排在一个模块上,但是模膛的中心距离不应超过丝杠节圆的半径。

6)由于打击速度低,冲击作用小,虽可采用整体模,但多半采用组合式的镶块模,以便于模具标准化,从而可以缩短制模周期,节省模具钢,降低成本。这对中小型工厂和小批量试制性生产的航空工厂具有特别重要的技术和经济意义。

7)摩擦压力机备有顶出装置,不仅可以锻压或挤压带有长杆的进排气阀和长螺钉件,而且可以减小模锻斜度,实现小模锻斜度和无模锻斜度、小余量和无余量的精密模锻工艺。

8)由于行程速度慢,金属在模膛内停留时间长,冷却速度快,所以充填模膛的能力较锤上模锻差一些。模锻时一般不超过三次打击。

9)由于打击速度低,因此模具可以采用组合结构,从而可以简化模具制造过程,缩短生产周期,并可节省模具钢和降低生产成本。

7.1　螺旋压力机上锻模设计

7.1.1　模膛设计特点

1)终锻模膛。根据热锻件图进行模膛和模块设计。热锻件图以冷锻件图为依据,将所有尺寸增加冷收缩量。热锻件图与冷锻件图在外形上一般完全相同。有时为了保证锻件成形质量,允许在个别部位做适当修整。

螺旋压力机终锻模膛的设计要点与锤锻模相同,飞边槽的设计也相同,也需要考虑承击面的大小。有关飞边槽的设计可参考有关手册。

螺旋压力机闭式模锻较适用于轴对称变形或近似轴对称变形的锻件。

在闭式锻模设计中,如冲头和凹模孔之间,顶杆和凹模孔之间间隙过大时,会形成纵向飞刺,加速模具磨损且造成顶件困难;如间隙过小,因温度的影响和模具的变形,会造成冲头和顶杆在凹模孔内运动困难。通常按 3 级滑动配合精度选用,也可参考有关手册。冲头与凹模的间隙为 $0.05 \sim 0.20$ mm。

设计闭式锻模的凹模和冲头时,应考虑多余能量的吸收问题。当模膛已基本充满,再进行打击时,滑块的动能几乎全部被模具和设备的弹性变形所吸收。坯料被压缩后,使模具的内径被撑大,模具承受很大的应力。因此,在螺旋压力机上闭式模锻时,模具尺寸不取决于模锻件尺寸和材料,而取决于设备的吨位。

螺旋压力机通常只有下顶出装置,所以锻件的形状复杂部分应放在下模,以便于脱模。在设计细长杆件局部顶镦模具时,为防止坯料弯曲和皱折,应限制坯料变形部分的长度和直径的比值。

2)预锻模膛。螺旋压力机上模锻的制坯工作多半由自由锻锤和辊锻机等完成,因此有关的模膛设计应根据所用设备而定。

3)当锻模上只有一个模膛时,模膛中心要和锻模模架中心及压力机主螺杆中心重合;如在螺旋压力机的模块上同时布置预锻模膛,应分别布置在锻模中心两侧,如图 7.1.1 所示。两中心相对于锻模中心的距离分别为 a,b,其比值 $a/b \leqslant 1/2$,$a+b \neq D$。

4)因为螺旋压力机的行程速度慢,模具的受力条件较好,所以开式模锻模块的承击面积比锤锻模小,大约为锤锻模的 $1/3$。

5）对于模膛较深、形状较复杂以及金属难充满的部位,应设置排气孔。

6）由于螺旋压力机的行程不固定,上行程结束的位置也不固定,所以在模块上设计顶出器时,应在保证顶出器强度的前提下留有足够的间隙,以防顶出器将整个模架顶出,如图 7.1.2 所示。

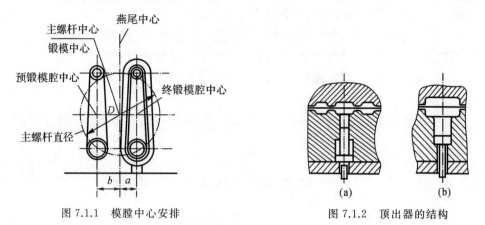

图 7.1.1　模膛中心安排　　　　　　图 7.1.2　顶出器的结构

7）螺旋压力机都具有下顶料装置而无上顶料装置,所以在设计模膛时,把形状比较复杂的设置在下模,让锻件黏在下模以便用下顶杆顶出。

8）设计模膛及模块时,要考虑锻模结构形式的选择。在保证强度的条件下,应力求结构简单、制造方便以及生产周期短,以达到最佳的经济效果。

7.1.2　锻模结构特点

1. 锻模的结构

由于螺旋压力机具有模锻锤与热模锻压力机的双重特点,所以螺旋压力机锻模的结构既可采用锤锻模结构,也可采用热模锻压力机锻模结构。

图 7.1.3 中(a)(d)为整体式和镶块式的锤锻模结构,(b)(c)(e)(f)为整体式和组合式的热模锻压力机锻模结构。当既有模锻锤、又有螺旋压力机时,同样能量设备应做到通用。这时可采用锤锻模结构,以便根据生产任务调节不同设备的负荷。大吨位螺旋压力机多用整体式锻模,如图 7.1.3(a)(b)所示。

2. 模块、模座及紧固形式

螺旋压力机模块分圆形和矩形两种。前者主要用于圆形锻件或不太长的小型锻件;后者主要用于长杆类锻件。模块尺寸应根据锻件尺寸而定,尽量做到标准化和系列化。

模座是锻模模架的主要零件。设计时要力求制造简单、经久耐用、装卸方便和易于保管。图 7.1.3(c)所示的通用模座既可安装圆形模块,又可安装矩形模块,以减少模座种类,便于生产管理。

为了便于调节上、下模块间的相对位置,防止因模块和模座孔的变形影响正常装卸,模块和模座孔之间应留有一定的间隙。

模块的紧固形式有以下几种:

(1)斜楔紧固

这种紧固方法与锤锻模相同,如图 7.1.3(a)所示。

（2）压板紧固

这种紧固方法的优点是紧固可靠，适用于圆形镶块，特别是需要使用顶杆的圆形模块，如图 7.1.3（e）所示。

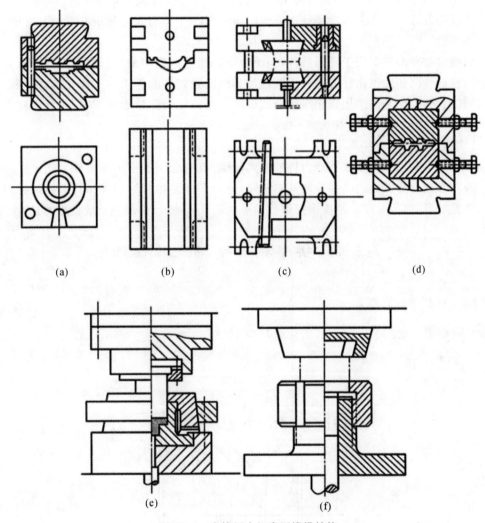

图 7.1.3　摩擦压力机常用锻模结构

（3）螺栓紧固

这种紧固方法适用于圆形模块，也适用于矩形模块，如图 7.1.3（d）所示。

（4）焊接紧固

用焊接的方法将模块固定，结构简单，但是不能更换，只有在急件或一次性投产时才使用。

3. 导向装置

为了平衡模锻过程中出现的错移力，减少锻件错移，提高锻件精度和便于模具安装、调整，可采用导向装置。螺旋压力机锻模的导向形式有导柱导套、导销、凸凹模自身导向和锁扣。

（1）导柱导套

导柱导套导向适用于生产批量大、精度要求较高的条件。这种导向装置导向性能好，但制造较困难。对于大型螺旋压力机,可参考热模锻压力机的导柱导套设计。对于中小型螺旋压力机,可参考冷冲压模具设计。

(2)导销

对于形状简单、精度要求不高以及生产批量不大的锻件,可采用导销导向。导销的长度应保证开始模锻时导销进入上模导销孔 15~20 mm;在上、下模打靠时导销不露出上模导销孔。

(3)凸凹模自身导向

凸凹模自身导向主要用于圆形锻件,实质上是环形导向锁扣的变形形式。凸凹模自身导向分为圆柱面导向和圆锥面导向两种。圆柱面导向的导向性能优于圆锥面导向,多用于无飞边闭式模锻。圆锥面导向多用于小飞边开式模锻。设计导向部分的间隙时,要考虑到模具因温度变化对间隙的影响,一般取 0.05~0.3 mm。

(4)锁扣

锁扣导向主要用于大型摩擦压力机的开式锻模,有时也用于中小型锻件生产。摩擦压力机锻模锁扣导向与锤锻模的锁扣导向基本相同,分为平衡锁扣和导向锁扣。平衡锁扣用于分模面有落差的锻件;导向锁扣则应根据锻件的形状和具体情况,参照锤上锻模进行设计。

7.2 前桥半轴与半轴突缘模锻

7.2.1 前桥半轴锻模

前桥半轴锻件如图 7.2.1 所示,锻件材料为 40Mn,坯料直径为 $\Phi55$ mm,长为 223 mm。

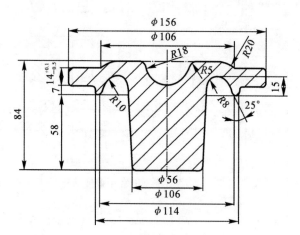

图 7.2.1 前桥半轴锻件图

在 16 MN 热模锻压力机上采用镦粗→预锻→终锻成形(见图 7.2.2)。成形镦粗模如图 7.2.3 所示,预锻件凸缘的下端面形状和终锻模膛相吻合。$\Phi115.7$ mm 的凸台要靠挤压充填,所以预锻件上端凸缘各直径均较终锻件小,以保证有足够的金属使凸台充满。采用窝座式模架,组合楔块,全部模块装在同一模架上。

成形镦粗模块用螺钉固定在模架左前角的孔中。前桥半轴终锻模具如图 7.2.4 所示。

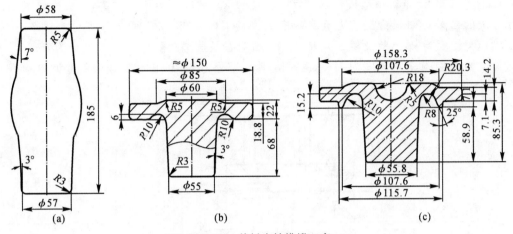

图 7.2.2　前桥半轴模锻工序

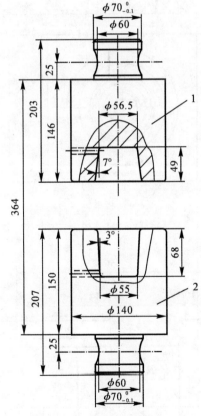

图 7.2.3　成形镦粗模

1—上模；2—下模

7.2.2　半轴突缘螺旋压力机锻模

半轴突缘锻件如图 7.2.5 所示。锻件质量为 4.3 kg,材料为 40Cr 钢。坯料尺寸为 Φ60 mm×

193 mm。在 150 kg 空气锤上拔杆部,然后在 2 500 kN 螺旋压力机上镦头,镦头模如图 7.2.6 所示。最后在 4 500 kN 螺旋压力机上终锻成形,终锻模如图 7.2.7 所示。

锻模粗糙度要求:型腔及桥部为 $Ra1.6$,仓部导锁及燕尾两侧为 $Ra3.2$,其余为 $Ra6.3$。热处理硬度要求:工作表面硬度为 HRC44~48,燕尾部分为 HRC38~42,模锻斜度为 7°。

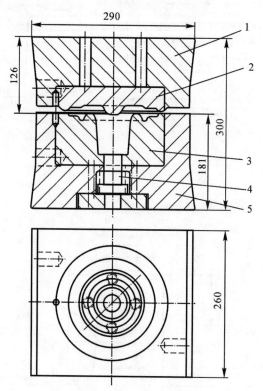

图 7.2.4 前桥半轴终锻模块

1—上模块;2—上镶块;3—下镶块;4—顶料杆;5—下模块

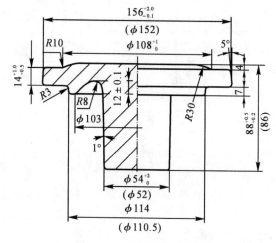

图 7.2.5 半轴突缘锻件图

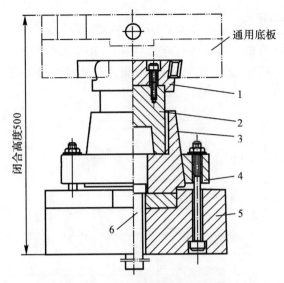

图 7.2.6　半轴突缘预锻镦头模

1—凸模固定座；2—凸模；3—凹模；4—压紧圈；5—模座；6—顶杆

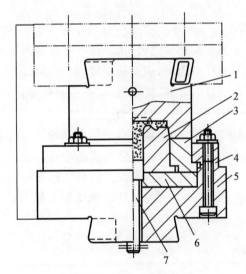

图 7.2.7　半轴突缘终锻模

1—上模块；2—下模块；3—下模固定套；4—压圈；5—下模座；6—垫板顶杆；7—顶杆

7.3　汽车后桥从动齿轮螺旋压力机上闭式模锻

　　汽车后桥从动齿轮是汽车驱动部分的关键零件,根据其工作情况,要求零件具有较高的抗剪切、耐磨和耐冲击等综合力学性能,材料为 20CrMnTi,正火处理,表面渗碳淬火。由于零件是重要的保安件和易损件之一,除为汽车厂配套外,市场也需要大量的配件,所以生产批量较大。某专业锻造厂在生产该类齿轮锻件时,采用了自由锻锤制坯＋扩孔机预成形＋摩擦压力机闭式模锻的复合锻造工艺。

7.3.1 工艺方案的确定

传统的锻造方法是在模锻设备上进行开式模锻,如图 7.3.1 所示。锻件质量为 9.5 kg,下料质量约为 11.4 kg。虽然该工艺已比较成熟,但由于锻造过程易出现飞边和连皮,内外拔模斜度较大,使材料利用率降低,对设备能力要求较高。

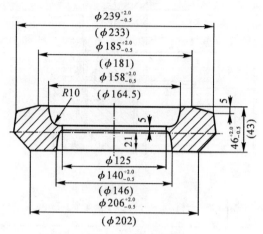

图 7.3.1　开式模锻件图

目前,常用的扩孔成形工艺有其独到之处,生产效率和材料利用率较高,设备能耗低,但生产过程不稳定,加工余量较大而且不均匀,表面质量较差,废品率较高。

根据锻件的特点,本例采用自由锻锤、扩孔机、摩擦压力机复合锻造工艺方案,其工艺流程为下料→火焰加热炉加热→自由锻镦粗、冲孔→扩孔机预成形→摩擦压力机闭式模锻成形→热处理。其中,扩孔机预成形的主要目的,是在自由锻冲孔时可选用较小的冲孔尺寸,以减少芯料损失,并通过扩孔增大坯料的内外径尺寸,同时消除冲孔偏心,使金属体积分配合理,便于金属在终锻成形时充满模腔,减少打击次数;摩擦压力机工艺适应性好,可进行多种锻造工序,同时由于其行程不固定、导向性好、具有顶出装置而承受偏载能力较差,因此特别适合于进行单模腔闭式模锻。

7.3.2 工艺参数的确定

1. 锻件图的设计

根据工艺方案,终锻采用无飞边和连皮的闭式模锻,设计的锻件图如图 7.3.2 所示,由于摩擦压力机具有顶出装置,锻件外圆周面不设计拔模斜度,同时为了防止锻件黏在上模,内拔模斜度设计为 7°。闭式模锻打靠时多余金属不能排出模腔,下料误差、烧损量的变化,芯料大小变化,模具的磨损和变形等造成的体积变化,均反映在锻件高度的变化上,因此在高度方向可适当增大余量及公差。

经计算锻件体积为

$$V_{锻} = 1\ 098\ cm^3$$

锻件质量为

$$m_{锻} = \rho V = 8.62\ kg$$

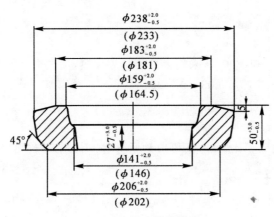

图 7.3.2　闭式模锻件图

2. 自由锻工艺参数的确定

镦粗和冲孔是自由锻造的基本工序,效率高、操作简单。为了进一步提高自由锻制坯的工作效率,采用 750 kg 空气锤,并将上、下锤砧改为圆形;由于后续有扩孔工序,因此对镦粗后出现的鼓形不需要进行修整。冲孔后毛坯高度在不大于 50 mm,以防止扩孔时端面挤出毛刺,内孔最小处尺寸不得小于 $\Phi70$ mm,以便于坯料方便地套在扩孔芯轴上。

冲孔芯料的质量:$m_{芯}\approx0.5$ kg。

3. 扩孔工艺参数的确定

根据锻件的尺寸,选用 D52－250 型扩孔机,扩孔后的毛坯尺寸如图 7.3.3 所示。

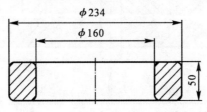

图 7.3.3　扩孔后的毛坯尺寸

4. 摩擦压力机吨位的计算

根据式

$$P =\alpha(2+0.1\times\frac{F_{锻}\sqrt{F_{锻}}}{V_{锻}})\sigma F_{锻}$$

式中　α—— 与模锻形式有关的系数,$\alpha=3$;

σ—— 终锻时金属的流动应力,$\sigma=35.5$ MPa;

$V_{锻}$—— 锻件体积,$V_{锻}=1\,098\,000$ mm^3;

$F_{锻}$—— 锻件在分模面上的投影面积,$F_{锻}=29\,531$ mm^2。

则有

$$P =7\,744\text{ kN}$$

由于锻件的变形量不大且终锻温度较高,因此在实际生产中采用 6 300 kN 摩擦压力机,平均只需要 3 次打击。

5. 坯料加热

锻造温度范围为 800~1 200℃，采用火焰加热炉加热，烧损率 δ 取 0.03，则

烧损量：$G_损 = (G_锻 + G_芯) \times 0.03 \approx 0.3$ kg；

下料质量：$G_坯 = G_锻 + G_芯 + G_损 \approx 9.4$ kg；

材料规格：$\Phi110$ mm。

由此看出，与锤上模锻相比，该方案可节约原材料 17.5%，单件可节约材料约 2 kg。

7.3.3 模具结构设计

1. 终锻模具设计

终锻模具采用镶块式闭式结构，如图 7.3.4 所示，可根据各镶块的受力情况选用不同的材料，以减少模具钢的使用量，缩短模具制造周期，降低费用，也方便使用过程中的调试、维修与更换。

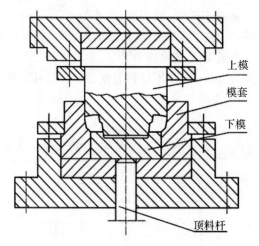

图 7.3.4　终锻模结构示意图

由于锻件辐板很窄，在扩孔时可不予考虑，而是制成如图 7.3.3 所示的直壁环形，严格控制内孔尺寸不小于 $\Phi160$ mm，以避免终锻时产生折叠，同时使毛坯在模膛内自动找正。

锻件的内部形状由上模锻出，外部形状由模套锻出。为了保证各部分的同轴度，上模和模套之间应有较长的导向长度，并且有较小的合理间隙，这样可降低出现纵向毛刺的可能。模套端口设计成与轴线夹角为 30°、轴向宽度为 10 mm 的倒角，并倒圆锐棱。

从锻模的结构来看，3 处分模面位置容易出现纵向毛刺，但由于该 3 处分模面是最后充满部分，因此只要控制好打击次数和打击力，就可以避免毛刺的出现。

2. 扩孔模具设计

扩孔机所需模具是碾压轮和芯轴，如图 7.3.5 所示。设计的主要依据是扩孔工步图，根据金属在终锻模膛中的变形特点和体积不变定理，设计了如图 7.3.3 所示的工步图，使金属在终锻成形时主要以镦粗方式成形。由于制坯形状为直壁环形，因此其模具结构简单，制造方便。其中，在芯轴上设计凹槽的目的：一是便于坯料的定位；二是避免扩孔时内孔端部出现毛刺。

值得注意的是,扩孔时要控制好坯料温度,温度过低会使金属变形发生在表面,从而产生大量毛刺,导致锻件报废。

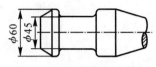

图 7.3.5　扩孔模具示意图

采用自由锻制坯→扩孔机预成形→摩擦压力机闭式模锻的复合锻造工艺,充分发挥各设备在生产效率和精度方面的优势,提高了汽车后桥从动齿轮锻件的材料利用率和尺寸精度;通过自由锻镦粗冲孔和扩孔机扩孔,坯料表面的氧化皮被清理得非常干净,锻件表面只有少量二次氧化的氧化皮存在,表面质量好,一般不再进行表面清理;模锻成形后加工表面具有较小和均匀的加工余量。从实际使用效果来看,班产量可达 900 件以上,生产过程稳定,废品率可控制在 0.3% 以内。

7.4　花键轴叉螺旋压力机上模锻

7.4.1　工艺分析及方案确定

1. 零件的工艺性

花键轴叉零件图如图 7.4.1 所示,该锻件属于长轴类锻件,头部为叉形结构,形状较为复杂,且部分表面不需机械加工,属于黑皮锻件,成形有一定难度,生产批量为中、小批量。

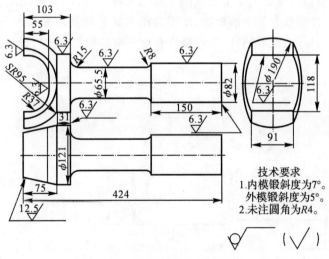

图 7.4.1　花键轴叉零件图

2. 方案的选择

通过对零件进行工艺分析,对锤上模锻和压力机上模锻的特点进行分析比较,考虑锻压厂实际的生产情况和设备条件等,选择螺旋压力机上模锻的工艺方案。

7.4.2 锻件图的制定

锻件图是根据零件图制定的,它可以全面地反映锻件的情况。锻件图是编制锻造工艺卡片,设计模具和量具以及检验锻件的依据。

1. 确定分模面位置

不难看出,该锻件为长轴类、叉类锻件。确定分模面位置最基本的原则是保证锻件形状尽可能与零件形状相同,使锻件容易从锻模型槽中取出,利于充填成形和模具加工。

综合考虑以上因素,分模面采用平直对称分模,将分模面位置确定在 A—A 处,如图 7.4.2 所示。

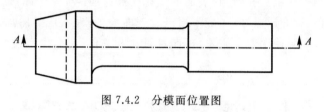

图 7.4.2 分模面位置图

2. 确定锻件机械加工余量和尺寸公差

加工余量的确定与锻件形状的复杂程度、成品零件的精度要求、锻件的材质、模锻设备以及机械加工的工序设计等许多因素有关。根据表 5.3.2,通过估算锻件质量,考虑加工精度及锻件复杂系数,确定锻件单边机械加工余量为 2.5 mm。

3. 确定模锻斜度和圆角半径

螺旋压力机上模锻斜度的大小主要取决于有无顶杆装置,也受锻件尺寸和材料种类的影响;锻件的圆角可以使金属容易充满模膛,便于起模和延长模具寿命。在设计时,模锻斜度和圆角半径可根据相关标准、设计图样、生产操作和便于模具加工等进行设计。模锻斜度和圆角半径如图 7.4.3 所示。

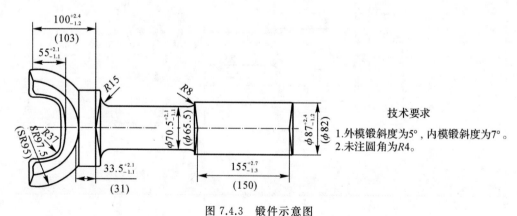

技术要求
1. 外模锻斜度为5°,内模锻斜度为7°。
2. 未注圆角为R4。

图 7.4.3 锻件示意图

7.4.3 飞边槽的作用及结构形式

根据花键轴叉锻件的特点,选用Ⅰ类飞边槽形式,考虑加工方便,将飞边槽开通,其尺寸和形式如图 7.4.4 所示。

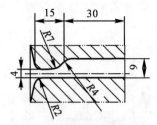

图 7.4.4　飞边槽结构尺寸和形式

7.4.4　设备吨位的确定及其有关参数

花键轴叉锻件叉口外形不加工,根据实际生产经验,螺旋压力机吨位可按下式确定,即

$$F = KA/q$$

系数 K 按半精密锻造,取 65 kN/cm^2;变形系数 q 取 1.3。则

$$F = 65 \times 737.593\ 825/1.3 = 36\ 879.5\ kN$$

NPS25000kN 离合器式螺旋压力机满足要求。NPS25000kN 的离合器式螺旋压力机的技术参数见表 7.4.1。

表 7.4.1　NPS2500 离合器式螺旋压力机的技术参数

型号	NPS2500/4000-1400/625	滑块速度	500 mm · s^{-1}
公称压力	25 000 kN	最小装模高度	960 mm
最大压力	40 000 kN	大垫块尺寸	1 400 mm×1 400 mm
打击能量	1 020 kN · m	主电动机功率	125 kN
最大行程	625 mm	总安装功率	160 kW

7.4.5　热锻件图的确定

热锻件图是以冷锻件图为依据,将所有尺寸增加收缩值。螺旋压力机尺寸收缩率一般取 1.5%,离合器螺旋压力机上模锻由于终锻温度高,建议取 1.8%。

7.4.6　确定制坯工步

该锻件属于长轴类叉形锻件,锻件形状复杂,锻件截面面积相差较大。根据锻件的形状结构及尺寸特点和工厂的实际情况,采用自由锻制坯:拔扁方→三向压痕(半圆压棍)→拔出叉头→掉头拔杆。

7.4.7　模具设计

模架设计须考虑通用性和实用性,采用组合式(镶块式)锻模模架。

离合器式螺旋压力机上模锻模架结构图如图 7.4.5 所示,顶料机构采用压力机顶杆-顶板-

顶杆的结构,可以扩大顶料范围。终锻模镶块材料为 5CrNiMo;模块尺寸为:$L=680$ mm, $B=340$ mm,$H=340$ mm;模块紧固形式采用斜面压板的方式紧固;终锻模锻镶块结构如图 7.4.6 所示。

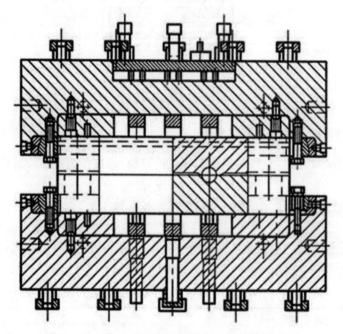

图 7.4.5 离合器式螺旋压力机上模锻模架结构

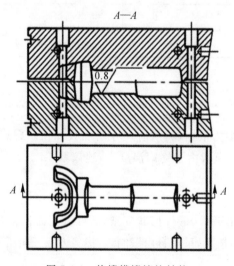

图 7.4.6 终锻模锻镶块结构

如采用摩擦压力机上模锻,可采用图 7.4.7 所示模具结构,将模块放在中间,其他步骤基本相同。

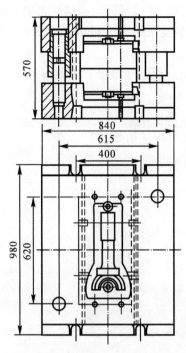

图 7.4.7　摩擦压力机模具结构

思考与练习

1. 请叙述螺旋压力机工作原理。

2. 请叙述摩擦压力机上模锻的工艺特点和离合器式螺旋压力机上模锻的工艺特点。

3. 简要说明螺旋压力机上模锻工艺及模具设计过程和工艺流程。

4. 请综合对比锤上模锻、螺旋压力机上模锻和机械压力机上模锻时,锻件图的设计特点和锻模设计特点。

5. 为何摩擦压力机上锻模一般只设置单模膛? 若设置预锻模膛时,对预锻和终锻模膛打击中心线有何要求? 螺旋压力机用锻模飞边槽设计有何特点?

6. 说明螺旋压力机模架结构特点。

7. 摩擦压力机上模锻有何优缺点?

8. 摩擦压力机上模锻件分为哪几类?

9. 摩擦压力机模锻用模具具有哪几种紧固形式?

10. 摩擦压力机锻模的导向形式有哪几种?

11. 综合对比锤上模锻、摩擦压力机上模锻和热模锻压力机上模锻时锻件图的设计特点和锻模设计特点。

12. 简要说明摩擦压力机上模锻工艺及模具设计过程和工艺流程。

13. 请叙述螺旋压力机的工作特点。

14. 请叙述螺旋压力机模锻工艺的特点。

15. 请解释并对比摩擦压力机、模锻锤以及曲柄压力机滑块速度变化示意图。

16. 请综合对比锤上模锻、螺旋压力机上模锻和曲柄锻压机上模锻时锻件图的设计特点和型槽设计特点。

17. 为何摩擦压力机上锻模只设置单型槽？若设计两型槽时，对两型槽打击中心线有何要求？

18. 摩擦压力机的吨位为何都比较小？

19. 摩擦压力机上模锻为何可用导销导向？

第8章　平锻机上模锻

平锻机是一种曲柄连杆传动的设备。它有两个滑块,主滑块沿水平方向运动,夹紧滑块则垂直于主滑块运动方向运动。装于平锻机主滑块上的模具称为凸模(或冲头),装于夹紧滑块上的模具称为活动凹模。另一半凹模固定在机身上,称为固定凹模。因此,平锻模有两个分模面,一个在冲头和凹模之间,另一个在两块凹模之间。平锻工艺的实质就是用可分的凹模将坯料的一部分夹紧,而用冲头将坯料的另一部分镦粗、成形和冲孔,最后锻出锻件。平锻机按其夹紧滑块上凹模分模面是呈垂直还是水平而分成两大类,即垂直分模平锻机和水平分模平锻机。

模锻锤的锤头和热模锻压力机的滑块都是上、下往复运动的,但它们的装模空间高度有限,因此,不能锻造很长的锻件。如果长锻件仅局部镦粗,而其较长的杆部不须变形,则可将棒料水平放置在平锻机上,以局部变形的方式锻出粗大部分。在平锻机上不仅能锻出局部粗大的长杆件,而且能锻出在两个不同方向上具有凹槽或凹孔的锻件,还可以锻出带盲孔的短轴类锻件,也可以对坯料进行卡细、切断、弯曲与压扁等工序,同时还能用管坯模锻。因此,在平锻机上可以模锻形状复杂的锻件。

平锻模具设计的一般程序如下:

1)根据产品零件图绘制冷锻件图。

2)计算锻件体积(按锻件名义尺寸加正公差之半)和质量。

3)设计锻件终锻的形状并计算其体积。例如,对于穿孔类锻件要设计连皮的形状和尺寸;对于扩径的锻件要确定扩径部分的尺寸;对于需要产生横向飞边的锻件要设计飞边的宽度和厚度。

4)确定坯料直径、镦粗长度、镦粗比和坯料长度。

5)设计和计算工步图。所有尺寸均是考虑热收缩率的热尺寸。

6)计算锻件的锻造压力和模具宽度,并考虑镦粗长度,从而确定设备吨位。

7)模具设计。

a.总体设计。由设备"安模空间"尺寸进行总体设计,从而确定凸模夹持器、凹模体、凹模镶块、凸模柄及凸模各部分形状和尺寸。

b.模膛设计。模具设计时,一般均需要有一些已设计好的模具设计实例或部分模具图样,以便根据示范,迅速而正确地对锻件进行模具设计。

8.1 变速箱操纵杆平锻机上模锻

8.1.1 锻件图

变速箱操纵杆锻件图,如图 8.1.1 所示。

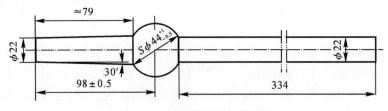

图 8.1.1 变速箱操纵杆锻件图

8.1.2 计算锻件体积和质量

锻件体积 $V_{锻} = 203\ 820\ \text{mm}^3$,锻件质量 $m = 1.6\ \text{kg}$。

8.1.3 设计锻件终锻的形状并计算其体积

这是具有粗大部分的杆类锻件,采用后挡板。在 $S\Phi44\ \text{mm}$ 的直径上产生横向飞边,取横向飞边直径 $D = 65\ \text{mm}$,飞边厚度 $t = 2.5\ \text{mm}$。

飞边体积为

$$V_{飞边} = \frac{\pi}{4}(D^2 - d^2)t = \frac{\pi}{4} \times (65^2 - 44.5^2) \times 2.5 = 4\ 406\ (\text{mm}^3)$$

式中　　D——飞边外径,$D = 65\ \text{mm}$;

　　　　d——$S\Phi44.5\ \text{mm}$,取正差之半;

　　　　t——飞边厚度,$t = 2.5\ \text{mm}$。

锻件球部体积,$V_{球} = 45\ 140\ \text{mm}^3$,其等于 $S\Phi44^{+1}_{-0.5}\ \text{mm}$ 的体积减去两个球缺体积,锻件锥体 $\Phi22\ \text{mm} \times 79\ \text{mm}$,斜度 $30'$ 部分的体积 $V_{斜}$ 为

$$V_{斜} = \frac{\pi}{12} \times (22^2 + 22 \times 23.38 + 23.38^2) \times 79 - \frac{\pi}{4} \times 22^2 \times 79 = 1\ 963\ (\text{mm}^3)$$

因此,最终体积为

$$V_{终} = V_{球} + V_{斜} + V_{飞} = 45\ 140 + 1\ 963 + 4\ 406 = 51\ 509\ (\text{mm}^3)$$

8.1.4 确定坯料及镦粗参数

1)坯料直径 d_0。该件是具有粗大部分的杆类锻件,取其杆部直径为坯料直径 d_0,$d_0 = 22\ \text{mm}$。

2)镦粗长度和镦粗比为

$$l_B = \frac{V_{终}(1 + \delta)}{\frac{\pi}{4}d_0^2} = \frac{51\ 509 \times 1.015}{\frac{\pi}{4} \times 22^2} = 137\ (\text{mm})$$

式中　　δ——加热坯料的烧损率,电感应加热 $\delta = 1.5\%$。

$$\varphi = \frac{l_B}{d_0} = \frac{137}{22} = 6.2$$

3）下料长度 L 为

$$L_终 = l_锥 + l_B + l_杆 = 79 + 137 + 334 = 550 \text{（mm）}$$

式中　$l_锥$ —— 锻件的锥体部分长度，$l_锥 = 79$ mm；

　　　$l_杆$ —— 锻件的杆部长度，$l_杆 = 334$ mm。

8.1.5　设计和计算工步图

变速箱操纵杆锻件工步图，如图 8.1.2 所示，共由四道工步组成，前两道为聚集，第三道工步为终锻成形，第四道工步为切边，具体设计计算如下。

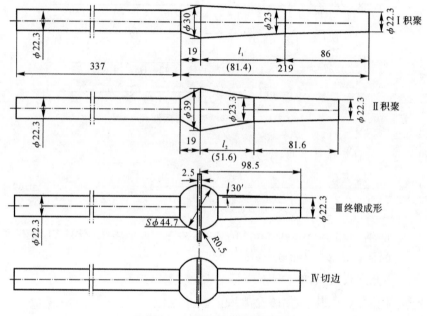

图 8.1.2　变速箱操纵杆工步图

（热尺寸，未注明圆角 $R3$ mm）

（1）第一道聚集工步

镦粗长度热尺寸为

$$l'_B = 1.015 l_B = 1.015 \times 137 = 139 \text{（mm）}$$

终锻体积热尺寸为

$$V'_终 = 1.015^3 V_终 = 1.015^3 \times 51\,509 = 53\,862 \text{（mm}^3\text{）}$$

以球的直径为分模面，一半在凸模内聚集，一半在凹模内聚集。

因为球 $\Phi44.7$ mm 和锻件杆 $\Phi22.3$ mm 的相贯线至分模面的距离约为 19.4 mm，故第一工步在凹模内的聚集长度取 19 mm（见图 8.1.3）。

取锥体小端 $d_k = 23$ mm，则锥体大端直径

$$D_k = \varepsilon_k d_0 = 1.35 \times 22.3 = 30 \text{（mm）}$$

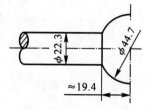

图 8.1.3　分模位置

式中 ε_k—— 大端直径允许增大系数,由 $\varphi = 6.2$,查图 8.1.4。

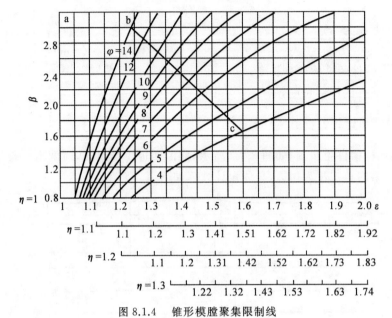

图 8.1.4 锥形模膛聚集限制线

由体积不变条件计算锥体长度 l_1 为

$$l_1 = \frac{V_{\text{锥}} K(1+\delta)}{\frac{\pi}{12}(d_k^2 + d_k D_k + D_k^2)} = \frac{42\,003 \times 1.06 \times 1.015}{\frac{\pi}{12} \times (23^2 + 23 \times 30 + 30^2)} = 81.4\,(\text{mm})$$

式中 $V_{\text{锥}}$—— 锥体($\Phi23\,\text{mm}$,$\Phi30\,\text{mm}$)的体积,其等于终锻体积减第一工步其余聚集部分的体积,$V_{\text{锥}} = 42\,003\,\text{mm}^3$;

K—— 不充满系数,取 $K = 1.06$;

δ—— 加热坯料烧损率,电感应加热 $\delta = 1.5\%$。

验算:

压缩量 $\alpha = l'_B - l'_1 = 219 - 186.4 = 32.6\,(\text{mm})$;

式中 l'_B—— 聚集坯料总长,$l'_B = l_B + l_{\text{锥}} = 139 - 80 = 219\,(\text{mm})$;

l'_1—— 第一工步聚集长度,$l'_1 = 19 + 81.4 + 86 = 186.4\,(\text{mm})$。

压缩系数 $\beta = \frac{d}{d_0} = \frac{32.6}{23.3} = 1.46\,(\text{mm})$,查图 8.1.4,允许的最大压缩系数 $\beta_{\text{允许}} = \frac{d}{d_0}$,$\beta < \beta_{\text{允许}}$,

因此,第一工步聚集设计是合理的。

(2)第二道聚集工步

1)第一工步聚集坯料的平均直径为

$$d_{\text{cp}} = \frac{d_k + D_k}{2} = \frac{23 + 30}{2} = 26.5\,(\text{mm})$$

2)第一工步坯料的镦粗比为

$$\varphi_1 = \frac{l'_1}{d_{\text{cp}}} = \frac{100.4}{26.5} = 3.79\,(\text{mm})$$

式中 l'_1——第一工步需要第二次聚集坯料的长度，$l'_1 = 19 + 81.4 = 100.4$（mm）。

3）锥体小端直径为

$$d_{k2} = 23.3 \text{ mm}$$

4）锥体大端直径为

$$D_k = \varepsilon_k d'_{cp} = 1.47 \times 26.5 = 39 \text{（mm）}$$

式中 ε_k——锥体大端直径允许增大系数。

5）计算锥体长度。由体积不变条件，得

$$l_2 = 51.6 \text{ mm}$$

6）验算。

a. 验算压缩系数 β。压缩量为

$$\alpha_2 = l'_1 - l'_2 = 186.4 - 152.2 = 34.2 \text{（mm）}$$

式中 l'_1——第一工步坯料总长度，$l'_1 = 19 + 81.4 + 86 = 186.4$（mm）；

l'_2——第二工步坯料总长度，$l'_2 = 19 + 51.6 + 86 = 152.2$（mm）。

故压缩系数为

$$\beta = \frac{\alpha_2}{d_{\varphi 1}} = \frac{34.2}{26.5} = 1.29 \text{（mm）}$$

查图 8.1.4 得，允许的最大压缩系数 $\beta_{允许} = 2.1$，$\beta < \beta_{允许}$，所以第二工步设计是合理的。

b. 验算镦粗比 φ。第二工步坯料的平均直径为

$$d_{cp} = \frac{d_k + D_k}{2} = \frac{23.3 + 39}{2} = 31.15 \text{（mm）}$$

第二工步坯料的镦粗比为

$$\varphi_2 = \frac{l'_2}{d_{cp}} = \frac{70.6}{31.15} = 2.27 \text{（mm）}$$

查图 8.1.4 得，自由聚集（镦粗）的允许镦粗比 $\varphi_g = 2.5 + 0.01 d_0$。

$\varphi_g = 2.5 + 0.01 \times 31.15 = 2.81$，$\varphi_2 < \varphi_g$，因此，不需要再聚集坯料，可以直接成形。

（3）第三道终锻工步

终锻成形，产生横向飞边。

（4）第四道切边工步

切去横向飞边，获得需要的锻件形状。

8.1.6 确定平锻机吨位

（1）锻造压力

锻件的镦锻投影面积为

$$F = \frac{\pi}{4} D^2 = \frac{\pi}{4} \times 6.5^2 = 33.2 \text{（cm}^2\text{）}$$

查图 8.1.5 得奥穆科平锻机镦锻力图表得，镦锻力 $P = 2\,700$ kN。初选 3 150 kN 水平分模

平锻机。

(2)计算凹模体宽度 C

1)计算工作镶块直径为

$$D = D_{max} + 2 \times (0.1 D_{max} + 10) = 65 + 2 \times (0.1 \times 65 + 10) = 98 \text{（mm）}$$

取工作镶块直径 $D = 104$ mm。

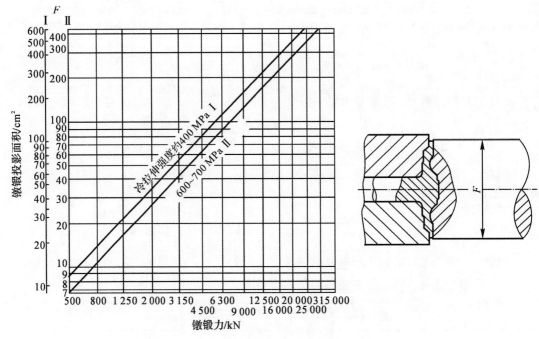

图 8.1.5 奥穆科平锻机镦锻力图表

2)凹模体宽度为

$$C = nD + 2 \times 32 = 4 \times 104 + 64 = 480 \text{（mm）}$$

式中　　n—— 锻件镦锻工步数，$n = 4$。

(2×32) mm——凹模体上工作镶块窝座在宽度两端的壁厚。

(3)确定设备吨位

由于采用后挡板定位坯料，因此不需要验算有效行程。

查图 8.1.6 和表 8.1.1 得，3 150 kN 水平分模平锻机的最小凹模体宽度为 380 mm，最大凹模体宽度为 600 mm，满足使用要求，（实际凹模体宽度为 480 mm），所以选择 3 150 kN 水平分模平锻机。

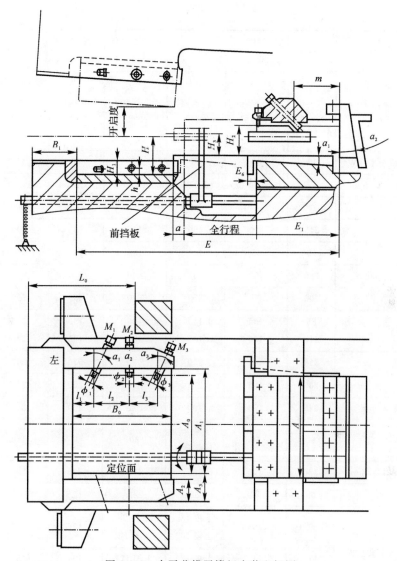

图 8.1.6 水平分模平锻机安装空间图

表 8.1.1 水平分模平锻机技术规格和安模空间主要参数

代号	参数名称	3 150 kN	德国奥穆科 4 500 kN	6 300 kN	德国奥穆科 9 000 kN	国产 9 000 kN	12 500 kN	德国奥穆科 16 000 kN
	加紧力/kN	3 150	4 500	6 300		9 000	12 500	21 200
	行程次数/(次·min⁻¹)	55	45	35	32	32	28	20
	最大棒料直径/mm	65	80	95	115	115	140	160
	上模开启度/mm	120	135	155	180	180	205	230
	全行程/mm	290	330	360	420	420	460	540
	有效行程/mm	150	170	190	215	215	245	280
	后退行程/mm	80	75	100		108	130	

续 表

代号	参数名称	3 150 kN	德国奥穆科 4 500 kN	6 300 kN	德国奥穆科 9 000 kN	国产 9 000 kN	12 500 kN	德国奥穆科 16 000 kN
	安模空间 长(mm)× 宽(mm)× 高(mm)	330×380 ×145	400×450 ×170	450×530 ×190	530×600 ×220	530×600 ×220	600×720 ×250	680×760 ×280
	电动机功率/kW	17	37	55	37	70	95	110
l_P	闭合长度/mm	755	850	1 020	1 155	1 270	1 500	1 585
E		1 045	1 190	1 380	1 575	1 690	1 900	2 125
E_1		315	390	450	445	560	600	720
a		10	35	120	180	180	300	70
A_0	模宽/mm	380	450	530	600	600	720	760
A_1		400	470	550	620	630	750	775
A		85	100	110	130	150	190	235
A_0		110	125	130	150	160	220	250
B_0	模长/mm	330	400	450	530	530	600	680
B_1		200	196	230	300	250	305	210
H_0	模厚/mm	145	170	190	220	220	250	280
H_1		60	60	下模 75 上模 78.5	90	95	100	120
H_2	夹持器高/mm	120	140	165	185	200	230	220
H_3		60	70	82	92.5	97.5	115	110
l_1	模子安装孔位置 /mm	61	108	下模 138 上模 102	下模 98 上模 83	136	120	上模 120
l_2		114	142	上模 170	上模 177	194	156	上模 540
l_3					下模 364		214	下模 540
h		30	30	40	40	45	50	20
l_0		400	480	550	605	652.5	745	635
m		190	210	270	266	370	370	535
$\alpha_1 \times \Phi_1$	模具安装孔尺寸 /mm	25°×Φ40	25°×Φ45	25°×Φ45	20°×Φ60	25°×Φ50	0°×Φ50	上模×Φ50
$\alpha_2 \times \Phi_2$		0°×Φ28	0°×上模 Φ30 下模 Φ35	0°×Φ35	0°×Φ50	0°×Φ36	25°×Φ50	
$\alpha_3 \times \Phi_3$					30°×Φ60		0°×Φ50	45°×上模 Φ55 下模 Φ70
α_1	上下调整量/mm	±2	±2	±2.5	±5	±3	±2.5	

续 表

代号	参数名称	3 150 kN	德国奥穆科 4 500 kN	6 300 kN	德国奥穆科 9 000 kN	国产 9 000 kN	12 500 kN	德国奥穆科 16 000 kN
α_2	前后调整量/mm	±5	±6	±4	+10 −5	±5	±7	+20 −5
	外形尺寸 长×宽×高/mm	2 440× 2 160 ×2 420	3 900×2 450 ×2 440	4 320×2 700 ×3 100		6 540×3 370 ×3 630	7 650×3 830 ×4 150	
	地面以上高度/mm	2 170	2 220	2 350		2 680	2 600	
	机器总质量/t	21.4	34.6	48.5		87.2	131.8	

8.1.7　模具设计

变速箱操纵杆模具图(3 150 kN 平锻机)如图 8.1.7 所示。

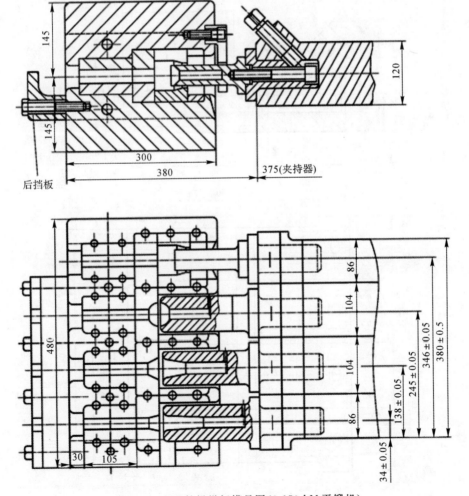

图 8.1.7　变速箱操纵杆模具图(3 150 kN 平锻机)

(1)凹模体

1)长度：$B = l_夹 + l_坯 + l_压 + l_导 + l_前 + l_后 = 132 + 19 + 34.2 + 30 + 20 + 30 = 265.2$（mm）。为了适用多品种生产，将凹模体设计成标准件，故取 $B = 300$ mm。

式中　　$l_夹$ —— 坯料夹紧长度，取 $l_夹 = 6d_0 = 6 \times 22 = 132$（mm）；

　　　　$l_坯$ —— 凹模模膛内的坯料长度或锻件长度 $l_坯$，$l_坯 = 19$ mm；

　　　　$l_压$ —— 模锻时最大压缩量，经计算最大压缩量在第二工步，$l_压 = 34.2$ mm；

　　　　$l_导$ —— 凸模在凹模内的导程，取 $l_导 = 30$ mm；

　　　　$l_前$ —— 凹模体在长度方向，镶块窝座前端壁厚，$l_前 = 20$ mm；

　　　　$l_后$ —— 凹模体在长度方向，镶块窝座后端壁厚，取 $l_后 = 20$ mm。

2）宽度 $C = 480$ mm。

3）厚度 $A = 145$ mm，查图 8.1.6 和表 8.1.1。

4）取夹紧镶块窝座的直径和长度为 $\Phi 70$ mm×105 mm，则工作镶块直径和长度为 $\Phi 104$ mm×145 mm。

(2) 凸模夹持器

3 150 kN 平锻机凸模夹持器如图 8.1.8 所示。

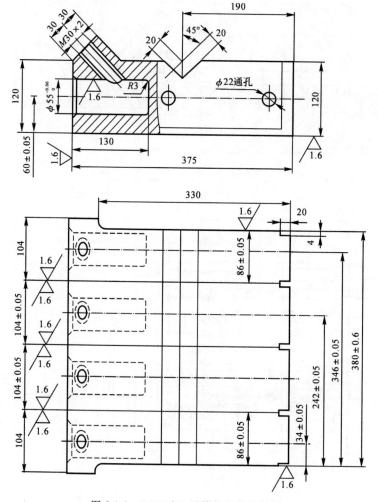

图 8.1.8　3 150 kN 平锻机凸模夹持器

　　1)长度　　　　　$L = L_p - L_凹 - \alpha = 755 - 300 - 80 = 375$（mm）

式中　　L_p——3 150 kN 水平分模平锻机的封闭长度，$L_p = 775$ mm，见表 8.1.1；

　　　　$L_凹$—— 凹模体长度，$L_凹 = 300$ mm；

　　　　α—— 在闭合状态下，凹模体和凸模夹持器之间的间隔（为布置刮飞边板），取 $\alpha = 80$ mm。

　　2)宽度：由平锻机滑块内安装夹持器的宽度 380 mm 和凹模体镶块中心线进行划分，其在滑块内的宽度分别为 86 mm，104 mm，104 mm，86 mm，由四块夹持器组成。

　　3)高度：查图 8.1.6 和表 8.1.1 得，高度为 120。

　　(3)模膛设计

　　按工步图和各类模膛设计原则进行设计。

8.2　圆柱肋条式抽油杆平锻机上模锻

　　现有标准中的抽油杆，如图 8.2.1(a)所示，由杆体、凸缘、扳手方、大圆台和螺纹连接部分组成。左端凸缘和右端大圆台之间的扳手方为方形，截面变化较大，凸缘在承受吊挂以及大圆台在支承接箍时易发生断裂。图 8.2.1(b)所示的圆柱肋条式抽油杆是一种抗疲劳强度好且拆卸方便的新型抽油杆。它将原来的方形截面改成圆形截面并增设四根肋条，在拆卸时可以不受扳手 90°转角限制，且能防止液压钳滑动。同时，将原来凸缘处的圆弧过渡改为平台过渡，以增加抽油杆的抗拉强度。

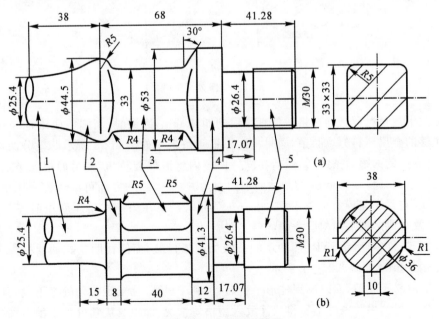

图 8.2.1　抽油杆零件图

(a)API 抽油杆；(b)圆柱肋条式抽油杆

1—杆体；2—(a)凸缘(b)平台；3—(a)扳手方(b)圆柱肋条；4—大圆台；5—螺纹

8.2.1　工艺分析

考虑到抽油杆的特点,其头部有多个台阶,且形状复杂,不易充满,只适合用可分凹模镦锻,因此生产中采用平锻机镦锻成形。根据局部镦锻的基本原则,当坯料上需要镦锻部分长度 l_0 与直径 d_0 之比≤2.5时,可将坯料一次锻至任意尺寸而不会引起坯料弯曲。但抽油杆属于细长杆件,变形量大,镦锻部分长径比最小的抽油杆,其长径比的值也在14以上,且需多次聚料,镦锻时,极易发生弯曲,因此采用锥形凸模聚料方式镦锻。锥形模膛聚料具有如下优点:

1)锥形模膛有利于金属充填;

2)锥形模膛带有斜度,坯料压缩后脱落的氧化皮可由凸模的锥形斜面滑出;

3)锥形坯料端面平整无毛刺,给下道工步创造了有利条件,以保证锻件质量。

圆柱肋条式抽油杆锻件相对于普通抽油杆锻件在镦锻时具有以下两个难点:

1)要在圆柱截面上压出4根1 mm高肋条,因此,需先在预锻时成形圆柱面,再在终锻时将圆柱面挤压出肋条。由于肋条为挤压变形,当两半凹模合模时,锻件的圆柱部分几乎只是单向受压,容易压成椭圆形,如图8.2.2(a)所示。另外,在受挤压时金属流动情况复杂,有可能沿水平方向流动过多,沿高度方向流动较少,导致肋条两边角充不满,如图8.2.2(b)所示,也有小部分金属会沿着轴向流动,因此预锻的圆柱形毛坯截面应稍大于锻件相应处的截面积。

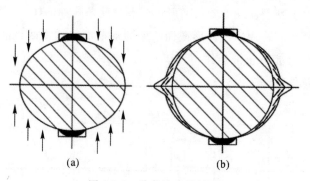

图8.2.2　肋条处变形情形

为避免上述情况,预锻时,将锻件直径锻到 Φ38 mm;终锻时,当圆截面压至 Φ36 mm 后,保证有足够的金属坯料充填肋条,同时将此4根肋条采用如图8.2.3所示凹模分两步来完成。首先,使对立面的两根肋条成形,然后在同一凹模内将锻件旋转90°使另两根肋条成形。在两半凹模的分模面处将 Φ36 mm 的圆柱面加圆角为 R18 mm,一方面可以保证先压出的两根肋条在转动90°之后不与模具发生干涉,另一方面可以避免在第一次挤压肋条时坯料沿轴向流动过多,导致在成形剩下两根肋条时坯料不足。

2)如图8.2.1(a)所示,API抽油杆的凸缘为圆弧过渡,而圆柱肋条式抽油杆为平台过渡,且平台宽达8 mm,如图8.2.3(b)所示。

圆弧过渡易于充填,而改成圆柱形平台后,不利于成形,易出现尖角处充不满,且在成形工步第二次挤压另两根肋条时不易将工件放入型槽等情况,而模具尖角处加工困难,容易引起应力集中,降低模具寿命。针对此情况,将锻件在原有8 mm宽平台上加一圆弧 R 变成圆弧过渡,如图8.2.4所示。在后续的机加工时切削掉圆弧部分,使之符合设计要求。另外,根据预锻工步设计原则,为保证充满终锻模膛,应使设计的预锻坯料在终锻模膛内尽可能镦粗成形,而对于不易充满的部分,应在预锻工步首先成形,因此,将此处放在预锻时成形。

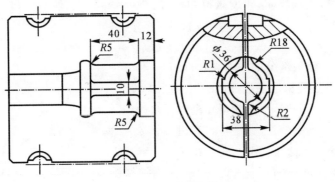

图 8.2.3　成形凹模

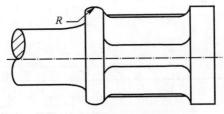

图 8.2.4　设计的平台过渡区

8.2.2　工艺参数确定

经过上述分析,最终确定圆柱肋条式抽油杆的锻件图,如图 8.2.5 所示。

图 8.2.5　抽油杆锻件

确定具体工艺参数如下:

1)考虑横向毛边,算出锻件终锻时体积 V_A。

2)根据终锻体积,坯料直径确定坯料长度为

$$L_0 = \frac{4V_A}{\pi d_0^2}$$

式中　d_0——坯料直径,mm。

3)确定坯料镦锻部分的长径比 φ 为

$$\varphi = \frac{L_0}{d_0}$$

式中　L_0—— 毛坯变形部分长度,mm。

　　4)确定锥形镦锻工步数 n',由文献可知

$$n' = \frac{\varphi D_{均} - L_0}{(0.42\varphi + m)D_{均}} - 1$$

式中　$D_{均}$—— 锻件镦锻部分的平均直径,mm;

　　　　m—— 镦锻过程稳定系数,取 $0.69 \sim 0.79$。

　　5)根据锥形模镦锻规则,由文献可知聚料工步体积

$$V_k = V_A K(1+\delta)(1+s)^3$$

式中　V_A—— 终锻工步体积,mm^3;

　　　　K—— 不充满系数;

　　　　δ—— 烧损率,其中火焰加热的为 3%,电加热的为 $1\% \sim 1.5\%$;

　　　　s— 热锻件冷缩率,一般取 $1.2\% \sim 1.5\%$。

　　经这一方法计算,结合聚料工步设计原则,并根据前面的分析加以优化,最终确定 $\Phi25.4$ mm 圆柱肋条式抽油杆锻造工艺,如图 8.2.6 所示。

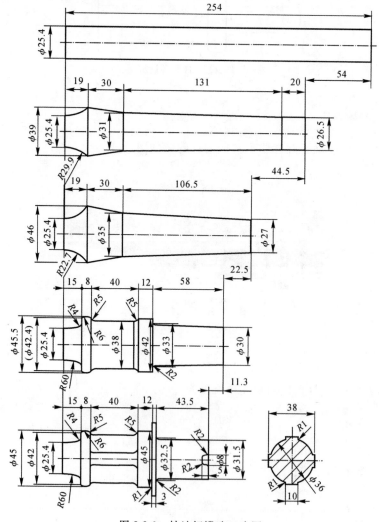

图 8.2.6　抽油杆锻造工步图

8.3　小链轮轮毂平锻机上模锻

8.3.1　锻件图

图 8.3.1 所示为小链轮轮毂锻件图,材料为 45 钢。

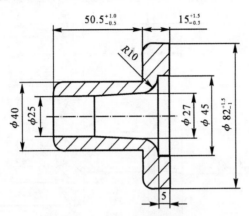

图 8.3.1　小链轮轮毂锻件图

8.3.2　计算锻件体积和质量

锻件体积 $V_{锻}$＝105 732 mm³(计算过程省略)。

锻件质量 m＝0.83 kg。

8.3.3　设计锻件终锻的形状并计算其体积

这是穿孔类锻件,其连皮形状尺寸如图 8.3.2 所示,锻件尺寸为热锻件尺寸,未注明圆角 $R3$ mm,连皮体积 $V_{连}$＝8 658 mm³。

故终锻的体积为

$$V_{终}＋V_{锻}＋V_{连}＝105 \ 732＋8 \ 658＝114 \ 390 \ (mm^3)$$

8.3.4　确定坯料及镦粗参数

(1)确定坯料直径 d_0。

1)根据穿孔类锻件棒料直径 d_0 的确定方法,选取棒料直径。

a. 锻件的相对壁厚为

$$\frac{D-d'_{孔}}{d_{孔}}=\frac{40-26}{26}=0.54 \ (mm)<0.6 \ (mm)$$

b. 锻件的相对孔深为

$$\frac{h}{d_{孔}}=\frac{61}{26}=2.35>0.6$$

式中　D——锻件外径,D＝40 mm;

$d_{孔}$——锻件内孔平均直径，$d_{孔}=\dfrac{27+25}{2}=26$（mm）；

h——锻件内孔深度，$h=51+10=61$（mm）。

因此，是具有法兰 $\varPhi 82\ \text{mm}\times 15\ \text{mm}$ 的薄壁深孔锻件。

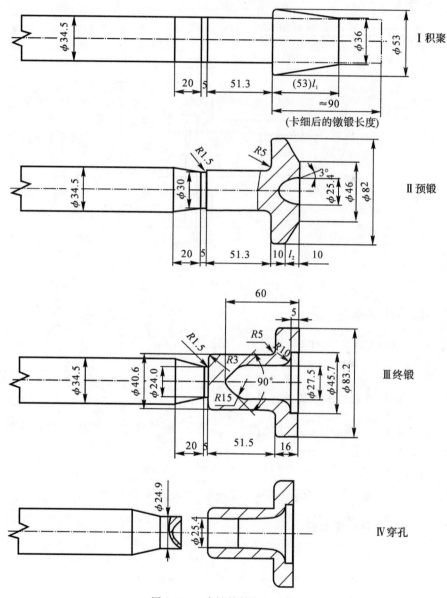

图 8.3.2　小链轮轮毂工步图

c. 锻件的计算直径为

$$d_{计}=\sqrt{D^2-d_{孔}^2}=\sqrt{40^2-26^2}=30.4\ \text{（mm）}$$

d. 工艺方案分析如下：

该件的外径 $\varPhi 40\ \text{mm}$ 和内孔 $\varPhi 26\ \text{mm}$ 由凸模将棒料直接扩孔而成，所以棒料直径应比计算直径稍大，其多余坯料随凸模向前运动时镦向锻件后端，故取

$$d_0 = (1.05 \sim 1.1)d_{计} = (1.05 \sim 1.1) \times 30.4 = 32 \sim 34 \text{（mm）}$$

按国家型钢标准 GB/T 702—2008，选择棒料直径 $d_0 = 34$ mm。

2) 验算镦粗比和卡细率：由于锻件 $\Phi 40$ mm $\times 50.5$ mm，是由棒料 $\Phi 34$ mm 直接扩孔而成的，因此仅法兰 $\Phi 82$ mm $\times 15$ mm 需要镦锻，其镦粗长度 l_B 为

$$l_B = l_终 - l_0 = 130 - 51 = 79 \text{（mm）}$$

式中　　$l_终$——锻件终锻时的坯料长度，$l_终 = \dfrac{V_终 \delta}{\dfrac{\pi}{4}d_0^2} = \dfrac{114\,390 \times 1.03}{\dfrac{\pi}{4} \times 34^2} = 130 \text{（mm）}$；

l_0——锻件 $\Phi 40$ mm $\times 50.5^{+1}_{-0.5}$ mm 部分的名义长度加正公差之半。

法兰镦粗比为

$$\varphi = \frac{l_B}{d_0} = \frac{79}{34} = 2.32$$

卡细率

$$f = \frac{d_0}{d_细} = \frac{34}{24.5} = 1.39$$

因为镦粗比 $\varphi = 2.32$ 较小（小于 2.5），所以允许卡细率达到 1.40，不需要切断"穿孔废芯"工步。

故所选的坯料直径 $d_0 = 34$ mm 是合适的。

（2）确定下料长度 L

锻件需要的坯料长度为

$$l_锻 = \frac{V_锻 \delta}{\dfrac{\pi}{4}d_0^2} = \frac{105\,732 \times 1.03}{\dfrac{\pi}{4} \times 34^2} \approx 120 \text{（mm）}$$

一般坯料长度取 1 500 mm 左右，太长的坯料在加热和操作时都不方便，而如果坯料长度过短，则材料利用率就低。

为此，使坯料长度能生产 11 件，其长度 $l = 120 \times 11$ mm $= 1\,320$ mm。再取坯料夹紧长度 $l_夹 = 5d_0 = 5 \times 34$ mm $= 170$ mm，坯料的夹钳口长度 $l_钳 = 60$ mm。

所以

$$L = l + l_夹 + l_钳 = 1\,320 + 170 + 60 = 1\,550 \text{（mm）}$$

下料规格 $\Phi 34$ mm $\times 1\,550$ mm/11。

8.3.5　设计和计算工步图

该件相对孔深 $\dfrac{h}{d_孔} = \dfrac{61}{26} = 2.35 > 0.6$。查表 8.3.1 得，冲孔次数需要两次。因此，需要预冲孔。

表 8.3.1　冲孔次数

$h/d_孔$	$\leqslant 1.5$	$1.5 \sim 3$	$3 \sim 5$
冲孔次数	1	2	3

镦粗长度的热尺寸为

$$l'_B = 1.015 l_B = 1.015 \times 79 = 80 \ (\text{mm})$$

锻件法兰的热体积为

$$V_{法} = 74\,748 \ (\text{mm}^3)$$

（1）第一道聚集工步

由体积不变条件计算得，卡细穿孔后坯料的镦粗长度约为 $l_B = 90$ mm。镦粗比 $\varphi = \dfrac{l_B}{d_0} = \dfrac{90}{34} = 2.65$，取锥体小端直径 $d_k = 36$ mm，锥体大端直径 $D_k = \varepsilon_k d_0 = 1.5 \times 34.5 = 52$ mm（式中 ε_k 为锥体大端直径增大系数）。

锥体的长度为

$$l_1 = \frac{V_{法} K(1+\delta)}{\frac{\pi}{12}(d_k^2 + d_k D_k + D_k^2)} = \frac{74\,748 \times 1.06 \times 1.03}{\frac{\pi}{12} \times (36^2 + 36 \times 52 + 52^2)} = 53 \ (\text{mm})$$

式中　　K—— 不充满系数，取 $K = 1.06$；

δ—— 加热坯料的烧损率，对煤气炉加热，取 $\delta = 3\%$。

验算：

1）验算压缩系数 β。

压缩量 $\alpha = l_B - l_1 = 90 - 53 = 37 \ (\text{mm})$。

压缩系数 $\beta = \dfrac{\alpha}{d_0} = \dfrac{37}{34.5} = 1.07$ mm，查图 8.1.4 得，允许的最大压缩系数 $\beta_{允许} = 2$。$\beta < \beta_{允许}$，因此设计的聚集锥体是合适的。

2）验算自由聚集（镦粗）的允许镦粗比。

第一工步坯料的镦粗比

$$\varphi = \frac{l_1}{d_{cp1}} = \frac{53}{44} = 1.2 \ (\text{mm})$$

式中　　d_{cp1}—— 第一工步坯料的平均直径，$d_{cp1} = \dfrac{d_k + D_k}{2} = \dfrac{36 + 52}{2} = 44 \ (\text{mm})$。

查表 8.3.2 得，自由聚集（镦粗）的允许镦粗比 φ_g 的计算公式如下：

表 8.3.2　自由聚集的允许镦粗比 φ_g

冲头形式	平冲头		冲孔冲头	
棒料直径/mm	$d_0 \leqslant 50$	$d_0 > 50$	$d_0 \leqslant 50$	$d_0 > 50$
棒料下料斜度 $0°\sim 3°$（锯）	$\varphi_g = 2.5 + 0.01 d_0$	$\varphi_g = 3$	$\varphi_g = 1.5 + 0.01 d_0$	$\varphi_g = 2$
棒料下料斜度 $0°\sim 3°$（剪）	$\varphi_g = 2 + 0.01 d_0$	$\varphi_g = 2.5$	$\varphi_g = 1 + 0.01 d_0$	$\varphi_g = 1.5$

因为需要预冲孔，故第二工步采用冲孔凸模，所以

$$\varphi_g = 1.5 + 0.01 d_{cp1} = 1.5 + 0.01 \times 44 = 1.94$$

$\varphi_2 < \varphi_g$，所以不需要再聚集坯料而进行预成形。

（2）第二道预锻工步

锻件法兰部分相对壁厚 $\dfrac{D_{法} - d_{孔}}{2} = \dfrac{83.2 - 27.5}{27.5} = 2.08 > 1.25$。

锻件法兰部分的相对孔深 $\dfrac{h}{d_{孔}} = \dfrac{16}{27.5} = 0.58 < 1.5$。

式中　$D_{法}$ —— 锻件法兰外径，$D_{法} = 83.2$ mm；

　　　$d_{孔}$ —— 锻件法兰部分的孔径，$d_{孔} = 83.2$ mm；

　　　h —— 锻件法兰部分内孔深度，$h = 16$ mm。

因此，锻件法兰部分是厚壁浅孔。故预锻工步后端要有一段直径等于或稍小于终锻工步的法兰直径，取 $\Phi82$ mm $\times 10$ mm。

其余尺寸如图 8.3.2 所示。

由体积不变条件计算锻件法兰在预锻工步的高度 $l_2 = 10$ mm。

（3）第三道终锻工步

为了便于驱散金属，以利扩孔，将冲孔凸模设计成 90° 尖端，连皮厚度较薄，约为 9 mm，充满良好。

（4）第四道穿孔工步

冲去"连皮"。

（5）卡细工步

1）确定卡细次数。因为坯料直径 $d_0 = 34.5$ mm，大于锻件内孔直径 $\Phi25.4$ mm，所以坯料卡细后才能穿孔，卡细直径 $d_{细}$ 比内孔直径 $d_{孔}$ 稍小，取 $d_{细} = 24.9$ mm，以保证锻件穿孔的质量。

由 $\dfrac{d_0}{d_{细}} = \dfrac{34.5}{24.9} = 1.39$，查表 8.3.3 可知，需要二次卡细。

表 8.3.3　卡细次数 n

$d_0/d_{细}$	< 1.45	$1.45 \sim 2.5$	> 2.5
卡细次数 n	2	3	4

由于该锻件的工步数允许 3 次卡细，即在聚集、预锻和终锻工步设置卡细，所以采用 3 次卡细，增加卡细次数，可以减少卡细模膛磨损，并提高锻件质量。

2）卡细工步尺寸。每次卡细量

$$m = \frac{d_0 - d_{细}}{h - 1} = \frac{34.5 - 24.9}{3 - 1} = 4.8 \text{ mm}$$

式中　d_0 —— 坯料直径，$d_0 = 34.5$ mm；

　　　$d_{细}$ —— 卡细直径，$d_{细} = 24.9$ mm；

　　　n —— 卡细次数，$n = 3$。

a. 第一次卡细在聚集工步如下：

长轴 $Q_1 = d_0 + (1 \sim 2) = [34.5 + (1 \sim 2)]$ mm，取 36 mm。

短轴 $M_1 = 28$ mm，第一次卡细量取大些，为 6.5 mm。

b. 第二次卡细在预锻工步如下：

长轴 $Q_2 = M_1 + (1 \sim 2) = [28 + (1 \sim 2)]$ mm，取 $Q_2 = 30$ mm。

短轴 $M_2 = 24$ mm。

c. 第三次卡细在终锻工步如下：

长轴 $Q_3 = M_3 = 24.9$ mm，即直径 $\Phi 24.9$ mm。

8.3.6　确定平锻机的吨位

1）锻造压力 $P = 3\,150$ kN。

2）凹模体宽度 $C = 640$ mm，查图 8.1.6 和表 8.1.1 得，选择 6 300 kN 水平分模平锻。

8.3.7　模具设计

小链轮轮毂模具结构图，如图 8.3.3 所示。

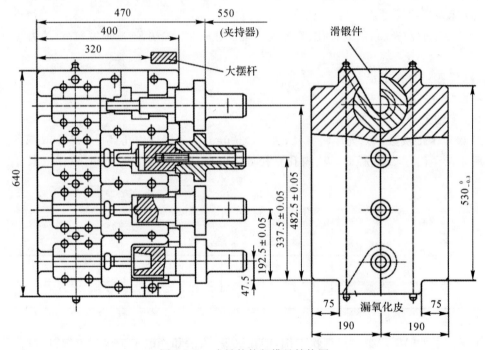

图 8.3.3　小链轮轮毂模具结构图

（1）凹模体

1）宽度：根据以上计算，宽度为 640 mm。

2）长度：取夹紧长度 $l_夹 = 5d_0 = 5 \times 34 = 170$ mm。

式中　d_0——坯料直径，$d_0 = 34$ mm。

凹模体长度为

$L = l_夹 + l_坯 + l_压 + l_导 + l_前 + l_后 = 170 + 51.3 + 33 + 30 + 30 + 40 = 354.3$（mm）

式中　$l_坯$——凹模内成形的坯料长度，由工步图 8.3.2 知 $l_坯 = 51.3$ mm；

　　　$l_压$——模锻时的最大压缩量，由工步图计算得 $l_压 = 33$ mm（在第二工步）；

　　　$l_导$——凸模在凹模内的导程，取 $l_导 = 30$ mm；

$l_前 , l_后$ —— 凹模体上镶块窝座前后的壁厚 30 mm 和 40 mm。

把凹模体设计成通用标准件,取 $L = 400$ mm。

3)厚度:查表 8.1.1 得,凹模体高度为 190 mm。

（2）凸模夹持器

1）宽度:滑块安装夹持器的宽度为 530 mm(查表 8.1.1),又凹模工作镶块直径 $D = 145$ mm。即模膛中心线为 145 mm,故夹持器在滑块内的宽度分别为 120 mm,145 mm,145 mm,120 mm。其由 4 个凸模夹持器组成,如图 8.3.4 所示。

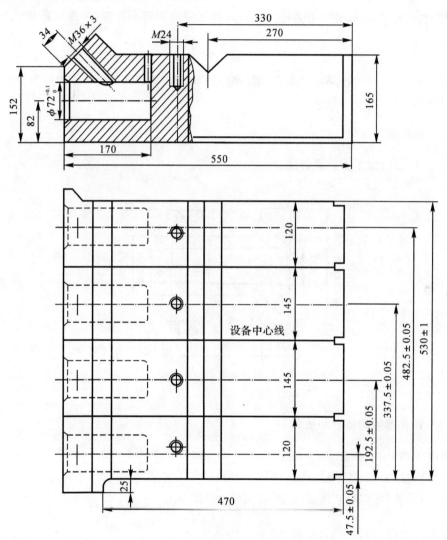

图 8.3.4 6 300 kN 水平分模平锻机凸模夹持器

2）长度:$L = L_P - l_凹 - \alpha = 1\,020 - 400 - 70 = 550$ mm

式中　L_P —— 6 300 kN 平锻机的封闭长度,$L_P = 1\,020$ mm;

　　　$l_凹$ —— 凹模体长度,$l_凹 = 400$ mm;

　　　α —— 在闭合状态下,凹模体和凸模夹持器之间的空隙,取 $\alpha = 70$ mm。

3）高度：查图 8.1.6 和表 8.1.1 可知,高度为 190 mm。

4）其他尺寸如图 8.3.4 所示。

（3）凹模镶块外形尺寸和模膛设计

1）夹紧镶块外形尺寸,$\Phi100$ mm×140 mm,夹紧尺寸:偏心 0.5 mm,直径 $\Phi34.5$ mm。

2）工作镶块外形尺寸,$\Phi145$ mm×190 mm,模膛按工步图和各类模膛设计原则设计,如图 8.3.3 所示。

（4）凸模柄和凸模

由闭合长度 470 mm,夹持器宽度 145 mm 及工步图即可设计确定,尽可能地设计成通用标准件。

8.4 倒车齿轮平锻机上模锻

8.4.1 锻件图

图 8.4.1 所示为倒车齿轮锻件图。

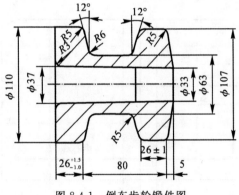

图 8.4.1 倒车齿轮锻件图

8.4.2 计算锻件的体积和质量

1）锻件体积 $V_{锻} = 630\ 573$ mm³。

2）锻件质量 $m = 4.85$ kg。

3）终锻时"连皮"体积（"连皮"的形状和尺寸见图 8.4.2）

$$V_{连} = 29\ 230\ mm^3$$

4）终锻时的体积 $V_{终} = 659\ 803$ mm³。

8.4.3 确定坯料及镦粗参数

（1）确定坯料直径 d_0。

1）试取坯料直径。

a. 计算锻件 $\Phi62$ mm 颈部的相对壁厚为

$$\frac{D-d_孔}{d_孔}=\frac{62-35}{35}=0.77\ (\text{mm})$$

式中　D——锻件颈部外径，$D=62$ mm；

　　　$d_孔$——锻件内孔平均直径，$d_孔=\dfrac{37+33}{2}=35$（mm）。

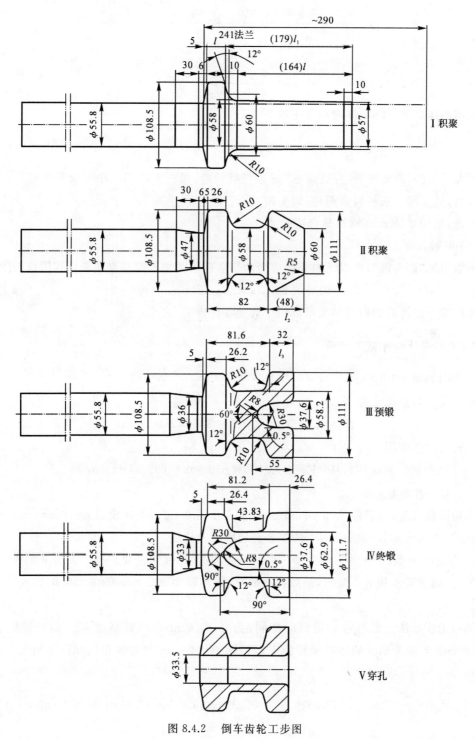

图 8.4.2　倒车齿轮工步图

b. 工艺方案分析:采用扩镦成形。

c. 颈部的计算直径 $d_{\text{计}} = \sqrt{D^2 - d_{\text{孔}}^2} = \sqrt{62^2 - 35^2} = 51.2$（mm）。

按国家型钢标准,采用棒料直径 $d_0 = 55$ mm(GB/T 702—2008)。

2) 验算镦粗比 φ 和卡细率 f。锻粗长度为

$$l_B = \frac{V_{\text{终}}(1+\delta\%)}{\frac{\pi}{4}d_0^2} = \frac{659\,803 \times 1.03}{\frac{\pi}{4} \times 55^2} = 286\ (\text{mm})$$

$$\varphi = \frac{l_B}{d_0} = \frac{286}{55} = 5.2$$

故需采用两次聚集、预锻、终锻和穿孔共 5 个工步。

$$f = \frac{d_0}{d_{\text{细}}} = \frac{55}{33} = 1.67$$

f 大于 1.25,需要切断"穿孔废芯"才能继续锻造,但由于切断工序劳动条件较差,又增加了工步数,故采用一根棒料锻两件(调头锻)。

因此,采用 $\Phi55$ mm 棒料是合适的。

(2) 下料长度 L

因为采用"调头锻",所以下料长度应为两倍镦粗长度加上模具夹紧长度和钳口长度。

$$L = 286 \times 2 + 55 \times 5 + 53 = 900\ (\text{mm})$$

生产两个锻件后的剩余料头可以用于其他零件模锻。

8.4.4　设计和计算工步图

工步图如图 8.4.2 所示。

镦粗长度的热尺寸为

$$l'_B = 1.015 l_B = 1.015 \times 286 = 290\ (\text{mm})$$

终锻时的热体积

$$V'_{\text{终}} = 1.015^3 V_{\text{终}} = 1.015^3 \times 659\,803 = 689\,942\ (\text{mm}^3)$$

(1) 第一道聚集工步

采用镦挤成形,即锻件颈部 $\Phi62.9$ mm(见工步图 8.4.2),由凸模将 $\Phi8.2$ mm 坯料驱扩而成,而 $\Phi58.2$ mm 部分(预锻工步)的多余金属则镦入后法兰。

1) 后法兰成形:锻件的后法兰 $\Phi108.6$ mm $\times 28.4$ mm 一定要在第一工步基本成形,该部分在第二、第三工步基本不变形,最后在终锻时,把预锻 $\Phi58.2$ mm 的多余金属镦入后法兰而成形。

第一工步后法兰的外径和终锻时相同,为 $\Phi108.6$ mm,但其高度 $l_{\text{法兰}}$ 由终锻的后法兰 $\Phi108.6$ mm $\times 26.4$ mm 的体积减预锻工步颈部 $\Phi58.2$ mm 和终锻相应部位体积之差计算获得,即

$$V_{\text{差}} = \frac{\pi}{4} \times 58.2^2 \times 43.83 - \frac{\pi}{4} \times (62.9^2 - 35.5^2) \times 43.83 \approx 23\,778\ (\text{mm}^3)$$

$$V_{法兰} = \frac{V_{后} - V_{差}}{\frac{\pi}{4}D^2} = \frac{\frac{\pi}{4} \times 108.6^2 \times 26.4 - 23\,778}{\frac{\pi}{4} \times 108.6^2} = 23.83\ (\text{mm})$$

取 $l_{法兰} = 24$ mm。

2）验算后法兰的镦粗比 $\varphi_{后}$

a. 后法兰体积为

$$V_{后} = \frac{\pi}{12} \times (58.2^2 + 55.8 \times 108.6 + 108.6^2) \times 5 + \frac{\pi}{4} \times 108.6^2 \times 24 +$$

$$\frac{\pi}{12} \times (108.6^2 + 108.6 \times 60 + 60^2) \times 5.16 = 279\,287\ (\text{mm}^3)$$

b. 镦粗长度 $l_{后}$ 和镦粗比 $\varphi_{后}$ 为

$$l_{后} = \frac{V_{后}}{\frac{\pi}{4}d_0^2} = \frac{279\,287}{\frac{\pi}{4} \times 55.8^2} = 114\ (\text{mm})$$

$$\varphi_{后} = \frac{l_{后}}{d_0} = \frac{114}{55.8} = 2.04$$

而自由聚集允许镦粗比 $\varphi_g = 2.5$（查表 8.3.2），所以仅需要一次聚集就可达到后法兰直径 $\Phi108.6$ mm。

从而也说明所选择的坯料直径 $\Phi55$ mm 是合适的，否则就需要加大坯料直径，或由二次聚集才能达到 $\Phi108.6$ mm。

3）锥形聚集：第一工步主要是使后法兰成形，而锥形聚集量很小（见图 8.4.2）。取锥形小端直径 $d_k = 57$ mm，大端直径 $D_k = 58$ mm。

由体积不变条件计算锥形长度 $l_1 = 179$ mm

$$l = \frac{VK(1+\delta)}{\frac{\pi}{12}(d_k^2 + d_kD_k + D_k^2)} = \frac{383\,292 \times 1.08 \times 1.03}{\frac{\pi}{12} \times (57^2 + 57 \times 58 + 58^2)} = 164\ (\text{mm})$$

式中　V——所求锥体长度 l 的体积，由体积不变定律求得 $V = 383\,292\ (\text{mm}^3)$；

　　　K——不充满系数，取 $K = 1.08$；

　　　δ——坯料加热烧损率，$\delta = 3\%$。

$$l_1 = 164 + 5.16 + 10 \approx 179\ (\text{mm})$$

4）验算压缩系数 β：压缩量为

$$\alpha = l_B - l'_1 = 290 - 208 = 82\ (\text{mm})$$

式中　l_B——坯料镦粗长度，$l_B = 290\ (\text{mm})$；

　　　l'_1——第一工步聚集后的总长度，$l'_1 = 179 + 24 + 5 = 208\ (\text{mm})$。

$$\beta = \frac{\alpha}{d_0} = \frac{82}{55.8} = 1.47$$

查锥形模膛聚集限制线（见图 8.1.4）得，压缩系数允许的极限值 $\beta_{允许} = 3$，$\beta < \beta_{允许}$，设计合理。

（2）第二道聚集工步

1）后法兰尺寸基本和终锻工步相同，为了操作时便于坯料出入模膛，高度取 26 mm，比终锻工步后法兰高度小 0.4 mm。

2）颈部直径取 $\Phi58$ mm。

3）设计和计算前法兰的聚集形状。

a. 计算前法兰的体积为

$$V_{前} = V_{终} - V_{后} - V_{颈} - V = 689\ 942 - 279\ 287 - 111\ 466 - 32\ 633 = 266\ 556\ (mm^3)$$

式中　$V_{终}$——终锻时体积，即镦锻坯料体积，$V_{终} = 689\ 942\ (mm^3)$；

$V_{后}$——第一工步后法兰体积，如前计算 $V_{后1} = 279\ 287\ mm^3$；

$V_{颈}$——第二工步颈部体积，$V_{颈} = \dfrac{\pi}{4} \times 58^2 \times 42.21 = 111\ 466\ mm^3$；

V——前法兰模锻斜度 12° 锥体的体积，$V = \dfrac{\pi}{12} \times (58^2 + 58 \times 111 + 111^2) \times 5.63 \approx$ 32 633 mm³

其中，5.63 由 $\dfrac{111-58}{12} \times \tan 12°$ 计算所得。

b. 计算镦粗长度 $l_{前}$ 和镦粗比 $\varphi_{前}$

$$l_{前} = (24 + 179) - (82 - 5.63) = 126.63\ (mm)$$

$$\varphi_{前} = \frac{l_{前}}{d_{cp}} = \frac{126.63}{57.5} = 2.2$$

式中　d_{cp}——第一工步坯料平均直径，$d_{cp} = \dfrac{57+58}{2} = 57.5$

查表 8.3.2 得，自由聚集允许镦粗比 $\varphi_g = 2.5$，$\varphi_{前} < \varphi_g$，可以镦成任意形状。

c. 设计"前法兰"聚集形状。由于锻件前法兰属厚壁，$\dfrac{D - d_{孔}}{d_{孔}} = \dfrac{111 - 37}{37} = 2 > 1.25$

因此，第二工步前法兰锥体的大端直径 D_k 应设置在后端（见图 8.4.2），取 $D_k = 111$ mm， $d_k = 60$ mm

锥体长度 l_k 由体积不变定律计算，得

$$l_2 = \frac{V_{前} K}{\frac{\pi}{12} \times (D_k^2 + D_k d_k + d_k^2)} = \frac{266\ 566 \times 1.06}{\frac{\pi}{12} \times (111^2 + 111 \times 60 + 60^2)} \approx 48\ (mm)$$

（3）第三道预锻工步

1）决定冲孔次数为

$$\frac{h}{d_{孔}} = \frac{90}{35.5} = 2.54$$

式中　h——锻件的冲孔深度，$h = 90$ mm；

$d_{孔}$——锻件内孔平均直径，$d_{孔} = 35.5$ mm。

查表 8.3.1 得，冲孔次数需两次。因此，在预锻工步需预冲孔。

2）预冲孔的形状和尺寸如图 8.4.2 所示：取冲头角度 $a = 60°$，最大孔径 $d_{孔} = 37.6$ mm。

3）"前法兰"预锻工步直径和高度。

取外径 $D = 111$ mm，高度 l_3 由体积不变条件计算得

$$l_3 = \frac{V_前 K}{\frac{\pi}{4}(D^2 - d_孔^2)} = \frac{266\ 566 \times 1.04}{\frac{\pi}{4} \times (111^2 - 37^2)} = 32\ (\text{mm})$$

（4）第四道终锻工步

在锻件图上加上"连皮"就是终锻工步的形状。

（5）第五道穿孔工步

冲去"连皮"获得具有透孔的锻件。

（6）卡细工步设计

1）确定卡细次数为

$$\frac{d_0}{d_细} = \frac{55.8}{33} = 1.69$$

式中　　d_0——原棒料直径；

　　　　$d_细$——棒料卡细后的直径，比穿孔直径小 0.5 mm，为 33 mm。

查表 8.3.3 得，需要 3 次卡细。

2）卡细的每次最大允许压下量 m 为

$$m = \frac{d_0 - d_细}{h - 1} = \frac{55.8 - 33}{3 - 1} = 11.4\ (\text{mm})$$

式中　　n——卡细次数，$n = 3$。

该锻件需要 5 个工步，除穿孔工步不能进行卡细外，其他 4 个工步均可以卡细。因此实际采用 4 次卡细，卡细质量好。

3）设计各道卡细工步的长轴 Q 和短轴 M 的尺寸。

第一次卡细：$Q_1 = d_0 + (1 \sim 2)$ mm，取 $Q_1 = 57$ mm，$M_1 = d_0 - m = 55.8 - 11.4 = 44.4$ mm，取 $M_1 = 46$ mm。

第二次卡细：$Q_2 = M_1 + (1 \sim 2) = 46 + (1 \sim 2)$ mm，取 $Q_2 = 47$ mm，$M_2 = M_1 - m = 46 - 11.4 = 34.6$ mm，取 $M_2 = 35$ mm。

第三次卡细：$Q_3 = M_2 + (1 \sim 2) = 35 + (1 \sim 2)$ mm，取 $Q_3 = 36$ mm，$M_3 = d_细 = 33$ mm，第四次卡细：$Q_4 = M_4 = 33$ mm。

8.4.5　确定平锻机吨位

（1）锻造压力 $P = 7\ 500$ kN

初选 8 000 kN 垂直分模平锻机。

（2）凹模体高度 $C = 851$ mm

查图 8.4.3 和表 8.4.1 得，8 000 kN 垂直分模平锻机安模空间偏小。

（3）验算镦粗长度 l_B

1）验算 8 000 kN 垂直分模平锻机：8 000 kN 垂直分模平锻机的全行程为 380 mm，前挡板行程约为 100 mm，因此，$l_{B允许} = (380 - 100)$ mm $= 280$ mm，而倒车齿轮锻件的实际镦粗长度 $l_B = 290$ mm。

故 8 000 kN 平锻机不合适，需选用 12 500 kN 垂直分模平锻机。

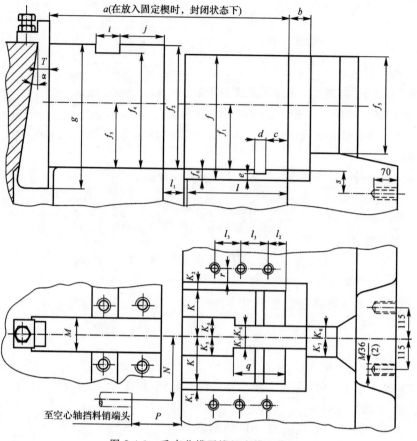

图 8.4.3 垂直分模平锻机安模空间图

表 8.4.1 垂直分模平锻机技术规格和安模空间参数

公称压力/kN	2 250	5 000	8 000	12 000	12 500	20 000
主滑块全行程/mm	220	280	380	500	460	610
夹紧滑块行程/mm	85	125	160	215	220	312
夹紧模闭合后主滑块有效行程/mm	110	190	250	318	310	340
夹紧模闭合后主滑块后退行程/mm	50	30	130	175	170	140
主滑块行程次数/(次·min⁻¹)	60	45	35	27	27	25
凹模空间/mm(长×宽×高)	320×140×360	450×180×435	550×210×660	660×260×820	700×260×820	850×320×1 030
进料窗口尺寸/mm(宽×高)	90×300	150×410	190×610	235×735	265×780	330×980
电动机 型号		JH82-8	JR-92-3		JR-127-10	JR-128-8
电动机 功率/kW	14	28	55	80	115	155
机器总质量/t	19	40.2	87	120	136.2	256.4
外形尺寸/mm(长×宽×地面上高/总高)	3 250×2 860×2 028	4 845×3 015×1 985/2 350	5 215×3 930×2 296/3 040	6 145×4 380×/3 700	6 345×3 930×3 000/3 680	8 620×5 185×3 140/4 140

续 表

尺寸/mm	吨位/kN						尺寸/mm	吨位/kN					
	2 250	5 000	8 000	12 000	12 500	20 000		2 250	5 000	8 000	12 000	12 500	20 000
l_P	745	1 005	1 205	1 419	1 420	1 720	K_3	50	70	110	160		
b	70	100	90	1	60		K_4	55	85	110	160		
c	70	55	101	127	127		K_5	25	45	60	80	85	
d	20	24	50	50	50		K_6	30	60	60	80	85	
l	7	7	10	10	10		K_7	60	100	120	155	170	
f	360	435	660	820	820		K_8	30	50	70	80		
f_1	200	195	310	415	415		l	320	450	550	660	700	
f_2	385	460	695	845	845		l_1	65	110	175	219	180	
f_3	200	195	310	415	415		l_2			95	120		
f_4	360	440	685	834	820		l_3			170	215		
f_5	300	400	610	735	780		M	$100D_4$	$120D_4$	$200D_4$	$230D_4$	$210D_4$	$254D_4$
f_6	20	25	25	25	20		N	195	230	310	370		
g	450	560	800	980	980		p	150	195	140	108		
i	75	90	80	100			q	160	210	220	290		
j	142	165	340	380	380		r				60	58	
K	140	180	210	260	260	320	s		60	70			
K_1	25	25	25	25			T	65	54	80	90	98	
K_2	20	35	25	25			a		7°	7°11′	7°		

2）验算 12 500 kN 垂直分模平锻机：12 500 kN 平锻机全行程为 460 mm。

因此，$l_{B允许} = 460 - 100 = 360$ mm，符合使用要求。

8.4.6　模具设计

图 8.4.4 所示为倒车齿轮 12 500 kN 垂直分模平锻机模具图。

（1）凹模体

1）高度 C。由于倒车齿轮锻件形状复杂，为了提高凹模镶块的强度，增大模膛的壁厚，取镶块窝座直径 $D_1 = 175$ mm，而一般锻件为

$$D'_1 = D_{max} + 2 \times (0.1D_{max} + 10) = 111.7 + 2 \times (0.1 \times 111.7 + 10) = 154 \text{（mm）}$$

式中　D_{max}——锻件的最大外径，$D_{max} = 111.7$ mm。

$$C = nD_1 + 2 \times 40 = 5 \times 175 + 80 = 955 \text{（mm）}$$

因此取高度为 960 mm。

2）长度 B。取棒料夹紧长度 $l_{夹} = 5d_0 = 5 \times 55 = 275$（mm），锻件长度 $l_{锻} = 114$ mm（取锻件正公差），长度方向两端的镶块窝度壁厚分别为 40 mm 和 30 mm。凸模的导程为 81 mm。

故 $B = 275 + 114 + 40 + 30 + 81 = 540$（mm）。

3）厚度 A。查垂直分模平锻机安模空间图（见图 8.4.3）和垂直分模平锻机技术规格和安模空间参数（见表 8.4.1）得，$A = 260$ mm。

4）夹紧镶块窝座直径和长度：取直径 $\Phi 120$ mm，长度 230 mm。

5）工作镶块窝座直径和长度：如前所述工作镶块窝座直径取 175 mm，长度取 240 mm。

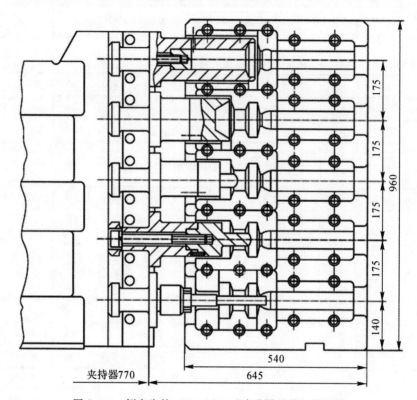

图 8.4.4　倒车齿轮 12 500 kN 垂直分模平锻机模具图

（2）模膛设计

由工步图和各类模膛设计方法确定各部分尺寸，如图 8.4.4 所示。

（3）凸模夹持器

如图 8.4.5 所示为 12 500 kN 垂直分模平锻机压盖式凸模夹持器。

1）长度 $L = L_p - l_凹 - a = 1\,415 - 540 - 105 = 770$（mm）

式中　L_p——12 500 kN 垂直分模平锻机封闭长度，$L_p = 1\,415$ mm；

　　　$l_凹$——凹模体长度，$l_凹 = 1\,415$ mm；

　　　a——在闭合状态下，凸模夹持器和凹模体之间的间隔，取 $a = 105$ mm。

2）高度由模具总图工作模膛窝座直径 $\Phi 175$ mm 计算。

$$H = nD + \delta = 5 \times 175 + 45 = 920\text{（mm）}$$

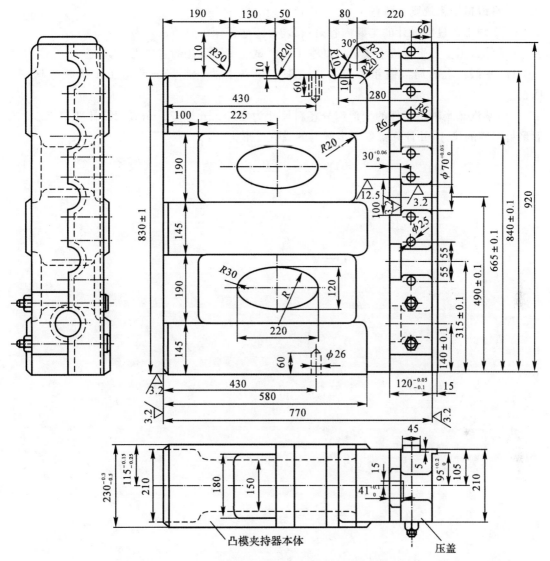

图 8.4.5　12 500 kN 垂直分模平锻机压盖式凸模夹持器

思考与练习

1. 平锻工艺有哪些主要工步？说明其特点及应用范围。

2. 平锻机上模锻的工艺特点有哪些？试述平锻模的结构特点。

3. 平锻机上应用最广泛的模锻件有哪两类？试举出一些典型件。

4. 聚集工步有哪些成形工艺条件？如何使用？

5. 平锻模具的结构特点是什么？

6. 平锻机辅助成形型槽有哪些？它们的作用是什么？

7. 如何解决平锻成形中容易出现的质量问题？可采取的措施有哪些？

8. 平锻机镦粗规则有哪些？

9. 平锻工艺过程设计的主要内容是什么？

10. 什么工步是平锻机上模锻的基本工步？试述平锻工艺的主要工步。

11. 平锻机上的局部镦粗工步与立式锻压设备上的一些局部镦粗工步的根本区别是什么？

12. 某汽车半轴平锻件的变形部分坯料尺寸为 $\Phi 50\ mm \times 375\ mm$，试设计变形工步和锥形聚集型槽的尺寸，并计算聚集工步所需的最大变形力。

第9章 精密模锻

精密模锻是在普通模具基础上结合新材料、现代模具技术和数值模拟技术发展起来的一种少/无切削加工新工艺，是将零件上一些过去需要切削加工才能达到精度要求的部分直接锻出或需少量加工，可以使制件达到或接近最终零件的形状和尺寸精度，实现质量与性能的优化，提高生产效率并降低生产成本。其显著特点是节材、节能、优质、高效、高精度和可以减少环境污染。在汽车、航空航天、兵器和家电等产品的关键零件以及机械基础件的制造中，精密模锻的应用越来越广泛。

制定精密模锻工艺过程的主要内容如下。

1）根据产品零件图绘制锻件图。

2）确定模锻工序和辅助工序（包括切除飞边、清除毛刺等），决定工序间尺寸，确定加热方法和加热规范，应采用少、无氧化加热的方式，以尽量减少坯料表面形成的氧化皮。

3）确定清除坯料表面氧化皮或脱碳层的方法。

4）确定坯料尺寸、质量及其允许公差，选择下料方法。精密模锻对坯料有较高的要求，要求坯料质量公差小断面塌角小端面平整且与坯料轴线垂直，坯料表面不应有麻点、裂纹、凹坑、较大的刮伤或碰伤；锻前必须经过表面清理（打磨、抛光、酸洗等），并去除表面的油污、夹渣、碰伤及凹陷等。

5）选择精密模锻设备。可利用曲轴锻压机和精锻机或其他不同的设备进行联合模锻，一般在普通模锻后再精锻 2～3 次，其精确度可达 ±0.2～±0.3 mm，表面粗糙度值在 $Ra6.3$ 以下。为了达到更高的精确尺寸，最后可在精压机上进行冷精压，其精确度可达 ±0.1 mm，表面粗糙度值可达 $Ra0.8$ 以下。

6）确定坯料润滑、模具润滑及模具冷却的方法。润滑可使变形均匀，增加金属的流动性。但是，过薄或过厚的润滑都会带来不良的后果，因此润滑一定要适度。

7）确定锻件冷却方法和规范，确定锻件热处理方法。

8）提出锻件的技术要求和检验要求。

9.1 直齿圆锥齿轮的精密模锻

齿轮精密模锻一般指通过精密锻造直接获得完整齿形，且齿面不需或仅需少许精加工即可使用的齿轮制造技术。其特点如下。

1）齿轮精密模锻能改善齿轮的组织和性能。精密模锻使金属三向受压，晶粒及组织变细，致密度提高，微观缺陷减少；精密模锻还使金属的纤维流线沿齿形连续均匀分布，可以提高齿轮的力学性能。一般来说,精密模锻可使轮齿强度提高 20％以上,抗冲击强度提高约 15％,抗弯曲疲劳寿命提高约 20％。

2)精度能够达到精密级公差和余量标准,不需或只需少量精加工就可进行热处理或直接使用,提高生产效率及材料利用率,降低生产成本。过去常用的切削加工方法,生产效率大致为 4 h/件;而精密模锻齿轮每分钟可生产 3～12 件,比切削加工效率高 200 倍左右,材料利用率提高 40％左右,批量生产成本降低 30％以上。

对于齿形在端面、齿较矮的零件,在室温和中温下可以利用带齿槽的冲头直接压出齿形,可获得尺寸精确,表面粗糙度好(冷压齿面的粗糙度 Ra 1.6 以下)的齿形零件。这样的齿轮类锻件最好在精压机上进行精密模锻,也可在摩擦压力机和普通冲床上进行。对于齿形在端面且齿高较矮的零件,还可以用摆辗成形方法加工出齿形。对于齿形较高的斜锥齿轮,这类锻件由于变形抗力较大,一般应采用热精密模锻(1 000～1 100℃)成形。由于齿较高,一次模压难以获得尺寸精确的锻件。因此,应先采用初步精密模锻,经切边和清理后再进行温热(750～850℃)精压或冷精压。温热精压或冷精压可保证该类锻件尺寸精度高和粗糙度低。

近年来,采用温锻(或热锻)和冷锻复合工艺过程生产锥齿轮,可以充分发挥冷锻和温锻(热锻)的优点。先温锻(或热锻)预锻出齿形毛坯,然后对齿形毛坯进行冷精密模锻。这样可以显著提高齿形冷锻模具的使用寿命,极大地提高锥齿轮锻件的齿形精度和品质,齿形精度可达 7 级。图 9.1.1 为德国采用温锻与冷整形相结合的复合精密锻造生产锥齿轮精密锻件过程照片。

图 9.1.1　锥齿轮温锻-冷整形复合精密锻造工艺

锥齿轮也可以采用复动成形(闭塞锻造)方法进行加工,效果较好。

为了提高模具寿命,齿形模具需进行表面强化处理(如辉光离子氮化),这样处理后在模具表面会形成厚度约为 0.3 mm 的 Fe-N 化合物层,模具表面硬度可达到 HV1 100,模具寿命可提高 2 倍以上。

精密模锻圆锥齿轮,如图 9.1.2 所示。

图 9.1.2　精密模锻圆锥齿轮

9.1.1 精密模锻齿轮生产流程

某汽车差速器行星齿轮材料为 18CrMnTi 钢,如图 9.1.3 所示。

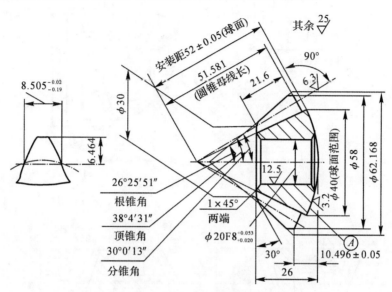

图 9.1.3 某汽车差速器行星齿轮

该齿轮的精密模锻生产流程为下料→车削外圆、除去表面缺陷层(切削余量为 1～1.5 mm)→加热→精密模锻(采用摩擦压力机)→冷切边→酸洗(或喷砂)→加热→精压(采用精压机或冷摆辗成形机)→冷切边→酸洗(或喷砂)→镗孔、车背锥球面→热处理→喷丸→磨内孔、磨背锥球面。

通过加热毛坯后进行精密模锻,把锻件加热至 800～900℃,用高精度模具进行热体积精压,有利于保证零件精度和提高模具寿命。

9.1.2 锻件图制定

图 9.1.4 所示为行星齿轮精密模锻件。

制定锻件图时,主要考虑以下几方面的问题。

1)把分模面安置在锻件最大直径处,以保证将齿轮精密模锻件齿形全部锻出和顺利脱模。

2)齿形和小端面不需机械加工,不留余量。背锥面为安装基准面,精密模锻时不能达到精度要求,预留 1 mm 机械加工余量。

3)当锻件中孔的直径 d 小于 25 mm 时,一般不锻出;当孔的直径 d 大于 25 mm 时,应锻出有斜度和连皮的孔。在对圆锥齿轮进行精密模锻时,中间孔连皮的位置和厚度尺寸对齿形充满情况的影响很大。一般连皮至端面的距离约为 $0.6H$ 时,齿形充满情况最好,其中 H 为不包括轮毂部分的锻件高度,如图 9.1.5 所示。图 9.1.3 所示的行星齿轮中 $d=20$ mm 的孔不锻出,但在小端压出 $1\times45°$ 的孔的倒角,以省去机械加工时的倒角工序。连皮的厚度 $h=(0.2\sim0.3)d$,但 h 不能小于 6～8 mm。

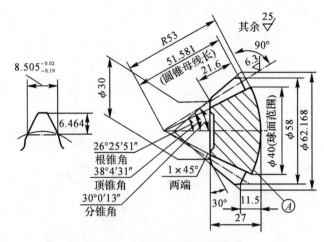

图 9.1.4　行星齿轮精密模锻件

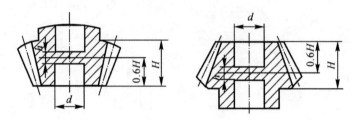

图 9.1.5　连皮的位置

9.1.3　毛坯尺寸的选择

（1）毛坯体积的确定

采用少、无氧化加热时，不考虑氧化烧损，毛坯体积等于锻件体积加飞边体积。

（2）毛坯形状的选择

常见毛坯形状有如下三种。

1）采用平均锥形锻坯。平均锥形锻坯称为预锻锻坯，模锻时金属流动速度低，模具磨损较小，但需要预锻工序。

2）较大直径的圆柱形毛坯。该毛坯在模锻时的金属流动速度较低，模具磨损较小，但由于毛坯高度较低，精密模锻齿轮小端纤维分布不良，且在模锻时可能产生折叠和充不满等缺陷。另外，坯料直径大，不利于剪切下料。

3）较小直径的圆柱形毛坯。该毛坯直径非常接近于小端齿根圆直径。模锻时金属流动速度较高，模具磨损较大，但坯料容易定位和成形。另外，坯料直径较小，利于剪切下料。因此，在不产生失稳的前提下应按齿轮小端齿根圆直径选定毛坯直径。

采用何种毛坯，最后由生产实践验证。

9.1.4　精密模锻的变形力

在摩擦压力机上精密模锻锥齿轮时，也可参照表 9.1.1，根据齿轮质量的大小估计变形力的大小。

表 9.1.1　精密模锻时摩擦压力机的选择

锥齿轮质量/kg	0.4～1.0	1.0～4.5	4.5～7.0	7.0～18.0	18.0～28.0
摩擦压力机变形力/kN	3 000～4 000	50 000	6 500～7 000	12 500	20 000

9.1.5　精密模锻模膛的设计与加工

将齿形模膛设在上模有利于成形和清理氧化皮等残渣,但为了便于安放毛坯和顶出工件,也可将齿形模膛设在下模,如图 9.1.6 所示。

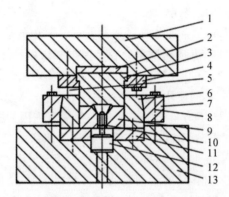

图 9.1.6　齿轮模膛设在下模的行星齿轮精密模锻件

1—上模板;2—上模垫板;3—上模;4—压板;5、8—螺栓;6—预应力圈
7—凹模压圈;9—凹模;10—顶杆;11—凹模垫板;12—垫板;13—下模板

图 9.1.7 所示为行星齿轮凹模。图 9.1.8 所示为行星齿轮上模,其材料为 H13 或 3Gr2W8V 钢,热处理硬度大致为 HRC48～52。

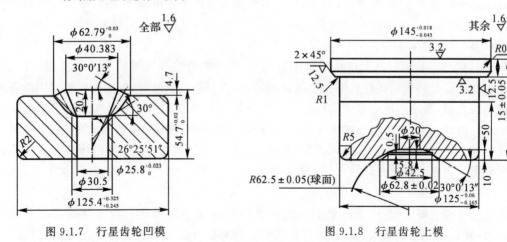

图 9.1.7　行星齿轮凹模　　　　　　　图 9.1.8　行星齿轮上模

在初加工、热处理和磨削加工之后,用电脉冲机床加工齿形模膛。检验齿形模膛的方法包括用低熔点合金浇铸试样,再对试样进行检测,也可制造样板来直接检验。

在生产过程中,用抽检锻件或用低熔点合金浇铸法检验模膛磨损情况。

影响精密模锻齿轮的齿形精度的关键是齿形模膛的制造精度。

现在已有工厂采用高速铣削的方法加工齿轮凹模型腔,但更多的厂家还是采用电脉冲加工。

用电脉冲加工凹模模膛时,模膛设计就是齿轮电极的设计。设计齿轮电极要基于齿轮零件图,并考虑锻件冷却时的收缩、锻模工作时的弹性变形和模具的磨损、电火花放电间隙和电加工时的电极损耗等因素。

齿轮电极设计时要考虑以下几点。

1)精度要比齿轮零件提高 1～2 级,如当产品齿轮精度为 8 级时,齿轮电极精度为 6～7级。应提高的精度包括齿圈径向跳动值、安装距等全部检验项目。因为齿轮最终产品接触斑点要求为 50%,中间接触,所以对该齿轮电极接触斑点要求为 80%,中间接触,略偏小头。这是因为锻件齿轮比齿轮电极的精度低,同时电加工电极小头损耗略大。

2)表面粗糙度比齿轮零件提高 1～2 级。

3)齿根高可等于齿轮零件的齿根高或增加 $0.1\ m$(模数)的值,即使齿全高增加约 $0.1\ m$ 的值。由于在锻造过程中,模膛齿顶和棱角处容易磨损和压塌,反映到锻件上是齿根变浅且有较大的圆角,因此电加工时把齿根加深,就不会影响精密模锻齿轮的正确啮合,也不会引起齿根干涉,还可延长精密模锻模具的使用寿命。

4)应修正模具齿形分度圆压力角的大小。压力角受下列因素的影响发生了变化。

a. 模具的弹性变形和磨损。不少工厂都利用经验估计弹性变形,有条件的厂家可利用有限元法估算。当然,要先求出变形金属对模膛的压力分布。

锻造过程中齿形模膛的磨损,总的趋向是使锻件齿根增厚,造成压力角增大。

b. 电加工时齿轮电极的损耗。电加工时,齿轮电极的小端和齿顶部分的加工时间较长,其损耗比齿轮电极的大端和齿根部分大,使得齿顶厚度相对变薄,引起齿形渐开线发生畸变,表现为压力角和收缩角(一个齿从小端到大端的齿长方向上齿面间的夹角)增大。因此,精加工时应合理调整电加工规范,正确选择电极材料,尽量减少电极的损耗和使损耗均匀稳定。

c. 锻件温度不均匀。由于模具温度比锻件温度低,因此模锻时,锻件齿顶部分的温度往往比齿根部分的温度下降快。锻造结束时,如果齿顶温度低于齿根温度,锻件冷却时齿顶的收缩小些,这就相当于齿顶厚度相对变厚,齿根厚度相对变薄,从而引起齿形渐开线产生畸变,使压力角减小。

d. 锻件的冷却收缩。将锻件从模膛中取出后,冷却时会发生收缩。如果锻件温度均匀,则冷却收缩过程是均匀的线性收缩。可以证明的是,均匀线性收缩后,冷锻件齿轮与热锻件齿轮保持几何相似,分度圆压力角的大小不变。热齿轮均匀冷收缩相当于标准齿轮安装距移动一个距离。因此,对于尺寸较小的齿轮,设计电极时可以不考虑锻件的冷却收缩,而在对精密模锻齿轮进行后续机械加工时,要采用标准齿形夹具,以保证精密模锻齿轮的安装距完全符合零件图要求。实际上就是在后续加工时修正齿轮的安装距。由于汽车锥齿轮尺寸不大,所以轮廓尺寸收缩变化值也不大。

对于尺寸较大的齿轮,由于冷收缩的绝对值较大,需要在设计电极时考虑锻件的冷收缩量。此时,修正齿轮电极的安装距使锻件齿轮冷收缩后的分度圆锥与齿轮零件图的分度圆锥一致,即在齿轮电极增加安装距修正量。

冷收缩时,应根据收缩率确定热锻件尺寸,具体如下:

1)节圆直径

$$d_2 = d_0(1 + \alpha \Delta t)$$

2）大端模数

$$m_2 = d_2 / z$$

3）大端齿顶高

$$h_1 = m_2$$

4）大端齿根高

$$h_2 = 1.2 m_2$$

5）大端齿顶圆直径

$$D_c = m_2 (z + 2\cos\delta_0)$$

6）大端固定弦齿厚

$$s = 1.387 m_2$$

7）大端固定弦齿高

$$h = 0.747\ 6 m_2$$

式中　　d_0——齿轮零件大端节圆直径，mm；

　　　　z——齿数；

　　　　α——齿轮材料的线膨胀系数；

　　　　Δt——终锻时锻件温度与模具温度差，℃；

　　　　δ_0——节锥角，（°）。

根据热锻件图，并考虑模具弹性变形和磨损、电加工的放电间隙和电极损耗来确定齿轮电极尺寸。

考虑上述因素，设计加工行星齿轮凹模用电极，如图 9.1.9 所示。

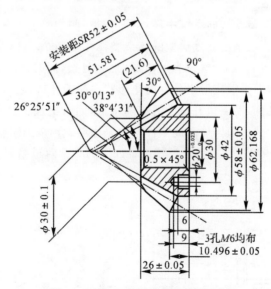

图 9.1.9　加工行星齿轮凹模用电极

9.1.6　切边凹模的设计和加工

切边凹模如图 9.1.10（b）所示，其设计和加工如下。

1)按零件图设计和加工一个标准齿轮电极。

2)用上述齿轮电极电火花加工 1 mm 厚的淬硬 T10A 钢的齿形样板,如图 9.1.10(a)所示。齿轮电极不完全通过此钢板,需为切边凹模的切向倒角留 1 mm 的高度。电火花加工时要用精加工规范。

3)电加工的齿形样板配制铣刀齿形样板。

4)用铣刀齿形样板加工专用铣刀。

5)用此铣刀加工直齿圆柱齿轮电极。

6)用此电极加工切边凹模的工作刃口。

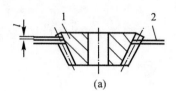 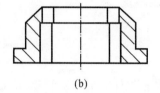

图 9.1.10 行星齿轮切边凹模加工
1—齿轮电极;2—铜极

将某汽车差速器行星齿轮改为精密模锻后,材料利用率由 41.6% 提高到 83%,工作效率提高了 2 倍。精度完全符合要求,力学性能有所提高,成本大大降低。

9.2 三销滑套多工序温热冷复合挤压

三销滑套是前驱轿车传动转向系统中靠近差速器一侧的等速万向节壳体,是汽车驱动轴上传递扭矩的关键零件。三销滑套是典型的复杂类杯杆型零件,其内腔形状复杂,呈三个花瓣形状,如图 9.2.1 所示。其特点是:杯部型腔较深,形状复杂,同时杯壁非等壁厚。三销滑套最初采用热模锻工艺生产,即模锻成形出具有简化形状内腔的杯部,之后进行机加工。用这种方法成形的零件,锻件精度低,需要留有较大的切削余量,同时机加工过程切断了内腔壁的金属流线,降低了零件的性能。目前国外对此零件普遍采用温锻预成形结合冷精整工艺,成形后锻件的尺寸精度可达 IT7～IT9 公差等级。其最难加工的 3 个轨道槽,达到少或无切削要求,只留有少量的磨削余量。

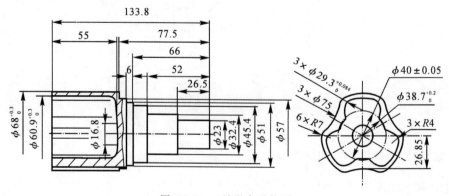

图 9.2.1 三销滑套零件图

9.2.1　精密锻(挤压)件图的设计

图 9.2.1 所示为三销滑套零件图,由图可知,它是由壁厚均匀的"梅花瓣"式杯形头部和阶梯式杆部组成的。其"梅花瓣"式杯形头部虽然可采用数控铣床加工,但材料利用率低、加工效率低,且金属流线纤维被切断,影响其使用寿命。因此,宜采用精密挤压成形的方法获得成品零件形状和尺寸精度。而杆部 $\Phi 57$ mm 和 $\Phi 45.3$ mm 的两个阶梯的轴向尺寸小,故将两阶梯合为一段截锥体,使杆部简化三阶梯结构,其径向加工余量为 2 mm。考虑到"梅花瓣"式杯形头部反挤成形,因金属流动的不均匀性,可能在上端产生高度差别很大的波浪形,因此,锻件沿轴向的加工余量较大,超过 8 mm。所设计的精密锻件(挤压件)图如图 9.2.2 所示。

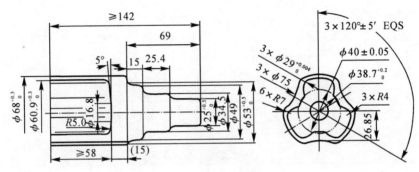

图 9.2.2　三销滑套冷精锻件图

9.2.2　热冷复合挤压工艺流程与工步图设计

李洪波等人描述了分别在 6 300 kN,4 000 kN 摩擦压力机和 3 000 kN 液压机上实现三销滑套多工序热、冷复合精锻生产。其工艺流程为坯料加热→正挤杆部→反挤杯形头部→退火+表面处理→冷精整。

(1)确定工步尺寸

根据热、冷复合精锻工艺流程和体积不变原则,可算出各工步尺寸,确定工步尺寸时应注意以下几点:

1)由于是在高温下进行热挤压,所以热膨胀量不可忽视,一般可取热膨胀量为 1.3%。

2)有关正挤变形规律的文献指出,凹模锥角 α 的最佳范围为 $90° \sim 126°$,本节取 $\alpha = 100°$。

3)杯部过渡处脚角大小十分重要,因为它影响死区大小和金属流动,这里取 $R = 10$ mm。根据上述情况,最后确定正挤压、反挤压和冷精整的工步尺寸如图 9.2.3 所示。

(2)确定热挤压温度

挤压温度通常低于热锻温度,这是因为在挤压时金属变形速度很快,由于变形热效应,温度可以升高 $50 \sim 100℃$,因此本节规定挤压开始温度为 $(1\ 150 \pm 20)℃$,挤压终了温度为 $(1\ 050 \pm 20)℃$。

(3)冷精整工序

冷精整是使滑套锻件达到高精度要求的关键。因此,如何合理地确定冷精整量、冲头和制件的弹复量以及模具的结构和精度,是该工艺的技术难点。

实践证明,只要有效解决了这些问题,一次冷精整完全可以达到消套锻件要求的精度。由于冷精整所需的变形力并不大,而且在变形力中摩擦力有较大的比例。所以,只要润滑得当,冷精整模的寿命完全可达到万次以上。

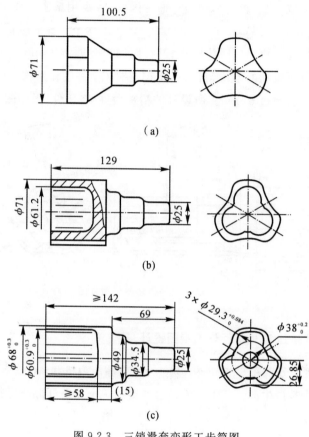

图 9.2.3　三销滑套变形工步简图
(a)热正挤杆部;(b)热反挤杯部;(c)冷精整

9.2.3　正、反挤压模具结构设计

图 9.2.4 所示为热正挤压模具结构简图。该模具上模主要由特殊形状的冲头 7、定位环 8、压板 9、垫板 10、模座 11 和止转键 12 等组成;下模主要由型腔镶块 5、预应力圈 4、垫板 3、压紧套 6、顶杆 2 和模座 1 等组成。镦挤终了压力机回程时,顶杆 2 将工件顶出。另外,在垫座 13 和模座 1 之间还开有排除氧化皮和多余润滑剂的排料槽(图中未示出)。

图 9.2.5 所示是热反挤压模具结构简图。上模主要由反挤冲头 7 及冲头紧固和止转装置组成;下模由凹模镶块 4 和 2、预应力套 3、顶杆 1 及垫块、模座组成。为保证反挤结束后能顺利取出锻件,该模具还设有由件 5,6,8,9 组成的卸料装置。

冷精整模具结构与图 9.2.5 所示的热反挤压模具结构相同,仅反挤冲头及凹模镶块型腔尺寸由冷精整工序图确定。

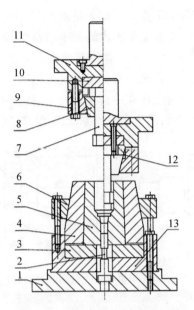

图 9.2.4　热正挤压模具结构简图

1—模座；2—顶杆；3—垫板；4—预应力圈；5—型腔镶块；6—压紧套
7—冲头；8—定位环；9—压板；10—垫板；11—模座；12—止转键；13—垫座

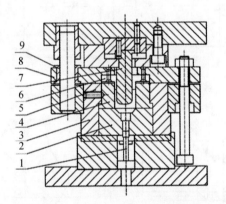

图 9.2.5　热反挤压模具结构简图

1—顶杆；2、4—凹模镶块；3—预应力套；7—冲头；5、6、8、9—卸料装置

9.2.4　三工序温挤压与冷精整成形

(1)工艺分析与工艺流程

图 9.2.6(a)为与图 9.2.1 所示形状相同而尺寸略有不同的三销滑套零件,图 9.2.6(b)为其对应的冷锻件图,其设计思路为"梅花瓣"型腔头部达到零件最终要求,而将杆部简化为阶梯形。

该零件所采用的是多工序温、冷复合成形工艺,其工艺流程为坯料加热至(780±20)℃→正挤杆部→头部镦粗→头部反挤→退火＋磷化皂化处理→冷精整,如图 9.2.7 所示。

与图 9.2.3 所示的冷复合成形的变形工步(序)图比较,其不同之处是:多工序热成形时,将杆部正挤与头部镦粗合并为一个工步。其优点是减少了一个成形工步,工件温度的降低幅度较小,对变形抗力的影响较小,适合于单机成线和手工操作,但由于金属流动剧烈,加上热锻时坯料金属氧化较严重,会影响模具寿命和锻件表面质量。图 9.2.7 所示的三工步温成形可完全克服二工步热成形的缺点,其不足之处是使变形抗力增大。若采用单机连线生产则需增加一台锻造压力机,若将正挤压与镦头安排在一台压力机上,则只须增加一道操作工序,当然最好是采用后续介绍的三工位压力机并采用机械手操作,以确保其工艺稳定性好,生产效率高。

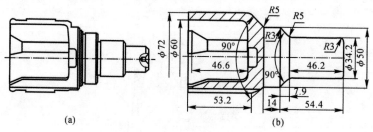

图 9.2.6 三销滑套的零件图和冷锻件图
(a)三销滑套零件图;(b)三销滑套冷锻件图

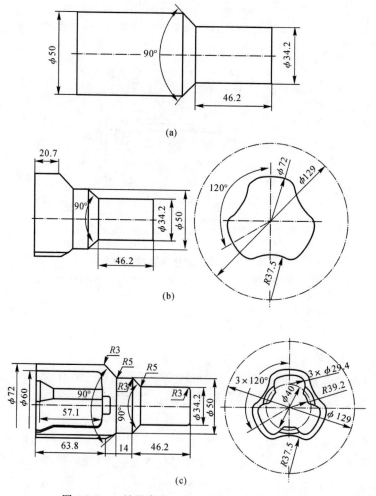

图 9.2.7 三销滑套多工序温冷复合成形工艺流程

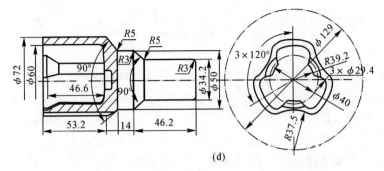

续图 9.2.7 三销滑套多工序温冷复合成形工艺流程

(2)温锻成形力的计算及设备选择

1)杆部的正挤成形力 F_f。$F_f = CpA = p\dfrac{\pi}{4}D^2 = 1.3 \times p \times \dfrac{\pi}{4} \times 50^2$,根据 20CrMnTi 挤压温度 $T = 780℃$、挤压变形程度即断面收缩率 $\varepsilon_A = \left(1 - \dfrac{d^2}{D^2}\right) \times 100\% = \left(1 - \dfrac{34.2^2}{50^2}\right) \times 100\% = 53.2\%$,查得单位温挤压力 $P = 500$ MPa,得 $F_f = 1\ 276.3$ kN。

2)头部镦粗成形力 F_μ。可采用如下公式计算:

$$F_\mu = ZN\sigma_b\left(1 + k_\mu\dfrac{D}{4H}\right)A$$

式中 F_μ——镦粗成形力,N;

H——镦粗件的头部高度,mm;

D——镦粗件的头部直径,mm;

σ_b——锻件材料在镦粗成形温度时的强度极限,MPa;

A——镦粗件头部与凸模接触的水平投影面积,mm²;

Z——变形因数;

k——镦粗部分的形状因数;

N——凸模的形状因数;

μ——摩擦因数。

由相关手册查得,在 $T = 750℃$ 时 20CrMoTi 的强度极限 $\sigma_b = 350$ MPa;$Z = 1.3$;$N = 1.8$;$k = 1.5$;$\mu = 0.10$。将这些数据代入上式,得

$$F_\mu = 1.3 \times 1.8 \times 350 \times \left(1 + 1.5 \times 0.1 \times \dfrac{72}{4 \times 20.74}\right) \times 3\ 419.9 = 3\ 165.5\ (\text{kN})$$

3)反挤成形力 F_b。可采用如下经验公式计算:

$$F_b = CpA$$

式中 F_b——反挤成形力,N;

p——在反挤温度时的单位压力,MPa;

C——安全系数。

根据 20CrMoTi 在温度为 $T \geqslant 700℃$ 时,且反挤变形程度即断面收缩率 $\varepsilon_A = \dfrac{A_0 - A_1}{A} \times$

$$100\% = \frac{3\,414.9 - 980.11}{3\,414.9} \times 100\% = 71.3\%$$，查得单位挤压压力 $P = 1\,087.5$ MPa。将这些数据代入上式，得

$$F_b = 1.3 \times 1\,087.5 \times (3\,414.9 - 980.11) = 3\,442.2 \text{ (kN)}$$

4）设备吨位的选择。当采用三台单机连线且手工操作时，则可分别按正挤、镦粗和反挤三个工步所需的成形力来选择相应的设备吨位；若采用三工位压力机，且手工操作时，则按三个成形力最大者并考虑其装模尺寸来选择压力机吨位；若采用三工位压力机，且为机械手操作，则应按三个成形力之和来选择压力机的吨位。

（3）模具结构设计

下面着重介绍杆部正挤压和头部反挤压两套模具的基本结构及工作过程，并介绍反挤凸、凹模的具体结构。

1）杆部正挤压模具基本结构。图 9.2.8 所示为杆部正挤压模具的基本结构。该模具的上模主要由凸模 8、螺母 9、压套 10、定位环 11、上模座 13、垫板 15 等组成；下模则主要由凹模 6、下模 4、预应力圈 5、垫块 2、顶杆 1、下模座 3 等组成；导向装置则由导柱 16、导套 17、导套压圈 19、导柱压圈 21 等组成。挤压行程开始时，冲头通过上模座、垫块的传递作用在压力机滑块的推动下向下运动，开始对坯料进行挤压，直到限位块 7 相互接触，挤压变形阶段结束；接着转到回程阶段，冲头又会随着上摸座一起在滑块的作用下开始向上运动，同时顶杆 1 在压力机顶装置的推动下将工件从凹模中顶出，当滑块到达上死点时，便完成一次挤压工作行程。

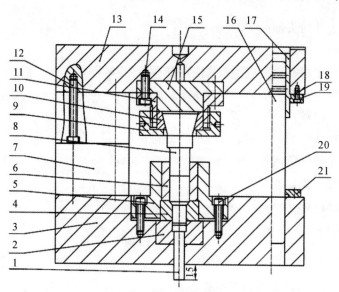

图 9.2.8　杆部正挤压模具的基本结构

1—顶杆；2—垫块；3—下模座；4—下模；5—预应力圈；6—凹模；7—限位块
8—凸模；9—螺母；10—压套；11—定位环；12,14,18,20—螺钉；13—上模座
15—垫板；16—导柱；17—导套；19—导套压圈；21—导柱压圈

2）头部反挤压模具基本结构。图 9.2.9 所示为反挤模具的基本结构，其模架用于反挤压和冷精整。其工作原理如下：凸模 18 通过定位套 19、螺母 20、螺钉 16、垫板 17 固定在上模座

14 上,并通过上模座 14 固定在压力机滑块上;下模 5、凹模 6 构成的组合凹模与垫板 4 由压圈 7 通过螺钉 26 固定在下模座 3 上,下模座 3 又被固定在压力机的工作台上;导向装置由导套 22,导柱 21,压圈 24,25 等组成,由螺母 2、弹簧 10、卸件板 11 和螺栓 15 等组成卸件装置。当挤压工作行程开始时,凸模在滑块的带动下一直向下运动,毛坯在凸模、组合凹模的作用下,产生塑性变形,直至与限位块 13 接触,挤压变形行程结束;接着,压力机滑块上行,凸模在滑块的作用下开始回程,同时,顶杆 1 在压力机顶出装置的作用下上行,顶出工件,此时工件可能由于冷缩而紧包在凸模上而一起向上运动。当卸料板 11 与卸料螺栓头接触后,将包紧在凸模上面的工件卸下。凸模在滑块的作用下继续向上运动,直至回到上死点。至此,便完成了一次挤压工作行程。

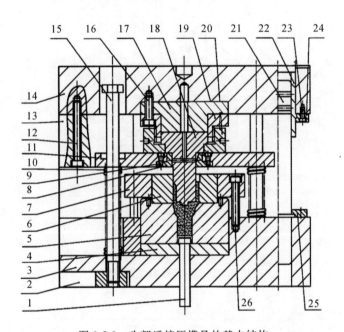

图 9.2.9　头部反挤压模具的基本结构

1—顶杆;2—螺母;3—下模座;4—垫板;5—下模;6—凹模;7—压圈;8—卸件图;
9,12,16,23,26—螺钉;10—弹簧;11—卸件板;13—限位块;14—上模座;15—螺栓;
17—垫板;18—凸模;19—定位套;20—螺母;21—导柱;22—导套压圈;24,25—压圈;26—螺钉

德国舒勒公司采用的是温冷复合挤压(精锻)工艺,其流程为坯料加热至(780±20)℃、杆部前端正挤压→杆部后段正挤压→镦头→反挤→退火+表面处理→冷精整。采用四工位温挤压模架,其中反挤压模具单元结构如图 9.2.10 所示。

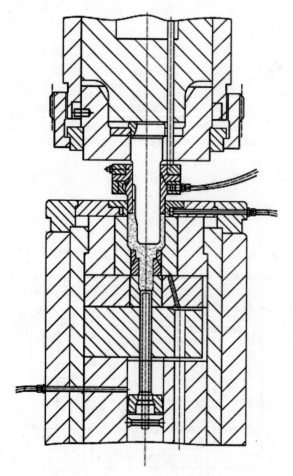

图 9.2.10　反挤模具单元结构

思考与练习

1. 何谓精密模锻？
2. 精密模锻的目的是什么？
3. 精密模锻工艺有什么特点？
4. 精密模锻模具设计有哪些特点？

第10章 锻后工序

锻后工序包括锻造工序后的所有工序,主要有:锻后冷却、切边与冲孔连皮、锻件热处理、表面清理、校正、精压和质量检验。后续工序对模锻件品质有很大影响,尽管模锻出来的锻件品质好,若后续工序处理不当,仍会造成废品和次品。后续工序在整个模锻件生产过程中所占的时间常常比模锻工序长。这些工序的安排,直接影响模锻件的生产率和成本。

10.1 锻后冷却

金属锻后冷却是指锻件锻后从终锻温度冷却到室温的过程。如果冷却方法选择不当,锻件有可能因产生缺陷而报废,还可能延长生产周期,影响生产率。普通钢料的小型锻件锻完后可放在地上自然冷却,但对于合金锻件以及大型锻件,这样做会产生裂纹、白点和网状碳化物等缺陷。

10.1.1 锻件冷却时常见缺陷

1. 裂纹

坯料加热时由于残余应力、温度应力和组织应力之和超过材料的强度极限而形成裂纹。同样,锻件在冷却过程中也会引起温度应力、组织应力以及残余应力,从而有可能形成裂纹。

(1)温度应力

在冷却初期,锻件表面温度明显降低,体积收缩较大,而心部温度较高,收缩较小,表层收缩趋势受心部阻碍,结果在表层受到拉应力,心部则受到与其方向相反的压应力。对于塑性较好、变形抗力较小的软钢,这时由于心部温度仍然较高,变形抗力小,且塑性较好,还可以产生微量塑性变形,使温度应力得以松弛。到了冷却后期,锻件表面温度已接近室温,基本上不再收缩,这时表层反而阻碍心部继续收缩,导致温度应力发生符号变化,即心部由压应力变为拉应力,而表层由拉应力变为压应力。

应该注意的是,对于抗力大、难变形的金属,在冷却初期表层产生的拉应力可能得不到松弛,到了冷却后期,虽然心部收缩对表面产生附加压应力,但也只能使表层初期受到的拉应力和加热温度应力一样呈三向应力状态,最大也是轴向应力。锻件冷却温度应力(轴向)的变化与分布如图 10.1.1 所示。

(2)组织应力

锻件在冷却过程中如有相变发生,由于相变前后组织的比容不同,而且相转变是在一定温度范围内完成,所以锻件表层和心部相变不同时进行而产生组织应力。例如,钢的奥氏体的密

度为 $0.12\sim0.125\ cm^3/g$，马氏体的密度为 $0.127\sim0.131\ cm^3/g$。如锻件在冷却过程中发生马氏体转变，则随着冷却过程中温度不断降低，当锻件表层冷却到马氏体转变温度时，表层首先进行马氏体转变，而心部仍处于奥氏体状态。因此，锻件表面的体积膨胀受到心部的制约。此时所引起的组织应力为：表层是压应力，心部为拉应力。然而此时心部温度较高，塑性较好，通过局部塑性变形可以缓和上述组织应力。随着锻件冷却过程的进行，心部也发生马氏体转变，其体积膨胀，而表层体积却不再发生变化。此时心部的膨胀又受到表层的阻碍，产生的组织应力，心部是压应力，表层为拉应力。随着心部马氏体含量的逐渐增加，应力不断增大，直到马氏体转变结束为止。

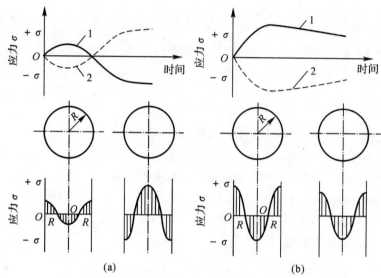

图 10.1.1　锻件冷却过程中轴向温度应力变化和分布示意图

(a)软钢锻件；(b)硬钢锻件

1—表面应力；2—心部应力

冷却时的组织应力和加热时一样也是三向应力状态，且切向应力最大，这就是有时引起表面纵裂的原因之一。

（3）残余应力

加热后的坯料在锻造过程中，由于变形不均匀和加工硬化所产生的内应力，如未能及时通过再结晶软化将其消除，便会在锻后成为残余应力保留下来。残余应力在锻件内的分布根据变形不均的情况而有所不同，其中的拉应力可能出现在锻件表层，也可能出现在芯部。

总之，锻件在冷却过程中总的内应力为上述 3 种应力的叠加。当总的内应力超过材料某处的强度极限时，便会在锻件的相应部位产生裂纹。如不足以形成裂纹，也会以残余应力形式保留下来，给后续热处理增加不利因素。

一般情况下，锻件尺寸越大，导热系数越小，冷却越快，温度应力和组织应力越大。

2. 网状碳化物

对于过共析钢和轴承钢，如果终锻温度较高，且在 $A_{rm}\sim A_{r1}$ 区间缓冷时，将从奥氏体中大量析出二次渗碳体。这时碳原子由于具有较大的活动能力和足够的时间扩散到晶界，沿着奥氏体晶界形成网状碳化物。当网状碳化物较多时，用一般的热处理方法不易去除，导致材料的冲击韧性降低,热处理淬火时常引起龟裂。

另外,当奥氏体不锈钢(如 1Cr18Ni9Ti,1Cr18Ni9 等)在 550～800℃ 温度范围内缓冷时,有大量含铬的碳化物沿晶界析出,形成网状碳化物。在这类钢中,由于碳化物的析出使晶界出现贫铬现象,因此使抗晶界间抗腐蚀的能力降低。

3. 白点

白点是钢制锻件在冷却过程中产生的内部缺陷。白点在钢的纵向断口上呈圆形或椭圆形的银白色斑点(合金钢白点的色泽光亮,碳素钢白点较暗),在横向断口上呈细小的裂纹。白点的尺寸由几毫米到几十毫米。观察显微组织,在白点附近区域没有发现塑性变形的痕迹,因此白点是纯脆性的。

锻件存在白点对其性能极为不利,不仅导致力学性能急剧下降,在热处理淬火时还会使零件开裂;零件在交变和重复载荷作用下,还会突然发生断裂,其原因是白点处为应力集中点,在交变和重复载荷作用下,常常成为裂纹源而导致零件疲劳断裂。

白点多发生在珠光体类和马氏体类合金钢中,碳素钢程度较轻,奥氏体和铁素体钢极少发现白点,莱氏体合金钢也很少发现白点。

白点的形成原因,一般认为是钢中的氢和组织应力共同作用的结果。冷却速度越快时,它们的作用越明显,而锻件的尺寸越大,白点也越易形成。因此锻造白点敏感钢的大锻件时,应特别注意冷却速度。

10.1.2　锻件的冷却规范

根据锻件在锻后的冷却速度,冷却方法有 3 种:空冷、坑(箱)冷和炉冷。

(1)空冷

在空气中冷却,速度较快。锻件锻后单个或成堆直接放在车间地面上冷却,但不能放在湿地或金属板上,也不要放在有穿堂风的地方,以免锻件冷却不均或局部急冷引起裂纹。

(2)坑(箱)冷

锻件锻后放到地坑或铁箱中封闭冷却,或埋入坑内细砂、石灰、石棉材或炉渣内冷却。一般锻件入砂温度不应低于 500℃,周围蓄砂厚度不能小于 80 mm。锻件在坑内的冷却速度,可以通过不同的绝热材料及保温介质调节。

为了有效防止精锻件在冷却过程中氧化,可将其置于具有保护气氛的装置中冷却。

(3)炉冷

锻件锻后直接装入炉中按一定的冷却规范缓慢冷却。由于炉冷可通过控制炉温,从而准确控制冷却速度,因此适于高合金钢、特殊钢锻件及各种大型锻件锻后冷却。一般锻件的入炉温度不得低于 600～650℃,炉内应事先升全与锻件同样温度,待全部炉冷件装炉后开始控制冷却速度。一般出炉温度不应高于 100～150℃。常用的冷却规范有等温冷却和起伏等温冷却。

制定锻件冷却规范,关键是选择合适的冷却速度。通常根据坯料的化学成分、组织特点、原料状态和断面尺寸等因素,参照有关资料确定合适的冷却速度。

一般来说,坯料的化学成分越简单,锻后冷却速度越快,反之则越慢。对中小型碳钢和低合金钢锻件,锻后均采用空冷。而合金成分复杂的合金钢锻件,锻后应采用坑冷或炉冷。对含碳量较高的钢(如碳素工具钢、合金工具钢及轴承钢等),为了防止在晶界析出网状碳化物,在锻后先用空冷、鼓风或喷雾快速冷却到 700℃，然后再把锻件放入坑中或炉中缓慢冷却。对于无相变的钢（如奥氏体钢、铁素体钢等），由于锻件冷却过程中无相变，因此可采用快冷。同时，为了锻后获得单相组织，防止铁素体钢在 475℃左右脆性大，也要求快速冷却。因此这类锻件锻后通常采用空冷。对于空冷自淬钢，为了防止冷却过程产生白点，应按一定冷却规范进行炉冷。

通常用钢材锻成的锻件在锻后的冷却速度比用钢锭锻成的锻件的冷却速度大，断面尺寸小的锻件在锻后的冷却速度比断面尺寸大的锻件的冷却速度大。

锻件不仅在终锻后应按照规范冷却，有时在锻造过程中也要进行冷却，叫作中间冷却。中间冷却用于加热后没有锻完的锻件（如多火锻造大型曲轴）、需要进行局部加热的锻件以及在锻造过程中要进行毛坯探伤或清理缺陷的锻件。锻件中间冷却规范的确定和最终冷却规范相同。

10.2 切边与冲连皮

10.2.1 切边和冲孔的方式及模具类型

切边和冲孔通常在切边压力机或摩擦压力机上进行，对于特大的锻件，如 100 kN（10 t）以上锤生产的锻件可采用液压机切边。

切边模和冲孔模主要由冲头（凸模）和凹模组成。切边时，将锻件放在凹模洞口上，在冲头的推压作用下，锻件的飞边被凹模剪切，同锻件分离。由于冲头和凹模之间有间隙，在剪切过程中伴有弯曲和拉伸现象。通常切边冲头推压锻件，只起传递压力的作用，而凹模的刃口起剪切作用。但有时冲头与凹模同时起剪切作用。冲孔时情况相反，冲孔凹模只起支承锻件的作用，冲孔冲头起剪切作用。

切边和冲孔分为热切、热冲和冷切、冷冲两种。热切和热冲与模锻工序在同一火次，即模锻后立即切边和冲孔。冷切和冷冲则是在模锻件冷却以后集中在常温下进行。

热切和热冲所需的压力比冷切和冷冲小得多，约为后者的 20%，同时，锻件在热态下切边和冲孔，具有较好的塑性，不易产生裂纹。

冷切和冷冲的优点是工作条件好，生产率高，冲切时锻件走样小，凸凹模的调整和修配比较方便。其缺点是所需设备吨位大，锻件易产生裂纹。

综上所述，对大中型锻件，高碳钢、高合金钢镁合金锻件，以及切边后还需采用热校正、热弯曲的锻件，应采用热切和热冲。对于含碳量低于 0.45% 的碳钢或低合金钢的小型锻件以及非铁合金锻件，可进行冷切和冷冲。

切边、冲孔模分为简单模、连续模和复合模 3 种类型。简单模用来单独完成切边或冲孔。连续模是在压力机的一次行程内同时进行一个锻件的切边和另一个锻件的冲孔。复合模是在压力机的一次行程中，先后完成切边和冲孔。

10.2.2 切边模

切边模一般由切边凹模、切边冲头、模座和卸毛边装置等零件组成。

1. 切边凹模的结构及尺寸

切边凹模有整体式和组合式 2 种。整体式凹模适用于中小型锻件，特别是形状简单、对称的锻件。组合式凹模由两块以上的凹模模块组成，制造比较容易，热处理时不易淬裂，变形小，便于修磨、调整以及更换,多用于大型或形状复杂的锻件。组合式切边凹模刃口以磨损后,可将各分块接触面磨去一层,修整刃口恢复使用。对于受力受热条件差,最易磨损的部位,应单独分为一块,便于调整、修模和更新。

切边凹模的刃口用来剪切锻件飞边,应制成锐边。刃口的轮廓线按锻件图在分模面上的轮廓线制造,如为热切则按热锻件图,如为冷切则按冷锻件制作。如果凹模刃口与锻件配合过紧,则锻件放入凹模困难,切边时锻件上的一部分金属会连同飞边一起切掉,引起锻件变形或产生毛刺,影响锻件品质。若凹模与锻件之间空隙太大,则切边后锻件上有较大的残留毛刺,从而增加了打磨毛刺的工作量。

凹模落料口有 3 种形式。第一种形式为直刃口,刃口磨损后,将顶面磨去一层,即可达到锋利,并且刃口轮廓尺寸保持不变。直刃口维修虽方便,但切边力较大,一般用于整体式凹模。第二种形式为斜刃口,切边省力,但易磨损,主要用于组合式凹模。刃口磨损后,轮廓尺寸扩大,可将分块凹模的接合面磨去一层,须重新调整,或用堆焊方法修补。第三种形式如图 10.2.1 所示,凹模体用铸钢浇注而成,刃口则用模具钢堆焊,可大大降低模具成本。

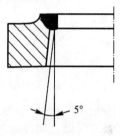

图 10.2.1 凹模刃口形式

为了使锻件平稳地放在凹模洞口上,刃口顶面应做成凸台形式。切边凹模的结构和尺寸可参阅图 10.2.2 确定。B_{min} 为最小壁厚,H_{min} 为凹模许可的最低高度。E 应等于(或小于)终锻模膛前端至钳口的距离。L' 等于飞边槽桥部宽度 b 或 b 减 1～2 mm。

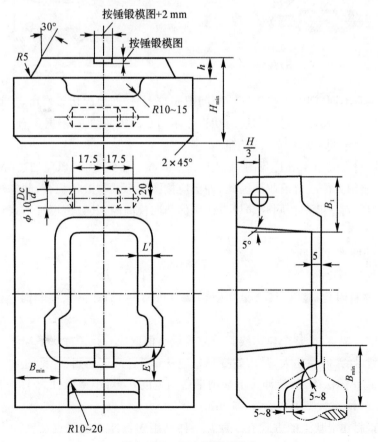

图 10.2.2 切边凹模的结构

切边凹模多用楔或螺钉紧固在凹模底座上。用楔紧固较简单、牢固,用于整体凹模或由对称的两块组成的凹模。螺钉紧固的方法多用于 3 块以上的组合凹模,便于调整刃口的位置。

带导柱导套的切边模,凹模均采用螺钉固定,以便调整冲头和凹模之间的间隙。

轮廓为圆形的小型锻件,也可用压板固定切边凹模。冲头与凹模之间的间隙靠移动模座来调整。

2. 切边冲头设计及固定方法

切边冲头起传递压力的作用,所以它与锻件需有一定的接触面积(推压面),且形状要吻合。不均匀接触或推压面太小,会使切边时锻件因局部受压而发生弯曲、扭曲和表面压伤等缺陷,影响锻件品质,甚至造成废品。此外,为了避免啃坏锻件的过渡断面处,应在该处留出空隙 Δ,如图 10.2.3 所示。

为了便于冲头加工,冲头并不需要与锻件所有接触面接触,可作适当简化。也可将锻件形状简单的一面作为切边时的承压面,如图 10.2.4 所示。

切边时,冲头一般进入凹模内,冲头和凹模之间应有适当的间隙 δ。间隙 δ 靠减小冲头轮廓尺寸保证。间隙过大不利于冲头和凹模位置的对准,易产生偏心切边和不均匀的残余毛刺;间隙过小,飞边不易从冲头上取下,而且冲头、凹模有可能会互啃。

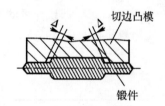

图 10.2.3　切边冲头与锻件间的空隙

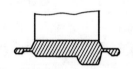

图 10.2.4　锻件承压面的选取

切边模的性质不同,间隙 δ 也不同。当间隙 δ 较大时,凹模起切刃作用,当间隙 δ 较小时,冲头、凹模同时起切刃作用。对于凹模起切刃作用的凸凹模间隙 δ,根据垂直于分模面的锻件横截面形状及尺寸不同,按图 10.2.5 确定。

当锻件模锻斜度大于 15°时[见图 10.2.5(c)],间隙 δ 不宜太大,以免切边时造成锻件边缘向上卷起,并形成较大的残留毛刺。因此,冲头应按图示形式与锻件配合,并每边保持 0.5 mm 左右的最小间隙。对于凸凹模同时起切刃作用的凸凹模间隙,其数值可按下式计算:

$$\delta = kt$$

式中　　δ——凸凹模单边间隙;

　　　　t——切边厚度;

　　　　k——材料因数,对钢、钛合金和硬铝,$k = 0.08 \sim 0.1$;对铝、镁和铜合金,$k = 0.04 \sim 0.06$。

为了便于模具调整,沿整个轮廓线间隙应按最小值取成一致。冲头下端不可有锐边(锐边在淬火时易崩裂,操作时易伤人,易弯卷变形),应从 s 和 s_1 高度处削平[见图 10.2.5(b)(c)]。s 及 s_1 的大小可用作图法确定,使冲头下端削平后的宽度 b,对小型锻件为 1.5～2.5 mm,对中型锻件为 2～3 mm,对大型锻件为 3～5 mm。

冲头直接紧固在滑块上的方式有 3 种。一种是用楔将冲头燕尾直接紧固在滑块上,前后

用中心键定位。如图 10.2.6(a)所示。一种是利用压力机上的紧固装置直接将冲头尾柄紧固
在滑块上,其特点是夹持方便,牢固程度较好,适用于紧固中小型锻件的切边冲头。如图 10.2.6(b)
所示。对于特别大的锻件,可用压板和螺栓将冲头直接紧固在滑块上,如图 10.2.6(c)所示。
这种方式紧固冲头夹持牢固,适用于紧固大型锻件的切边冲头。

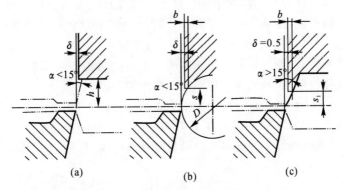

图 10.2.5　切边凸凹模的间隙

中小型锻件的切边冲头也常用键槽和螺钉或燕尾和楔固定在模座上,再将模座固定在切
边压力机的滑块上,以减小冲头的高度,节省模具钢。

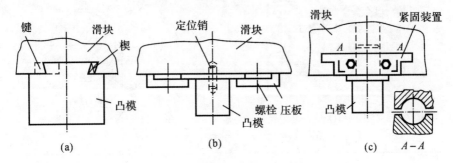

图 10.2.6　冲头直接紧固在滑块上

3. 模具闭合高度

切边过程结束时,上、下模具的高度称为模具闭合高度 $H_闭$。它与切边压力机的闭合高度
有关,应满足

$$H_{最小} - H_垫 + (15 \sim 20)\,mm \leqslant H_闭 \leqslant H_{最大} - H_垫 - (15 \sim 20)\,mm$$

式中　　$H_{最小}$——压力机最小闭合高度,mm;

　　　　$H_{最大}$——压力机最大闭合高度,mm;

　　　　$H_垫$——垫板厚度,mm。

4. 卸飞边装置

当冲头和凹模之间的间隙较小,切边时又需冲头进入凹模时,则切边后飞边常常卡在冲头
上不易卸除,所以当冷切边的间隙 δ 小于 0.5 mm、热切边的间隙 δ 小于 1 mm 时,要在切边模
上设置卸飞边装置。

卸飞边装置有刚性的和弹性的(见图 10.2.7)两种。

刚性卸飞边装置是常用的卸飞边结构,适用于中、小型锻件的冷、热切边,适用于大、中型锻件的冷、热切边的爪形卸飞边装置,结构简单、应用较多。

当高的锻件切飞边时,采用装设于支承管上的刚性刮板将会使冲头过长。为了减小冲头的长度可不使用支承管,将刮板装在弹簧上(见图 10.2.7),在压机工作行程中,冲头肩部压下刮板。使用这种结构时,可使冲头的高度减小,其减小值与弹簧的压缩值相同。在工作行程终端,刮板在最低位置时,刮板与凹模的距离大于毛边厚度。

小型锻件在冷修边时,可以采用橡皮圈刮板。此种刮板由一个或数个厚橡皮圈做成。橡皮圈的外形可以是任何形状,内孔与切边模模口大小相同。

如果开式模锻件是圆形,其直径尺寸小于 300 mm 且大于 26 mm 时,在切除飞边时,可以不采用弹性或刚性卸料装置,只需在该冲头上加工出一个偏心槽,其形状和尺寸如图 10.2.8 所示。在切飞边的过程中,切去的废料会自动从圆柱体凸模刃口上方的偏心槽掉下。

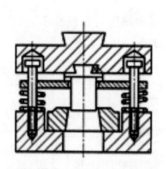

图 10.2.7 弹性卸飞边装置

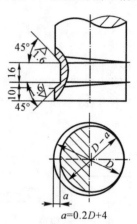

图 10.2.8 自动卸飞边装置

5. 切边压力中心

欲使切边模合理工作,应使切边时金属抗剪切的合力点(即切边压力中心)与滑块的压力中心重合,否则模具容易错移,导致间隙不均匀、刃口钝化,导向机构磨损,甚至模具损坏。因而确定切边压力中心对正确设计切边模来说非常重要。

10.2.3 冲孔模和切边冲孔复合模

1. 冲孔模

单独冲除孔内连皮时,可将锻件放在冲孔凹模内,靠冲孔冲头端面的刃口将连皮冲掉,如图 10.2.9 所示。冲头刃口部分的尺寸按锻件冲孔尺寸确定。冲头和凹模之间的间隙靠扩大凹模孔尺寸保证。

冲孔凹模起支承锻件作用,锻件以凹模的凹穴定位,其垂直方向的尺寸根据锻件上相应部分的公称尺寸确定,但凹穴的最大深度不必超过锻件的高度。对于形状对称的锻件,凹穴的深度可比锻件相应高度之半小一些。凹穴水平方向的尺寸,在定位部分(见图 10.2.10 中的 C 尺寸)的侧面与锻件间应有间隙 Δ,其值为 $(e/2+0.3\sim0.5)$ mm,e 为锻件在该处的正偏差,在非定位部分(见图 10.2.10 中的 B 尺寸),间隙 Δ 可比 Δ 大一些,取 $\Delta=(\Delta+0.5)$ mm。该处制造精度也可低一些。

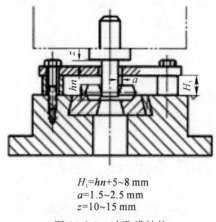

$H_1=hn+5\sim8$ mm
$a=1.5\sim2.5$ mm
$z=10\sim15$ mm

图 10.2.9 冲孔模结构

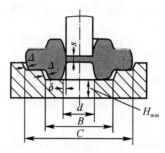

图 10.2.10 冲孔凹模尺寸

锻件底面应全部支承在凹模上,故凹模孔径 d 在保证连皮能落下的情况下应稍小于锻件底面内孔的直径。凹模孔的最小高度 H 最小应不小于 $(s+15)$ mm,s 为连皮厚度。

2. 切边冲孔复合模

切边冲孔复合模的结构与工作过程如图 10.2.11 所示。压力机滑块处于上死点时,拉杆 5 通过其头部将托架 6 托住,使横梁 15 及顶件器 12 处于最高位置,将锻件置于顶件器上。滑块下行时,拉杆与冲头 7 同时向下移动,托架、横梁、顶件器及其上的锻件靠自重也向下移动。在锻件与凹模 9 的刃口接触后,顶件器仍继续下移,与锻件脱离,直到横梁 15 与下模板 16 接触。此后,拉杆继续下移,在到达下死点前,冲头与锻件接触并推压锻件,将毛边切除,进而锻件内孔连皮与冲头 13 接触进行冲孔,锻件便落在顶件器上。

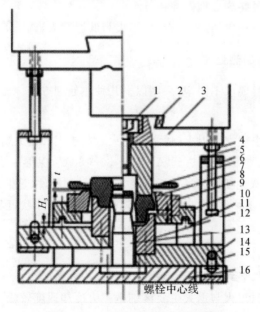

图 10.2.11 切边冲孔复合模结构

1—螺栓 2—楔 3—上模板 4—螺母 5—拉杆 6—托架 7—凸模 8—锻件
9—凹模 10—垫板 11—支承板 12—顶件器 13—冲头 14—螺栓 15—横梁 16—下模板

滑块向上移动时,冲头与拉杆同时上移,当拉杆上移一段距离后,其头部又与托架接触,然后带动托架和横梁与顶件器一起上移,从而将锻件顶出凹模。

在生产批量不大的情况下,可采用简易切边和冲孔复合模。它是在一般的切边模上增加一个活动的冲子,以用来冲除内孔的连皮。

10.2.4 切边或冲孔力的计算

切边或冲孔力数值可按下式计算:

$$P = \tau F$$

式中　　P——切边或冲孔力,N;

τ——材料的剪切强度,通常取 $\tau = 0.8\sigma_b$,σ_b 为金属在切边或冲孔温度下的强度极限,MPa;

F——剪切面积,mm^2,$F = Lz$。L 为锻件分模面的周长,z 为剪切厚度,$z = 2.5t + B$,t 为飞边桥部或连皮厚度,B 为锻件高度方向的正偏差,整理上式,得

$$P = 0.8\sigma_b L(2.5t + B)$$

考虑到切边或冲孔的锻件发生弯曲、拉伸和刃口变钝等现象,实际的切边力比上式计算的要大得多,所以建议按下式计算:

$$P = 1.6\sigma_b L(2.5t - B)$$

10.3　锻件热处理

锻件在机械加工前的热处理称为锻件热处理,锻件热处理通常在锻压车间进行。锻件热处理的目的是调整硬度,利于切削加工;消除内应力,以免在机械加工时变形;改善组织、细化晶粒、消除白点,为锻件最终热处理做准备等。

锻件常用的热处理方法包括退火、正火、淬火与低温回火、调质等。

10.3.1 中小钢锻件的热处理

根据钢种和工艺过程要求不同,常采用以下几种热处理方法。

1. 退火

一般亚共析钢锻件采用完全退火(通常称退火),共析钢和过共析钢锻件采用球化退火(不完全退火)。完全退火是把锻件加热到 A_{c3} 以上 30～50℃,保温一定时间后随炉冷至 500～600℃出炉空冷。球化退火主要用于过共析钢及合金工具钢锻件,是把锻件加热到 A_{c1} 以上 10～20℃,经较长时间保温后随炉缓冷。由于钢中渗碳体凝聚成球状,因此可获得球状的珠光体组织。

2. 正火

正火是将亚共析钢加热到 A_{c3} 以上 30～50℃、过共析钢加热到 $A_{ccm} + (30～50)℃$,保温一定时间后在空气中冷却。正火与退火主要区别是正火冷却速度较快,所获得的组织较细,强度和硬度较高。正火比退火生产周期短,节省能源,所以低碳钢多采用正火而不采用退火。

对力学性能要求不高的普通结构钢锻件,正火可细化晶粒、提高力学性能,因此可作为最

终热处理。对于低、中碳普通结构钢,正火作为预热处理,可获得合适的硬度,有利于切削加工。对于过共析钢,正火可以抑制或消除网状二次渗碳体的形成。因为在空气中冷却速度较快,二次渗碳体不能像退火时那样沿晶界完全析出形成连续网状。

如正火后锻件硬度较高,为了降低硬度还应进行高温回火。

3. 淬火、回火

淬火是为了获得不平衡组织,以提高强度和硬度,将锻件加热到 A_{c3} 以上 30~50℃(亚共析钢)或 A_{c1}~A_{cm}(过共析钢)之间,经保温后进行急冷。回火是为了消除淬火应力,以获得较稳定组织,将锻件加热到 A_{c1} 以下某一温度,保温一定时间,然后空冷或快冷。

对于含碳量小于 0.25% 的低碳钢锻件,为了改善钢的切削性能,有时采用淬火＋回火处理。其中,对含碳量小于 0.15% 的低碳钢锻件,可以只进行淬火。而对含碳量为 0.15%~0.25% 的低碳钢锻件,淬火后还需进行低温回火,一般回火温度为 260~420℃。

锻件热处理时要按照一定的热处理规范进行,根据锻件钢种、断面尺寸及技术要求等,并参考有关手册和资料制定。其内容包括加热温度、保温时间及冷却方式等,一般采用温度-时间变化曲线(即热处理曲线)来表示。

另外,对于高温合金及铝合金,为了提高合金的塑性和韧性,还需进行固溶处理,同时为了提高合金的强度和硬度,还需进行时效处理。

对于一些亚共析钢(中碳钢和中碳低合金钢)锻件,尤其是不再进行最终热处理时,为了获得良好的综合力学性能,采用调质处理较为合适,即淬火＋高温回火。

调质处理后的力学性能(强度、韧性)比获得相同硬度的正火好,这是因为前者的渗碳体呈粒状,后者为片状。调质处理后的硬度与高温回火的温度、钢的回火稳定性及工件截面尺寸有关,一般为 HRC25~35。

调质处理主要用于各种重要的结构零件,特别是在交变载荷下工作的连杆、连接螺栓、齿轮及曲轴等。

4. 锻件余热热处理

常规锻件热处理大多是锻件冷却到室温后,再按工艺过程规程把锻件由室温重新加热进行热处理。为了使锻件的余热得到利用,在锻后利用锻件自身热量直接进行热处理,即所谓的锻件余热热处理。生产中常用的锻件余热热处理有两类。一是锻件锻后不等冷却便送入热处理炉,仍按照常规的锻件热处理工艺过程执行。这种方法只是单纯利用锻件余热,可以节约燃料、降低成本以及提高生产率。二是锻件锻后立即进行热处理,把锻造和热处理紧密结合在一起,这种工艺过程称为形变热处理。形变热处理同时具有变形强化和热处理强化的双重作用,除了得到经济效益之外,还可使锻件获得良好的综合力学性能——高强度和高塑性,这是单一锻造加工和热处理所达不到的。

10.3.2　大型锻件热处理

由于大型锻件的断面尺寸大,生产过程复杂,其热处理应考虑以下特点:组织性能很不均匀、晶粒粗细不均、存在较大残余应力以及一些锻件容易产生白点缺陷。因此,大型锻件热处理的目的除消除应力、降低硬度之外,主要是预防锻件出现白点、化学成分均匀化和调整与细化锻件组织。

1. 防止白点的热处理

避免产生白点的措施主要是在锻后冷却与热处理时,将氢大量扩散出去,以尽量减小组织应力。一般认为,氢含量低于 $2\sim3$ cm³/g 便不会产生白点。氢的扩散速度在 650℃ 及 360℃ 很大,因此在此温度附近保温停留,便可使氢大量扩散出去。

锻后冷却过程所产生的组织应力是由奥氏体转变而引起的,因此,欲使组织应力减小,则要求奥氏体转变迅速、均匀和完全。从奥氏体等温转变曲线(c 曲线)可知,当位于 r 曲线鼻尖处温度时,奥氏体转变速度最快,珠光体钢的鼻尖温度为 $620\sim660℃$,马氏体钢为 $580\sim660℃$ 及 $280\sim320℃$。

综上所述,可以看到,减小产生组织应力的奥氏体等温转变温度,也正好是钢中氢扩散最快的温度范围。按此原理,大型锻件防止白点的锻后冷却与热处理规范如图 10.3.1 所示。

1)等温冷却[见图 10.3.1(a)],适用于白点敏感性较低的碳钢及低合金钢锻件。

2)一次起伏等温冷却[见图 10.3.1(b)],适用于白点敏感性较高的小截面合金钢锻件。

3)起伏等温退火[见图 10.3.1(c)],适用于白点敏感性较高的大截面合金钢锻件。

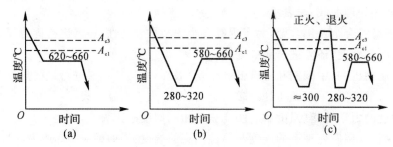

图 10.3.1 大型锻件防止白点的锻后冷却与热处理曲线

(a)等温冷却;(b)起伏等温冷却;(c)起伏等温退火

2. 正火、回火处理

对于白点不敏感钢种和铸锭,经过真空处理的大型锻件,由于锻件基本不会产生白点,所以锻后采取正火、回火处理,可使锻件晶粒细化、组织均匀。

在实际生产中,多数锻件是锻后接着热装炉进行正火、回火处理的,如图 10.3.2 所示。锻后空冷的锻件只能冷装炉进行正火、回火处理。正火后进行过冷的目的是降低锻件的中心温度,经适当保温使温度均匀,同时也能起到除氢的作用。过冷温度因钢种不同而不同,一般热装炉为 $350\sim400℃$ 或 $400\sim450℃$,冷装炉为 $300\sim450℃$。

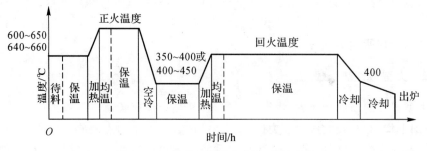

图 10.3.2 锻件正火回火曲线(热装炉)

10.4 表 面 清 理

表面清理的目的如下：

1）去除锻造生产过程中形成的氧化皮和其他表面缺陷（裂纹、折纹等），提高锻件表面品质，改善锻件切削加工条件。

2）显露锻件表面缺陷，以便检查锻件表面品质。

3）给冷精压和精密模锻提供具有良好表面品质的精压毛坯。

表面清理的方法有风铲清理、砂轮清理、火焰清理。清理后工件表面的凹槽应是圆滑的，凹槽的宽高比（b/h）应大于 5。

模锻前清理热坯料氧化皮的方法如下：用钢丝刷（钢丝直径 0.2～0.3 mm）、刮板和刮轮等工具清除，或用高压水清理。在锤上模锻时采用制坯工步，可去除一部分热坯料上的氧化皮。要注意及时用压缩空气将击落的氧化皮吹掉，以免落入锻模模膛。大型模锻件在锻模中应先轻击、移开坯料、用压缩空气将击落的氧化皮吹掉，再进行重击模锻。为了使氧化皮容易在变形工序中脱落，在热坯料出炉后，可先在冷水中浸沾 2～3s，使氧化皮骤冷破裂和变脆。

对于模锻后或热处理后锻件上的氧化皮，生产中广泛使用的清理方法有以下 5 种：滚筒清理、喷砂（丸）清理、抛丸清理、酸洗清理以及振动清理。

10.4.1 滚筒清理

锻件在旋转的滚筒中，靠相互碰撞或研磨以清除工件上的氧化皮和毛刺。这种清理方法设备简单、使用方便，但这种清理方法噪声大，适用于能承受一定撞击而不易变形的中、小型锻件。

滚筒清理分为无磨料滚筒清理和有磨料滚筒清理两种，前者不加入磨料，可加入直径为 10～30 mm 的钢球或三角铁等，主要靠这些钢球或三角铁等相互碰撞以清除氧化皮；后者要加入石英石、废砂轮碎块等磨料和苏打、肥皂水等添加剂，主要靠研磨进行清理。

10.4.2 喷砂（丸）清理

喷砂或喷丸都以压缩空气为动力。喷砂的工作压力为 0.2～0.3 MPa，喷丸的工作压力为 0.5～0.6 MPa，将粒度为 1.5～2.0 mm 的石英砂（对有色金属用 0.8～1.0 mm 的石英砂）或粒度为 0.8～2.0 mm 的钢丸，通过喷嘴喷射到锻件上，以打掉氧化皮。这种方法对各种结构形状和品质的锻件都适用。喷砂清理灰尘大、生产率低且费用高，多用于清理有特殊技术要求的锻件和特殊材料的锻件，如不锈钢、钛合金锻件。喷丸清理较干净，但生产率较低，因此，往往被高生产率的抛丸清理代替。

10.4.3 抛丸清理

抛丸清理是靠高速转动叶轮的离心力，将钢（铁）丸抛射到锻件上以去除氧化皮。钢丸用含碳 0.5%～0.7%、直径为 0.8～2 mm 的钢丝切断制成，切断长度一般等于钢丝直径，淬火后硬度为 HRC60～64。对于有色合金锻件,则采用含铁量为 5％的铝丸,粒度尺寸也为 0.8～2.0 mm。抛丸清理生产率高,比喷砂清理高 1～3 倍,在锻件表面上可能打出印痕,清理品质较好,但噪声大。

喷丸和抛丸清理,在击落氧化皮的同时,使工件表面层产生加工强化。对于经过淬火或调质处理的锻件,使用大粒度钢丸时,加工强化程度尤为显著,硬度可提高 30％～40％,硬化层厚度可达 0.3～0.5 mm;喷砂或使用小粒度钢丸时,由于砂(丸)动量小,加工强化程度很微弱,可不予考虑。

喷砂、喷丸和抛丸这三种方法清理后的锻件,表面裂纹等缺陷可能被掩盖,容易造成漏检。因此,对于一些重要锻件应采用磁性探伤或荧光检验等方法来检验工件的表面缺陷。

10.4.4　酸洗清理

酸洗清理是将锻件放于酸洗槽中,靠化学反应达到清理的目的,需经除油污、酸洗腐蚀,漂洗、吹干等若干道工序。酸洗清理的表面质量高,清洗后锻件的表面缺陷(如发裂,折纹等)显露清晰,便于检查。对于锻件上难清洗的部分,如深孔、凹槽等的清理效果明显,而且锻件也不会产生变形,因此酸洗广泛应用于结构复杂、扁薄细长等易变形和重要的锻件。一般酸洗以后的锻件表面比较粗糙,呈灰黑色,有时为了提高锻件非切削加工的表面质量,酸洗后再进行抛丸等机械方法清理。

碳素钢和合金钢锻件使用的酸洗溶液是硫酸或盐酸。盐酸酸洗一般不会产生氢脆,酸洗后工件表面品质也比硫酸酸洗的好。但硫酸价格便宜、储运方便,废酸回收处理后可重新使用。因此,生产中多采用硫酸酸洗。只在有特殊技术要求(如对氢脆敏感的高强度合金结构钢的酸洗)时,才采用盐酸酸洗。

高合金钢和有色合金需要使用多种酸混合溶液进行酸洗,有时还须使用碱-酸复合酸洗。

10.4.5　振动清理

振动清理是将锻件混合一定配比的磨料和添加剂,放置在振动光饰机的容器中,靠容器的振动,使锻件与磨料相互研磨,把锻件表面的氧化皮和毛刺磨掉。清理后锻件的表面粗糙度为 5.0～20 μm,多次清理后锻件的表面粗糙度为 0.04～0.08 μm。这种清理方法适用于中小型精密模锻件的清理和抛光。

10.5　校　　正

在锻压生产过程中,模锻、切边、冲孔和热处理等生产工序及工序之间的运送过程,由于冷却不均、局部受力以及碰撞等各种原因,都有可能使锻件产生弯曲和扭转等变形。当锻件的变形量超出锻件图技术条件的允许范围时,必须用校正工序加以校正。

热校正可以在锻模的终锻模膛内进行。大批量生产时,一般利用校正模校正。利用校正模校正不仅可以校正锻件,还可使锻件在高度方向因欠压而增加的尺寸减小。有些长轴类锻件,可直接将锻件放在油压机工作台的两块 V 形铁上,利用装在油压机压头上的 V 形铁对弯曲部位加压校直。

10.5.1　热校正与冷校正

校正分为热校正和冷校正两种。热校正通常与模锻同一火次并在切边、冲孔后进行。小批量生产时,在锻模终锻模膛内进行;大批量生产时,在校正设备(螺旋压力机、油压机等)的校正模内进行;还可在切边压力机上的复合式或连续式切边一校正、冲孔一校正模具内进行。热校止一般用于中大型锻件,高合金钢锻件,高温合金和钛合金锻件以及容易在切边、冲孔时变形的复杂形状锻件。冷校正一般在热处理和清理工序后进行。主要在锻锤、螺旋压力机、曲柄压力机和油压机等设备的校正模中进行;有些锻件在冷校正前需进行正火或退火处理,防止产生裂纹。适用于结构钢、铝合金和镁合金的中小型锻件以及容易在冷切边、冷冲孔、热处理和滚筒清理过程中产生变形的锻件。

10.5.2　校正模

校正模的模膛根据校正用的冷、热锻件图设计,但模膛的形状并不一定要求与锻件形状完全吻合,应力求形状简化、定位可靠、操作方便以及制造容易。图 10.5.1 所示是简化校正模模膛形状的例子。图 10.5.1(a)将不对称锻件制成对称模膛,图 10.5.1(b)将锻件局部复杂的形状制成较简单的形状,图 10.5.1(c)将形状复杂的连杆锻件大头部分制成敞开的两个平行平面,图 10.5.1(d)长轴类锻件只制出杆部的校正模膛。

对于曲轴、凸轮轴之类的复杂形状锻件,往往需从两个方向(互成 90°)在两个模膛内进行校正。

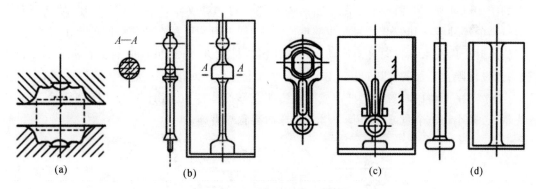

图 10.5.1　简化校正模模膛形状举例

校正模模膛设计有以下几个特点。

1)由于锻件在切边后可能留有毛刺,以及锻件在高度方向欠压,校正后锻件水平方向尺寸有所增大。为便于取放锻件,校正模模膛水平方向与锻件侧面之间要留有空隙,空隙的大小约为锻件水平方向尺寸正偏差之半。

2)模膛沿分模面的边缘应做成圆角($R=3\sim5$ mm),模膛表面粗糙度值 Ra 为 0.8 μm。

3)对小锻件,在锤或螺旋压力机上校正时,校正模的模膛高度应等于锻件的高度;对大、中型锻件,因欠压量较多,校正模膛的高度可比锻件高度小,其高度差之值与锻件高度尺寸的负偏差值相等。如在曲柄压力机上校正时,在上、下模之间(即分模面上)应留有 1~2 mm 间隙,以防止卡死。

4)校正模应有足够的承击面面积。当用螺旋压力机校正时,校正模每千克的承击面面积为 0.10~0.13 cm^2/kN。

5)将形状复杂表面放在下面,以便于定位。

10.6　精　　压

精压是对已成形的锻件或粗加工的毛坯进一步改善其局部或全部表面粗糙度和尺寸精度的一种锻造方法,其优点如下。

1)精压可提高锻件的尺寸精度、减小表面粗糙度值。钢锻件经过精压后,其尺寸精度可达 ± 0.1 mm,表面粗糙度 Ra 可小于 2.5 μm;有色金属锻件经过精压后,其尺寸精度可达 ± 0.05 mm,表面粗糙度 Ra 为 0.63~1.25 μm。

2)精压可全部或部分代替零件的机械加工,可节省机械加工工时、提高生产率并降低成本。

3)精压可减小或免除机械加工余量,使锻件尺寸缩小,降低原材料消耗。

4)精压可使锻件表面变形强化,从而提高零件的耐磨性和使用寿命。

10.6.1　精压的分类

根据金属的流动特点,可将精压分为平面精压和体积精压两类。

1. 平面精压

如图 10.6.1 所示,在两精压平板之间,对锻件上的一对或数对平行平面加压,使变形部分获得较高的尺寸精度和较低的表面粗糙度。实质上,平面精压是在两平板间的自由镦粗。

精压时金属在水平方向自由流动。一般在精压机上进行;也可在曲柄压力机或油压机上进行;如设计限止行程的模具,也可在螺旋压力机上进行。对形位公差要求高的零件,不宜采用;对于数对平面精压时易引起杆部或腹板弯曲变形的零件,在设计工艺过程模具时,应采用分头精压、减小精压余量或在模具中增加防弯曲装置等措施。

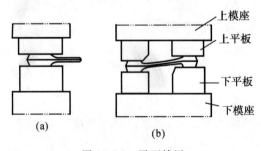

图 10.6.1　平面精压

2. 体积精压

如图 10.6.2 所示,将模锻件放入精压模膛(尺寸公差在 ± 0.1 mm 以下,表面粗糙度 $Ra <$ 0.2 μm)内锻压,使其整个表面都受压挤而发生少量变形,将多余金属压挤出模膛,在分模面上

形成毛刺。经体积精压后,锻件所有尺寸精度都得到了提高,从而也提高了锻件的质量精度。由于体积精压的变形抗力较大,模具寿命成为突出问题,并需采用吨位较大的设备,因此一般只适用于小型零件,特别是有色金属的小型零件的精压。

体积精压一般在精压机上进行,也可在曲柄压力机或油压机上进行,如设计限止行程的模具,也可在螺旋压力机上进行,除精压机外,用其他锻压设备进行体积精压时,为克服弹性变形对高度尺寸的影响,可采用精密垫板微调,大多在热态或半热态下进行,但也可在冷态下进行,冷态多用于有色合金或钢精密模锻后的冷精整工序。

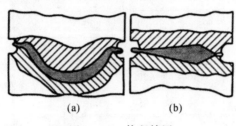

图 10.6.2　体积精压

10.6.2　精压件平面的凸起

平面精压后,精压件平面中心有凸起现象,如图 10.6.3 所示。单面凸起的高度 $f = (H_{max} - H_{min})/2$ 可达 0.13~0.50 mm,对精压件尺寸精度影响很大。其产生的原因是精压时金属受接触摩擦影响,引起精压面上的应力呈角锥形分布,如图 10.6.4 所示,精压模和锻件产生不均匀的弹性变形。

为减小平面凸起,可采取以下措施:

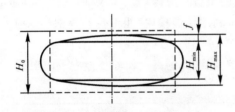

图 10.6.3　平面精压时工件的变形

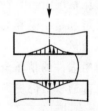

图 10.6.4　精压面上的应力分布

1)冷精压前先热精压一次,减小冷精压余量。

2)多次精压。

3)减小精压平板的表面粗糙度值,采用良好的平板润滑措施。

4)减小精压面的受压面积,使精压面的应力分布趋于均匀。如对中间有机械加工孔或凹槽的精压面,可在模锻时将孔或凹槽压出。

5)选用淬硬性高的材料做精压平板。

10.6.3　精压余量

（1）平面精压余量

精压余量一般与精压平面直径 d 与精压平面高度 h 的比值（d/h）有关,还和被精压件面积的大小和精压坯料的精度有关。平面精压余量可参照表 10.6.1 选用。

表 10.6.1　平面精压的双面余量

精压面积/ cm²	d/h(d—精压平面直径;h—精压平面高度)								
	<2			<2~4			<4~8		
	坯料精度级别/mm								
	高精度	普通精度	热精压	高精度	普通精度	热精压	高精度	普通精度	热精压
<10	0.25	0.35	0.35	0.20	0.30	0.30	0.15	0.25	0.25
10~16	0.30	0.45	0.45	0.25	0.35	0.35	0.20	0.30	0.30
17~25	0.35	0.50	0.50	0.30	0.45	0.45	0.25	0.35	0.45
26~40	0.40	0.60	0.60	0.35	0.50	0.50	0.30	0.40	0.50
41~80		0.70	0.70		0.60	0.60		0.50	0.60
81~160			0.80			0.70			0.70
161~320			0.90			0.80			0.80

(2)体积精压余量

体积精压余量原则上可参照平面精压余量确定。

在冷精压情况下,一般可在粗锻模膛的高度方向留 0.3~0.5 mm 的余量,粗锻模膛的水平尺寸要比体积精压模膛稍小。

在热精压情况下,粗锻模膛高度方向留的余量一般为 0.4~0.6 mm 或更大,而粗锻模膛的水平尺寸则可和精压模膛的一样。有时还可利用精锻模,使粗锻件在模锻时欠压一定的数值来作为精压余量。

为了使粗锻件的精压余量不至于太大,对粗锻件的高度尺寸公差应予以限制,通常将粗锻件的精度比普通模锻件提高一级。

(3)精压力的计算

精压力 F 可按下面公式计算:

$$F = pA$$

式中　F——精压力,N;

　　　p——平均单位压力,N/cm²,按表 10.6.2 确定;

　　　A——锻件精压时的投影面积,cm²。

表 10.6.2　不同材料精压时的平均单位压力

材　料	平面精压/MPa	体积精压/MPa
LY11,LD5 及类似铝合金	1 000~1 200	1 400~1 700
10CrA,15CrA,13Ni2A 及类似钢	1 300~1 600	1 800~2 200

续 表

材　料	平面精压/MPa	体积精压/MPa
25CrNi3A,12CrNi3A,12Cr2Ni4A\21Ni5A	1 800～2 200	2 500～3 000
13CrNiWA,18CrNiWA,38CrA,40CrVA	1 800～2 200	2 500～3 000
35CrMnSiA,45CrMnSiA,30CrMnSiA,37CrNi3A	2 500～3 000	3 000～4 000
38CrMoAlA,40CrNiMoA	2 500～3 000	3 000～4 000
铜、金和银		1 400～2 000

注:热精压时,可取表中数值的 30%～50%;曲面精压时,可取平面精压与体积精压的平均值。

10.7　锻件质量检验

为了保证锻件质量,提高产品的使用性能和使用寿命,除了在生产过程中要随时检查锻件质量外,入库前还必须经过专职人员对锻件进行质量检测。

锻件检验的内容:锻件几何形状与尺寸、表面质量、内部质量、力学性能和化学成分等几方面,而每一方面又包含了若干内容。

10.7.1　锻件几何形状与尺寸的检验

测量锻件几何形状与尺寸的工具主要用钢尺、卡钳、游标卡尺、深度尺及角尺等;对形状特殊或较复杂的锻件可用样板或专用仪器(如三坐标测量仪)来检测。一般锻件的检查包括以下内容:

1)锻件长、宽、高尺寸和直径的检查。主要用卡钳、卡尺。

2)锻件内孔的检查。无斜度用卡尺、卡钳检查,有斜度用塞规检查。

3)锻件特殊面的检查。例如叶片型面尺寸可用型面样板、电感量仪(电感量仪一次可以准确地检测 20～34 个测量点的尺寸公差)、光学投影仪及三坐标测量仪检查。

4)锻件错移量的检查。对形状复杂锻件,可用画线方法分别划出锻件上、下模的中心线,若两个中心线重合说明锻件无错移;若不重合,两中心线错开的间距就是锻件的错移量。对形状简单的锻件,可以凭经验用眼或借助于简单的工具观察其错移量是否在允许范围内,也可用样板检查。

5)锻件弯曲度的检查。通常把锻件放在平台上滚动或用两个支点把锻件支起而旋转锻件,用千分表或划线盘测其弯曲度的数值。

6)锻件翘曲度的检查。就是检查锻件两平面是否在同一平面上或保持平行。通常将锻件放在平台上,用手按住锻件某部分,当锻件另一平面部分与平台平面产生间隙时,用塞尺测量因翘曲所引起的间隙大小,或用百分表放在锻件上检查翘曲的摆动量。

10.7.2　锻件表面质量的检验

锻件表面上的裂纹、折叠及伤等缺陷,通常可用目视法直接发现,当裂纹很细或隐蔽在表皮下时,则须通过磁粉检验、荧光检验及着色检验等才能发现。

1. 磁力探伤

可用来发现锻件表面层内的微小缺陷,如发裂、折纹及夹杂等。磁性检验只能用于铁磁性材料,而且要求锻件表面平整光滑。

锻件在两磁极间时有磁力线均匀通过。若锻件内有裂纹、气孔及非磁性等夹杂存在,磁力线将绕过这些缺陷而发生弯曲现象。若缺陷在锻件表面,则磁力线将漏到空气中,绕过缺陷,再回到锻件。这种漏磁现象在漏磁部位产生一个局部磁极,如图 10.7.1 所示中 a 及 b 两处。移去外加磁极后,局部漏磁磁极仍保持相当长的时间。若把磁粉洒在锻件表面,则磁粉被吸引到漏磁处,堆集成与缺陷大小和形状相似的痕迹。

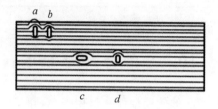

图 10.7.1　磁力线在工件上的分布

如果缺陷深且磁力线不会漏到锻件表面之外,就无法产生局部漏磁磁极,从而不能吸引磁粉显示锻件内部缺陷,如图 10.7.1 中 c 及 d 两处。

进行磁性检验时应注意如下几点。

1)尽可能使磁场方向与裂纹方向垂直,若方向平行,不能产生局部漏磁磁极,或磁极微弱难以将缺陷显示。图 10.7.2(a)所示为试样纵向磁化可以清晰显示横向缺陷。图 10.7.2(b)是电流直接通过试件的轴线获得周向磁化,可以检验纵向缺陷。

2)若锻件上的缺陷方向不同,必须使锻件受到两个垂直方向的磁化作用,即用电流同时或先后纵向和横向磁化。

3)磁性检验中所使用的磁粉有干、湿两种。使用干粉,劳动条件差,磁粉消耗大。一般都采用湿粉,就是将磁粉悬浮在煤油或含有防蚀剂的硫酸钠水溶液中,将磁粉油液喷射或浇注在磁化锻件上。湿粉法较清洁且省料,对检验小型锻件,如汽车上的锻件特别适合。

4)为了便于机械切削加工,还需进行退磁处理。作为无损探伤,除上述 3 种方法外,还有X 射线、γ 射线探伤法等。

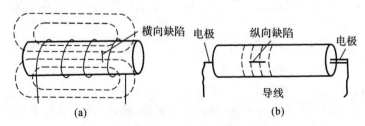

图 10.7.2　导电方向与磁化方向

(a)纵向磁化;(b)周向磁化

2. 荧光检验

对非磁性金属锻件表面的缺陷,可采用荧光检验,即荧光探伤。荧光检验的原理是利用细小裂纹的毛细管作用,使之渗入发光物质,在紫外线照射下发出荧光,从而可用肉眼发现裂纹形状及所在位置。

荧光检验可以显示肉眼看不到的宽度小于 0.005 mm 的表面裂纹,适用于各类金属材料和大小不同的锻件的检验。

3. 着色检验

其工作原理与荧光检验相似,只是渗透溶液和显示剂不同,不需紫外线照射,通过有颜色的渗透液来显示缺陷的形状与位置。

10.7.3　锻件内部缺陷和组织检验

对于锻件内部的裂纹、气孔、缩孔及夹杂等缺陷,可采用无损检测(如 X 射线检验或超声波检验)。对于锻件内部的宏观组织,则须通过对随机抽出的某个锻件典型截面进行观察与分析。

1. 超声波检验

超声波能迅速而准确地发现锻件表层以内的宏观缺陷,如裂纹、夹杂、缩孔、白点以及气泡的形状、位置和大小,但对缺陷性质不易判断,必须配合标准试块,或根据经验进行推断。

被检验表面要求有 $Ra = 6.3 \sim 1.6 \ \mu m$ 的粗糙度。

超声波检验一般用于大型锻件的品质检验,因为超声波可以穿透以米计的深度。锻件太小、太薄或形状复杂,会使检验结果不易判断,甚至误断。

超声波检验是以石英转换器,即将电能通过石英转化为相同频率的声能,以油或水层为介质,使声波射入锻件内部。如无缺陷,超声波穿透锻件后反射回来;如果在锻件内部碰到裂纹、夹杂等缺陷,则一部分超声波首先反射回来,而另一部分一直穿透到锻件的底部再反射回来。反射回来的超声波又通过石英转换器转换为电能,再通过接收、放大、检波输送到示波器的荧光屏上。荧光屏首先接到的是缺陷脉冲反射信号,然后才接收到锻件底部反射回来的脉冲信号。通过这些信号的比较,可判断锻件内的缺陷。

探测裂纹、夹杂等缺陷时,超声波穿透方向应与缺陷方向垂直,否则无缺陷信号输出,如图 10.7.3 所示的探头放在 1 位置,荧光屏上没有缺陷信号。若探头处于 2 位置,则能接收到缺陷信号。对于气孔和疏松之类缺陷,可以从四个方向进行探测。

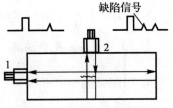

图 10.7.3　超声波探伤示意图

2. 低倍检查

锻件低倍检验是指用肉眼或借助 $10 \sim 30$ 倍的放大镜,检验锻件断面上的组织状态,故又称为宏观组织检验。其主要方法有酸蚀、硫印和断口等。

(1)酸蚀检验

在锻件需要检验的断面上切取试样,并将其表面加工至粗糙度 Ra 为 $0.63 \sim 1.25 \mu m$,经过酸液腐蚀,便能清晰地显示断面上宏观组织和缺陷的情况,如锻件的流线、残存的枝晶、偏析、夹杂和裂纹等。

(2)硫印检验

试样的切取和检验面的加工与酸蚀检验基本相同。它是利用照相纸与硫化物作用,以检查钢件中硫化物的分布状况,同时也可间接地判断其他元素在钢中的分布状况。

(3)断口检验

通过断口检验可以发现钢锻件原材料本身的缺陷,或由于加热、锻造和热处理造成的缺陷,或由于零件使用过程中引起的疲劳裂纹。

在生产中,宏观组织检验主要包括酸蚀法、断口检验,硫印检验用得不多。

3. 锻件显微组织检验

显微组织检验(高倍检验)是在光学显微镜下检验锻件内部(或断口)组织状态与微观缺陷的,因此,检验用试样必须具有代表性。如检验锻件内部不同组织与夹杂物的状态和分布情况时,应切取纵向试样;如检验锻件表面缺陷(如脱碳、折叠、粗晶粒)和渗碳淬硬层等,则应切取横向试样。

10.7.4　锻件力学性能检验

锻件的力学性能检验包括检验硬度、确定强度(抗拉强度 σ_b、屈服强度 σ_s 或 $\sigma_{0.2}$)、塑性(延伸率 δ 及断面收缩率 ψ)和韧性(A_k)等的具体指标。为了了解在持久载荷作用下的性能和交变载荷作用的能力,还要作持久、高温蠕变和疲劳试验。

硬度检验,可以判断锻件在机械加工时是否具有正常的切削加工性能,也可以发现锻件表面脱碳等情况。

冲击试验是为了检验材料的韧性和对缺口的敏感性。因此,只是对某些受冲击与振动载荷或在高温、高速度条件下工作的锻件(如涡轮盘、涡轮叶片,汽车拖拉机上的曲柄和连杆等)才做冲击试验。

10.7.5　化学成分检验

材料的化学成分一般以冶炼炉前取样分析为准,但在原材料进厂时,须按技术标准进行复检,合格后才能投产。因此,在锻造后一般不进行化学成分检验,只是对重要的或可疑的锻件,可从锻件上切下一些切屑,采用化学分析或光谱分析检验其化学成分。

10.7.6　锻件的主要缺陷

1. 自由锻件

一般自由锻件常见的缺陷有以下形式。

(1)横向裂纹

横向裂纹如为较深的表面横向裂纹,主要是原材料品质不佳,钢锭冶金缺陷较多引起的。锻造过程中,一旦发现这种缺陷应及时去除。若是较浅的表面横向裂纹,可能是气泡未能焊合形成的,也可能是拔长时送进量过大引起的。

内部横向裂纹产生的原因有:钢锭加热速度过快而产生较大的温度应力,或在拔长低塑性坯料时所用的相对送进量太小。

(2)纵向裂纹

在镦粗或第一火拔长时出现的表面纵向裂纹,除了冶金品质外,也可能是倒棱时压下量过大引起的。

关于内部纵向裂纹,裂纹出现在冒口端时,是钢锭缩孔或二次缩孔在锻造时切头不足引起的。裂纹如在锻件中心区,则由于加热未能烧透,中心温度过低,或采用上、下平砧拔长圆形坯料变形量过大。在拔长低塑性高合金钢时,送进量过大或在同一部位反复翻转拔长,会引起十字裂纹。

(3)表面龟裂

当钢中铜、锡、砷、硫含量较多及始锻温度过高时,在锻件表面会出现龟甲状较浅的裂纹。

(4)内部微裂

中心疏松组织未能锻合而引起,常与非金属夹杂并存,也有人称其为夹杂性裂纹。

(5)局部粗晶

锻件的表面或内部局部区域晶粒粗大,其原因是加热温度高、变形不均匀,并且局部变形程度(锻比)太小。

(6)表面折叠

这是由于拔长时砧子圆角过小,送进量小于压下量。

(7)中心偏移

如坯料加热时温度不均,或锻造操作时压下不均,均会导致钢锭中心与锻件中心不重合,从而影响锻件品质。

(8)力学性能不能满足要求

锻件强度指标不合格与炼钢和热处理有关,而横向力学性能(塑性、韧性)不合格,则是冶炼杂质太多或镦粗比不够所引起的。其他还有过热、过烧、脱碳及白点等缺陷。

2. 模锻件

模锻件缺陷及其产生的原因见表 10.7.1。

表 10.7.1　模锻件缺陷及产生原因

缺陷名称	外观形态	产生的原因
凹坑	表面有局部凹坑	(1)加热时间太长或粘上炉底溶渣; (2)坯料在型槽中成形时,型槽中氧化皮未清除净
未充满	锻件不完整,特别是边角	(1)原坯料尺寸小; (2)加热时间太长,火耗太大; (3)加热温度过低,金属流动性差; (4)设备吨位不足,锤击力太小; (5)锤击轻重掌握不当; (6)制坯模膛设计不当,或飞边槽阻力小; (7)终锻模膛磨损严重
厚度超差	锻不足,高度超差	(1)原毛坯质量超差; (2)加热温度偏低; (3)锤击力不足; (4)制坯模膛设计欠佳,或飞边阻力太大

续 表

缺陷名称	外观形态	产生的原因
尺寸不足	尺寸偏差小于负偏差	(1)终锻温度过高或设计终锻模膛时考虑收缩率不足; (2)终锻模膛变形; (3)切边模调整不当,锻件局部被切
错移	下部分发生错移	(1)锻锤导轨间隙太大; (2)上下模调整不当或锻模检验角有误差; (3)锻模紧固部分如燕尾磨损,或锤击时错位; (4)型槽中心与打击中心相对位置不当; (5)导向锁扣设计不佳
压伤	局部被压损伤	(1)坯料未放正或锤击中跳出模膛连击压坏; (2)设备有毛病,单击时发生连击
翘曲	中心线和分模面弯曲偏差	(1)锻件从模膛中撬起时变形; (2)锻件在切边时变形
残余毛边	分模面处有残余毛刺	(1)切边模与终锻模膛尺寸不相符合; (2)切边模磨损或锻件放置不正
发裂	轴向有细小长裂纹	钢锭皮下气泡被轧长,在模锻和酸洗后呈现出细小的长裂纹
端裂	端部出现裂纹	坯料在冷剪切下料时剪切不当造成
夹杂	断面上有夹杂	耐火材料等杂质熔入钢液造成

思考与练习

1. 模锻后续工序包括哪些内容?

2. 金属锻后冷却常见缺陷有哪些?产生原因各是什么?

3. 锻件在冷却过程中为什么会发生裂纹?

4. 常用的锻后冷却方法有哪几种?本质上有何不同?

5. 切边、冲孔工序的实质是什么?切边模分为哪几类?

6. 简述简单切边模和冲孔模的典型结构。

7. 切边凹模设计不当时,会引起哪些缺陷?如何预防?

8. 锻件为什么要进行锻后热处理?为什么一些锻件需要进行调质处理?

9. 常用的锻后热处理方法有哪些?试比较它们的工艺方法及其适用情况。

10. 试述白点的产生原因。为什么大型锻件容易出现白点?采用什么方法可以防止白点的产生?

11. 中小锻件通常采用哪些热处理?作用各是什么?

12. 通常大锻件采用哪些热处理?作用各是什么?

13. 锻件为什么要进行表面清理? 常用的表面清理方法有哪几种? 各有何优缺点?

14. 校正方式有哪两种? 分别用于什么情况?

15. 精压件图与模锻件图相同吗? 如果不同,哪些地方不同?

16. 精压分几类? 说明并分析精压平面产生凸起的原因及其预防措施。

17. 锻件质量检验包括哪些内容?

18. 无损探伤检验法有哪几种? 常用来检验哪类缺陷?

19. 锻件的外观检验包括什么内容? 内部质量检验的方法有哪些? 试述磁粉检验和超声波检验的工作原理。

20. 锻件的主要缺陷有哪些?

参 考 文 献

[1]　中国机械工程学会塑性工程学会. 锻压手册 [M]. 北京：机械工业出版社，2008.

[2]　胡亚民，华林. 锻造工艺过程及模具设计[M]. 北京：中国林业出版社，2006.

[3]　夏巨谌. 典型零件精密成形[M]. 北京：机械工业出版，2008.

[4]　李洪波，时文章. 轿车等速万向节滑套的热、冷联合精锻工艺[J]. 锻压机械，1997(1)：40-42.

[5]　吕炎. 锻模设计手册[M]. 北京：机械工业出版社，2006.

[6]　吴凤智，黄伟军，徐开东，等. 圆柱筋条式抽油杆镦锻模具设计[J]. 锻压技术，2007，32(5)：107-109.

[7]　张发廷. 汽车后桥从动齿轮闭式模锻工艺研究[J]. 锻压技术，2008，33(4)：16-18.

[8]　何琪海，王以华. 玛格纳三爪突缘的模具设计新方案[J]. 金属加工(热加工)，2008(3)：44-46.

[9]　洪慎章. 实用热锻模设计与制造[M]. 北京：机械工业出版社，2016.

[10]　郝滨海. 锻造模具简明设计手册[M]. 北京：化学工业出版社，2006.

[11]　中国机械工程学会塑性工程学会. 锻压手册[M]. 北京：机械工业出版社，2013.

[12]　王以华，吕景林，姜剑敏，等. 锻模设计技术及实例[M]. 北京：机械工业出版社，2009.

[13]　姚泽坤. 锻造工艺学与模具设计[M]. 西安：西北工业大学出版社，2013.

[14]　闫洪，赵才，霍晓阳，等. 锻造工艺与模具设计[M]. 北京：机械工业出版社，2012.

[15]　李金苑，王汝宁. 最新锻造工艺技术、质量检测与标准规范实务全书[M]. 北京：当代中国音像出版社，2003.

[16]　齐卫东. 锻造工艺与模具设计[M]. 北京：北京理工大学出版社，2012.

[17]　张志文. 锻造工艺学[M]. 北京：机械工业出版社，1988.

[18]　李连方. 带腹板及凸缘的传动齿轮锻件胎模锻造[J]. 锻压技术，1993(5)：16-18.

[19]　胡正寰，夏巨谌. 中国材料工程大典：材料塑性成形工程[M]. 北京：化学工业出版社，2006.

[20]　李集仁，杨良伟. 锻工实用技术手册[M]. 南京：江苏科学技术出版社，2002.

[21]　李尚健. 锻造工艺及模具设计资料[M]. 北京：机械工业出版社，1991.

[22]　洪慎章，李名尧. 锻造实用数据速查手册[M]. 北京：机械工业出版社，2007.

[23]　夏巨谌. 金属塑性成形工艺及模具设计[M]. 北京：机械出版社，2008.

[24]　胡正寰，夏巨谌. 金属塑性成形手册[M]. 北京：化学工业出版社，2009.

[25]　周大隽. 金属体积冷成形技术与实例[M]. 北京：机械工业出版社，2009.

[26]　李书常. 新编锻模图册[M]. 北京：机械工业出版社，2012.

[27]　陈路. 新编锻压精密技术实用手册[M]. 北京：北京科海电子出版社，2003.

［28］ 夏巨谌. 中国模具工程大典：锻造模具设计［M］. 北京：电子工业出版社，2007.

［29］ 夏巨谌，韩凤麟，赵一平. 中国模具设计大典：锻模与粉末冶金模设计［M］. 南昌：江西科学技术出版社，2003.

［30］ 洪慎章，李名尧. 锻造实用数据速查手册［M］. 北京：机械工业出版社，2007.